# 圖解資料科學的工作原理

Data Science

增井敏克【著】

# 前言

「資料科學家（Data Scientist）」一詞已經使用超過 10 年，也經常聽聞「資料科學（Data Science）」這種說法。AI、物聯網日益受到注目，促使 IT 工程人員紛紛投入資料分析的業務，運用他人的分析結果建構系統的案例也不斷增加。相信不久的將來，在商務中使用資料會將變得理所當然。

稍微掌握基礎知識後，會想要嘗試複雜的分析手法。然而，即便完成高階分析，如果接收者無法理解分析結果，就失去資料分析的意義了。

分析人員對分析手法會有深入了解，會仔細調查新的分析方法，但接收分析結果的受眾，不見得有完整的背景知識。

因此，如果最後的結論相同，建議使用比較簡單的方法。即使不用高階統計方法、機器學習，簡單的圖表也足以解釋背後的意義。有時也不需要使用數值資料準確地分析，簡單易懂的圖解就十分足夠。

然而，接收分析結果的人不宜毫無背景知識，也不應因方便而要求使用簡單的分析方法。不僅是分析人員，接收分析結果的人也需要學習。

本書將會圖解各種分析方法的概要，但收錄的終究僅是概略的內容，想要進一步深入了解的話，建議搭配專業書籍來閱讀。若是想要了解有哪些分析方法、掌握各種手法的特徵，其實本書就綽綽有餘了。在運用手邊的資料之前，一起學習資料的分析方法及處理時的注意事項吧。

增井 敏克

# 目錄

前言 ……… 2

第 1 章 資料科學的相關技術 ～未來需求漸升的必修科目～

1-1 21 世紀的資源
資料、資訊 ……… 14

1-2 資料增加的原因
資訊化社會、物聯網、資訊社會、感測器 ……… 16

1-3 結合各種知識進行分析
資料科學、資料探勘 ……… 18

1-4 找出資料價值的職業
資料科學家、資料工程師、資料分析師 ……… 20

1-5 資料需要加工處理
結構化資料、非結構化資料 ……… 22

1-6 巨量資料是座寶山
大數據、3V ……… 24

1-7 人類和電腦容易處理的資料不同
雜亂資料、整潔資料 ……… 26

1-8 描述資料本身的資料
主檔資料、元資料 ……… 28

1-9 將資料集結起來
資料基礎建設、儀表板、資料管道 ……… 30

1-10 檢討高效率的處理程序
演算法、資料結構 …… 32

1-11 套用推論規則
模型、建模 …… 34

1-12 處理資料的程設語言
R、Python、Julia …… 36

1-13 任誰皆可免費使用的資料
開放資料、e-Stat、WebAPI …… 38

1-14 邊玩邊學分析手法
Kaggle、程式設計競賽、CTF …… 40

1-15 以資訊科技創造新商務
數位轉型（DX）、資訊數位化、技術數位化 …… 42

1-16 運用分析資料的例子
聊天機器人、推薦功能 …… 44

1-17 購買此商品的顧客也同時購買
購物籃分析、關聯分析、RFM 分析 …… 46

1-18 根據資料改變定價
動態定價、FinTech …… 48

1-19 小範圍嘗試
PoC、small start …… 50

1-20 持續進行改善
PDCA 循環、OODA 循環、回饋循環 …… 52

1-21 設立目標並有策略地執行
KPI、KGI、KSF …… 54

1-22 掌握資料的關係人
使用案例、權益人 …… 56

嘗試看看 調查運用資料的案例 …… 58

# 第2章 資料的基本知識
## ～資料的表達方式與閱讀方式～

2-1 資料種類
名目尺度、順序尺度、區間尺度、等比尺度、定性變數、定量變數 …… 60

2-2 依範圍區分資料
次數分布表、組別、次數、組距、直方圖 …… 62

2-3 區分使用圖表
長條圖、折線圖 …… 64

2-4 表達比例的圖表
圓餅圖、帶狀圖 …… 66

2-5 以 1 個圖表描述多個資料
雷達圖、盒形圖 …… 68

2-6 當作資料基準的數值
代表值、平均數、中位數、穩健性、眾數 …… 70

2-7 掌握資料的離散程度
變異數、標準差 …… 72

2-8 以 1 個基準進行判斷
變異係數、標準化、T 分數 …… 74

2-9 處理不適當的資料
離群值、遺漏值 …… 76

2-10 八成的營業額來自兩成的商品？
柏拉圖法則、柏拉圖分析（ABC 分析）、柏拉圖、長尾效應 …… 78

2-11 視覺化表達
資料視覺化、熱點圖、文字雲 …… 80

2-12 任誰都可分析資料的便利工具
商業智慧工具、線上分析處理 …… 82

2-13 **統一管理資料**
資料倉儲（DWH）、資料湖、資料市集 …… 84

2-14 **檢討資料的連動**
ETL、EAI、ESB …… 86

2-15 **視覺化資料結構**
實體關係圖、資料流程圖、CRUD 表、CRUD 圖 …… 88

2-16 **設計資料庫**
正規化、反正規化 …… 90

2-17 **讀取印刷資料的內容**
OCR、OMR …… 92

2-18 **高速高準確率讀取資料**
條碼、QR 碼、NFC …… 94

嘗試看看 根據欲傳達的內容選擇圖表 …… 96

## 第 3 章 資料處理與運用
### ～歸類並預測資料～

3-1 **依取得時間點變動的資料**
時序資料、趨勢、雜訊、週期性 …… 98

3-2 **程式自動輸出的資料**
日誌、dmp 檔案 …… 100

3-3 **捕捉長期間的變化**
移動平均數、移動平均線、加權移動平均數 …… 102

3-4 **掌握兩軸的關係**
散布圖、共變異數、相關係數 …… 104

3-5 **不受騙於虛假的關係**
相關關係、因果關係、偽相關 …… 106

3-6 **以多個座標軸統計**
交叉統計、聯合分析、直交表 …… 108

3-7 **減少座標軸數量來掌握特徵**
維度、主成分分析 …… 110

3-8 **兩點間距離的討論方式**
歐幾里德距離、曼哈頓距離 …… 112

3-9 **調查相似的角度**
餘弦相似度、Word2Vec …… 114

3-10 **資料分析不只是聽起來酷炫**
前處理、資料準備、資料清理、統合彙整 …… 116

3-11 **釐清多個座標軸的關係**
迴歸分析、最小平方法 …… 118

3-12 **了解高階的迴歸分析**
多元迴歸分析、邏輯迴歸分析 …… 120

3-13 **預測分類**
判別分析、馬哈拉諾比斯距離 …… 122

3-14 **由已知資訊推論數值**
費米推論 …… 124

3-15 **實踐擲骰子的操作**
亂數、擬隨機數、種子、蒙地卡羅法 …… 126

3-16 **反覆預測提高準確率**
德菲法、指數平滑法 …… 128

3-17 **了解各種分析手法**
多變量分析、數量化理論 I 類、數量化理論 II 類、數量化理論 III 類 …… 130

**嘗試看看** 彙整問卷調查的結果 …… 132

## 第4章 應該知道的統計學知識 ～由資料推論答案～


4-1 **統計學的種類**
敘述統計學、推論統計學 ………… 134

4-2 **取出資料**
母群體、樣本、隨機抽樣 ………… 136

4-3 **以數值表示容易發生的程度**
統計機率、古典機率、機率、期望值 ………… 138

4-4 **多個事件同時發生的機率**
聯合機率、獨立、互斥、條件機率、機率的乘法定理 ………… 140

4-5 **根據結果討論原因**
事前機率、事後機率、貝氏定理、概度 ………… 142

4-6 **了解資料的分布情況**
機率分布、均勻分布、二項分布、常態分布、標準常態分布 ………… 144

4-7 **資料蒐集得愈多，愈接近實際數值**
中央極限定理、大數法則 ………… 146

4-8 **使用函數描述分布情況**
機率密度函數、累積分布函數 ………… 148

4-9 **由抽樣資料估計原始群體**
不偏估計值、點估計、區間估計、信賴區間 ………… 150

4-10 **變異數未知時的估計**
標準誤差、不偏變異數、自由度、t 分布 ………… 152

4-11 **統計性檢定**
檢定、虛無假設、對立假設、拒絕 ………… 154

4-12 **決定判斷為真的基準**
檢定統計量、拒絕域、顯著水準、雙側檢定、單側檢定 ………… 156

4-13 判斷檢定結果
$p$ 值、顯著差異、錯誤、第一類型錯誤、第二類型錯誤 …… 158

4-14 檢定平均數
$z$ 檢定、$t$ 檢定 …… 160

4-15 檢定變異數
$X^2$ 分布、$X^2$ 檢定、$F$ 檢定 …… 162

嘗試看看 嘗試檢定身邊的食品 …… 164

## 第5章 需要知道的AI知識 ～常用的手法與工作原理～

5-1 製作如人類般聰明的電腦
人工智慧（AI）、杜林測試 …… 166

5-2 實踐人工智慧的方法
機器學習、監督式學習、非監督式學習、增強式學習 …… 168

5-3 評鑑人工智慧的指標
混淆矩陣、準確率、精確率、召回率、$F$ 值、交叉驗證 …… 170

5-4 掌握訓練的進行情況
過度配適、不當配適 …… 172

5-5 仿效大腦的學習方法
類神經網路、損失函數、誤差反向傳播法 …… 174

5-6 逐漸接近最佳解
梯度下降法、局部解、學習率 …… 176

5-7 增加階層並學習大量的資料
深度學習、CNN、RNN、LSTM …… 178

5-8 量化誤差
偏差方差分解、消長關係 …… 180

5-9 提升準確率
正規化、套索迴歸、脊迴歸 …… 182

5-10 區分成多個群組
叢集分析、k- 平均法 …… 184

5-11 區分成任意個數
階層式叢集分析、沃德法、最短距離法、最長距離法 …… 186

5-12 以樹狀結構訓練
決策樹、不純度、資訊獲利 …… 188

5-13 以複數 AI 採取多數決
隨機森林、集成式學習、裝袋演算法、提升演算法 …… 190

5-14 評鑑規則的指標
支持度、信賴度、增益率 …… 192

5-15 最大化與邊界的間距
支援向量機、超平面、硬間距、軟間距 …… 194

5-16 自動執行機器學習
AutoML、可解釋的人工智慧 …… 196

5-17 結合各種手法找出解決方法
作業研究、數學最佳化、數學規劃法、機率規劃法 …… 198

嘗試看看 搜尋最新論文 …… 200

第 6 章 資訊安全與隱私問題 ～資訊社會今後的走向～

6-1 有道德地使用資料
資訊倫理、資料倫理 …… 202

6-2 搖擺不定的資料信賴性
統計造假、技術人員倫理 …… 204

6-3 因錯誤認識而失真的準確率
資料偏誤、演算法偏誤 …… 206

6-4 日本的個人資料運用
個人資料保護法、隱私標章 …… 208

6-5 各國的個人資料運用
GDPR、CCPA …… 210

6-6 運用個人資料
假名化、匿名化、k- 匿名化 …… 212

6-7 資料流通與運用
資料主導的社會、超智能社會、資訊銀行 …… 214

6-8 決定資料的處理規則
資訊安全政策、隱私權政策 …… 216

6-9 公開蒐集資料的理由
使用目的、選擇加入、選擇退出 …… 218

6-10 資料本身的權利
智慧財產權、著作權 …… 220

6-11 自動取得外部資料
網路搜刮、網路爬行 …… 222

6-12 管理儲存資料的存取
存取控制、備份 …… 224

6-13 防止由內部帶出資料
稽核、DLP …… 226

6-14 每次都得到相同的結果
冪等性 …… 228

嘗試看看 閱讀你的服務隱私權政策 …… 230

詞彙集 …… 231

索引 …… 235

第1章

# 資料科學的相關技術

～未來需求漸升的必修科目～

# 21 世紀的資源

## 資料與資訊的差異是？

在日常生活當中，經常會遇到需要「預測」、「評估」的情況（圖 1-1）。此時，除了仰賴經驗、直覺外，也可搜尋舊有資料，或者利用問卷調查、網際網路等蒐集所需的內容。**大量蒐集正確的資料，可提升預測、評估的準確率**，資料就好比「21 世紀的資源」。

這邊需要注意的是，資料和資訊的差異。一般而言，「資料＝未經處理的狀態」、「資訊＝經過處理的狀態」，這樣解釋的話，資料是尚未經過處理的內容。就直觀而言，資料是「羅列的數字」、「按固定形式蒐集的數據」。若說資料是電腦容易處理的內容，則資訊是「人類容易閱讀的訊息」、「促使對方採取下一步行動的訊息」（圖 1-2）。

## 將資料轉成資訊

例如，聽聞「現在氣溫 18 度」會產生什麼感想呢？這個「18 度」可視為資料，夏天會覺得「涼爽」；冬天會覺得「溫暖」。即使是同一個資料，資訊也會因周遭情況而變。

觀看隔天的天氣預報後，便利商店的店長可能會決定「增加冰淇淋的商品數量」、「減少關東煮的食物品項」；家長可能據此決定孩童隔天上學的服裝。

此時，需要的是氣溫「資料」、氣象預報人員所傳達的「資訊」，正確的資料會影響傳達內容的可信度。

**圖 1-1 需要預測、評估的情況**

**圖 1-2 資料與資訊的差異**

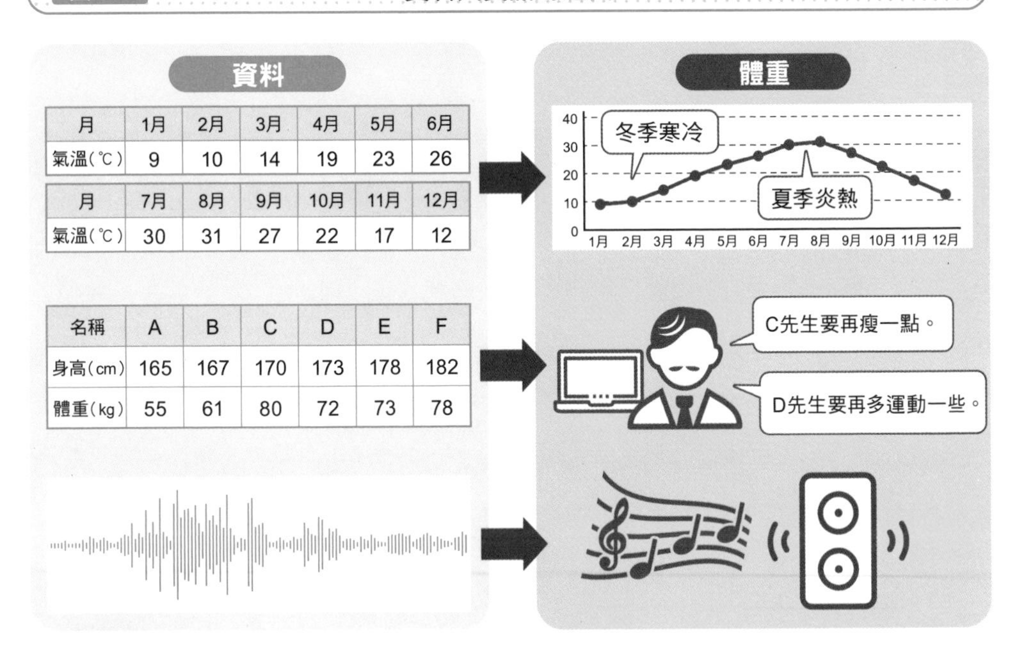


| 月 | 1月 | 2月 | 3月 | 4月 | 5月 | 6月 |
|---|---|---|---|---|---|---|
| 氣溫(℃) | 9 | 10 | 14 | 19 | 23 | 26 |

| 月 | 7月 | 8月 | 9月 | 10月 | 11月 | 12月 |
|---|---|---|---|---|---|---|
| 氣溫(℃) | 30 | 31 | 27 | 22 | 17 | 12 |

| 名稱 | A | B | C | D | E | F |
|---|---|---|---|---|---|---|
| 身高(cm) | 165 | 167 | 170 | 173 | 178 | 182 |
| 體重(kg) | 55 | 61 | 80 | 72 | 73 | 78 |

## Point

- 大量蒐集正確的資料，可提升預測、評估的準確率
- 將電腦擅長處理的資料轉為人類容易閱讀的資訊，可促使他人採取行動

# » 資料增加的原因

## 由資訊化社會邁入資訊社會

一般而言，煤炭帶來的輕工業機械化，稱為第一次工業革命；石油帶來的重工業機械化，稱為第二次工業革命；電腦帶來的機械自動化，稱為第三次工業革命。導入電腦後，資訊的重要性逐漸提高，自 1970 年左右邁入所謂的資訊化社會。

這股趨勢並未改變，如今已有第四次工業革命、工業 4.0 的說法，意指 AI（人工智慧）、物聯網（IoT：Internet of Things）帶來的高度自動化（圖 1-3）。然後，最近迎來資訊社會，不再是人類將資料轉為資訊的「資訊化」，而是**資訊的相關技術已經存在，人類可自由地使用資訊的社會**。

## 物聯網與感測器帶來的便利社會

前面提到的物聯網是「物體的網際網路」，邁入不只電腦、智慧手機，而是電視、空調、冰箱等各種家電皆可聯網的便利時代（圖 1-4）。

從外出地返家前先開啟空調，一到家就可享受舒適的溫度。在超市購物的時候，透過智慧手機確認冰箱中的庫存，預防漏買重要食材。

如果物聯網設備搭配感測器會變得更加方便。例如，房間變暗時自動關閉窗簾；有人走動時自動開啟電燈；溫度下降時自動啟動暖氣。

如上所述，在資訊社會中，除了供人類判斷情況外，資訊也扮演著連動設備的重要角色。

圖 1-3　工業革命的變遷

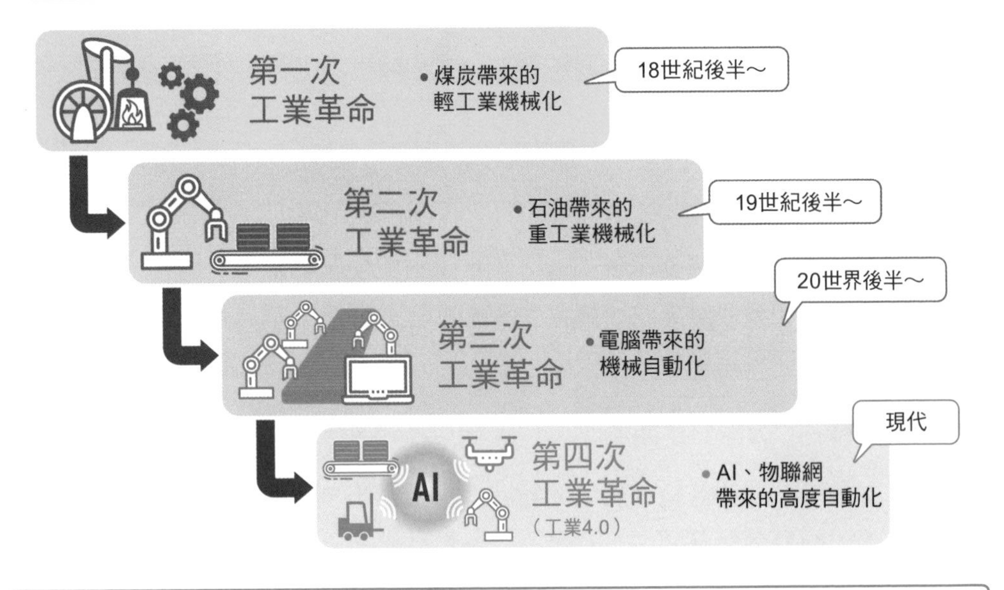


圖 1-4　物聯網可實踐的事情

## Point

- AI、物聯網帶來的高度自動化，稱為第四次工業革命
- 各種設備可藉物聯網連接網際網路，讓我們的生活更加便利

# » 結合各種知識進行分析

## 資料科學需要哪些知識？

在分析資料的時候，不可僅單純知道分析手法。即使了解數學上的分析手法，若缺少程式設計的知識，則無法編寫處理資料的程式。

再者，即使嫻熟程式設計，若不曉得資料背後的意義、欠缺商務方面的知識，對於如何編寫程式也會沒有頭緒。

如上所述，數學、統計等科學領域的知識；程式設計、伺服器架設等工程領域的知識；經濟、經營等商務領域的知識等，資料科學需要**結合各種知識進行資料分析**（圖 1-5）。

## 從資料獲得未注意到的見解

分析資料的時候，我們想要的是「新的見解」，期望從資料發現人類未注意到的觀點。此過程可比喻成從地底挖掘礦物（mining），稱為資料探勘（圖 1-6）。

資料探勘著名的例子有「買尿布的人也常買啤酒」，購買紙尿布的人父往往會順手添購啤酒。姑且不論真偽，這個傾向是相當有趣的發現。

如上所述，資料探勘是藉結合 AI 等技術分析龐大的資料，推導資料傾向並找出最佳組合的作業。由於需要進階的分析，一般是在大學等研究機構、企業的研發部門等進行，且著重在**我們人類如何運用得到的見解**。

圖 1-5 資料科學的相關領域

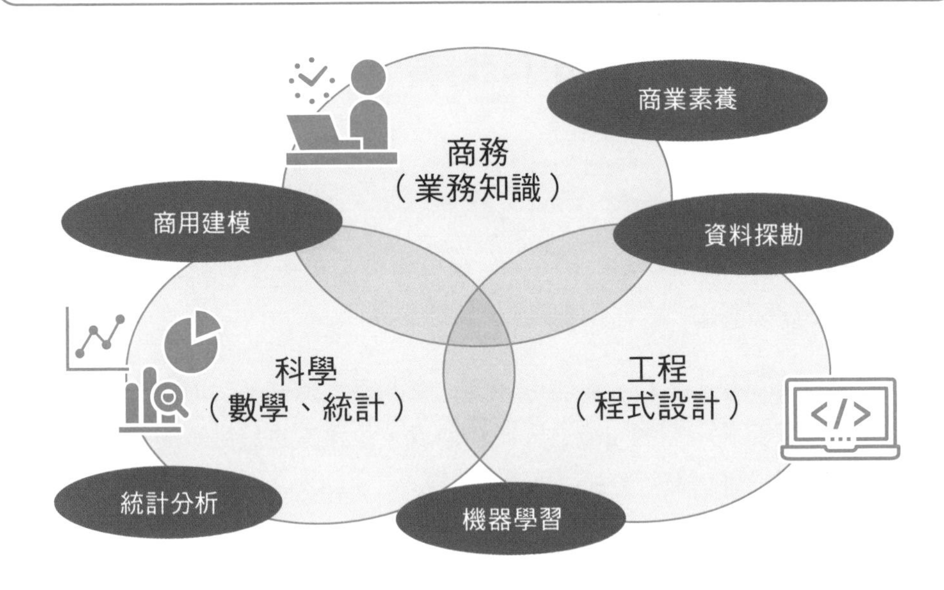


圖 1-6 資料探勘的例子

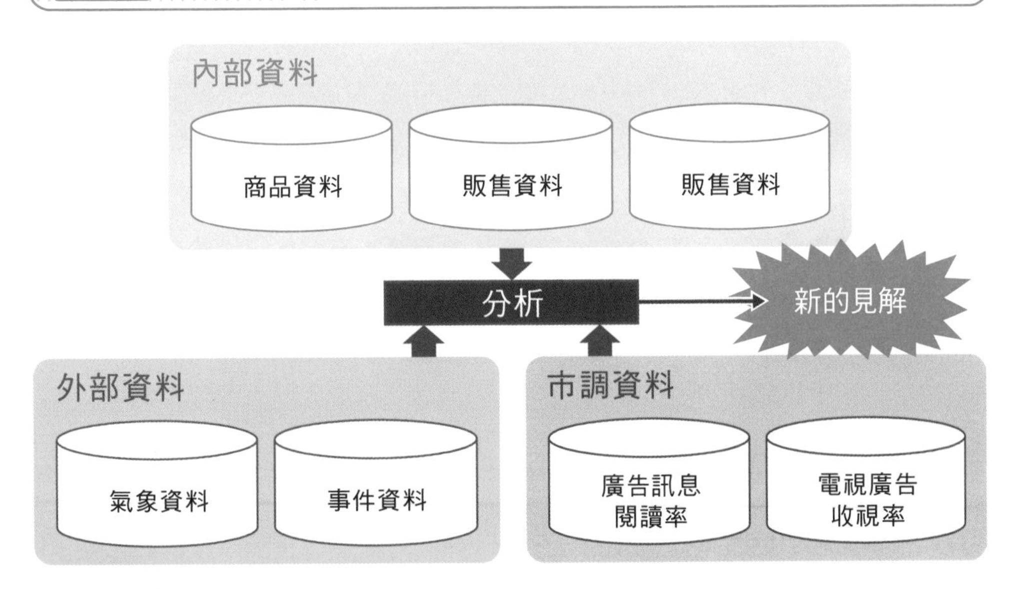


## Point

- 資料科學需要廣泛的知識，如數學、統計學、程式設計、商業事務等
- 資料探勘是藉由分析大量資料，獲得人類未注意到的見解

# 找出資料價值的職業

## 資料分析的明星職業

以科學技術進行資料分析等作業的人，稱為資料科學家。資料科學家曾被喻為「21 世紀最性感的職業」，一時蔚為話題 ※1。

**資料科學要結合科學、工程、商務等知識，來洞察大數據。**然而，一個人難以掌握全數知識，且商務所需的知識亦因業務而異，故通常是集結不同領域的專家，建立團隊並以部門單位進行分析（圖 1-7）。

## 輔助資料科學家的職業

資料科學家善於分析龐大的資料，但若沒有資料也無用武之地。因此，輔助資料科學家的資料工程師誕生了。

該職種的主要業務是，整頓有利於資料科學家的分析環境，除了加工整合分析用的資料外，還包括架設伺服器等基礎設施、準備分析資料的雲端服務。不僅業務範圍廣泛，還需要豐富的 IT 知識（圖 1-8）。

## 涵蓋資料分析、諮詢顧問的職業

與資料科學家相似的職業還有資料分析師，如同其名，意指分析資料的人員，除了以資料探勘等手法進行分析，還負責諮詢顧問的相關業務。

資料科學家是兼具資料工程師和資料分析師的人才，部分企業將其定位為兩者之上的進階職業。

※1 資料來源：Davenport, Thomas H., and D. J. Patil. "Data Scientist: The Sexiest Job of the 21st Century."Harvard Business Review 90, no. 10 (October 2012): 70 76.

圖 1-7 企業中的資料科學家

| 配置方式 | 優點 | 缺點 |
| --- | --- | --- |
| 集結少數的天才型人才（一個人精通所有領域） | ●可有效率地分析<br>●成本較低 | ●難以尋得人才<br>●一個人的負擔較大 |
| 橫跨部門的配置（利用主要業務的空檔進行分析作業） | ●可活用商務知識<br>●成本較低 | ●難以撥出時間給非主要業務的分析<br>●難以獲得顯著的成果 |
| 按部門集結人才的配置（集結各種背景的人才進行分析） | ●容易集結人才<br>●取得重大成果時的效果顯著 | ●未取得成果時會不斷墊高成本<br>●可能逐漸偏離實際業務 |

圖 1-8 資料科學所需的知識

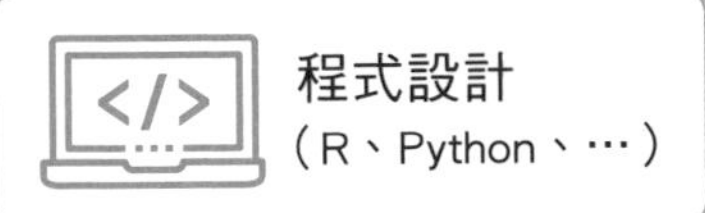

**Point**

- 一個資料科學家難以掌握廣泛的知識，故通常採取團隊進行分析
- 與資料科學家相似的職業，還有資料工程師、資料分析師

# 資料需要加工處理

## 電腦容易處理的資料

電腦在處理資料時，**得先讓程式知道儲存的檔案布置（資料的排列和架構）等**。

例如，處理 CSV 通訊錄的程式，會將目標檔案存成 CSV 格式。第一列輸入名稱、第二列輸入郵遞區號、第三列輸入住址……等，得先決定各列的儲存內容才有辦法處理（圖 1-9）。

這種事前決定檔案資料結構，方便電腦處理的資料，稱為結構化資料。除了通訊錄等表格形式外，還有 XML、JSON 等各種檔案格式（format）。

結構化資料具有容易搜尋、重新排序等特色。在通訊錄中，可搜尋名稱含有特定字句的人物，也可按郵遞區號重新排序。

## 人類經常使用的資料

另一方面，備忘錄、日記等單純排列文句的資料，稱為非結構化資料（圖 1-10）。即使日記中提到某人的名稱，電腦也難以判斷該詞為人名。

人類能夠理解文章意思做出判斷，但電腦無法理解裡頭想要傳達的內容，搜尋時可找出一致的關鍵字，卻不易判斷名稱是否含有特定字詞。

除了文章之外，圖像、影片、聲音也有類似的問題。近年伴隨 AI 的問世，人臉辨識技術也跟著發展起來，不過目前的辨識準確率仍不甚理想。

**圖 1-9** 結構化資料的例子

CSV檔案

名稱,郵遞區號,住址,電話號碼,郵件地址
山中太郎, 105-0011, 東京都港區芝公園, 03-1111-1111, t_yamada@example.com
鈴木花子, 112-0004, 東京都文京區後樂, 03-2222-2222, h_suzuki@example.co.jp
佐藤三郎, 160-0014, 東京都新宿區內藤町, 03-3333-3333, s_sato@example.org

以試算表軟體開啟

| 名稱 | 郵遞區號 | 住址 | 電話號碼 | 郵件地址 |
| --- | --- | --- | --- | --- |
| 山田太郎 | 105-0011 | 東京都港區芝公園 | 03-1111-1111 | t_yamada@example.com |
| 鈴木花子 | 112-0004 | 東京都文京區後樂 | 03-2222-2222 | h_suzuki@example.co.jp |
| 佐藤三郎 | 160-0014 | 東京都新宿區內藤町 | 03-3333-3333 | s_sato@example.org |

**圖 1-10** 非結構化資料的例子

日記、部落格等

僅有聲音、影片、圖像檔案，無法進行搜尋

今天和○○
一起去逛了XX。
整天都是好天氣，非常愉快。
希望之後還有機會再去一次。

無法知道文章哪邊提到人名、哪邊提到地點

**Point**

- 事前決定檔案架構、方便電腦處理的資料，稱為結構化資料
- 電腦難以從日記等非結構化資料找出人名、地點

# 巨量資料是座寶山

## 何謂 3V ?

資料科學備受注目的理由，包括累積的資料量已多到人類難以處理。隨著網際網路的興盛，愈來愈多人上網發送訊息，再加上物聯網技術中的感測器，物件也開始會發送訊息（圖 1-11）。

這般巨量的資料稱為**大數據**，普通的電腦難以有效處理。大數據具有「Volumn（巨量性）」、「Velocity（即時性）」、「Variety（多樣性）」等特性，三者合稱為 **3V**。

Volumn 如同其名意指巨大的數量；Velocity 意指不做批次處理，而是即時處理頻繁更新的資料；Variety 意指不僅結構化資料，也能夠處理非結構化資料（圖 1-12）。

透過分析這樣的大數據，期望獲得過往未發現的見解。

## 4V 或者 5V

「4V」是「3V」加上「Veracity（真實性）」；「5V」是「4V」再加上「Value（價值性）」（圖 1-13）。Veracity 意指徒有巨量的資料沒有意義，要蒐集有用的、高可信度的資料；Value 意指**光擁有資料沒有意義，必須藉資料分析等解決社會議題，或者孕育新的價值**。

如今，另外再加上「Virtue（道德性）」，也開始講究處理資料時的道德倫理。

**圖 1-11** 資料驟增的理由

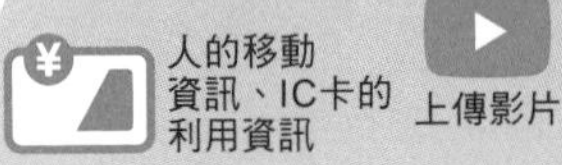

**圖 1-12** 3V 的相關技術

| 3V | 條件與技術 |
|---|---|
| Volume | 需要儲存巨量的資料<br>例）利用雲端服務、利用高擴展性的儲存服務 |
| Velocity | 需要存放並即時處理頻繁更新的資料<br>例）準備高速網路設備、就近保存與處理、利用快取記憶體 |
| Variety | 需要存放並分析多樣的資料<br>例）利用 NoSQL、利用構詞分析、聲音辨識等技術 |

**圖 1-13** 5V



**Point**

- 大數據具有數量龐大、需要即時處理、種類多樣等特性
- 除了資料的巨量性之外，最近也講求真實性、價值性等其他要素

# 》人類和電腦容易處理的資料不同

## 人類容易閱讀的資料與電腦容易處理的資料

在發表簡報的時候，會整理成圖表數據等方便人類閱讀的格式。Excel 等試算表軟體能夠簡單轉為表格，但使用程式處理時可就不同了。

例如，對人類來說，圖 1-14 是經過整理、容易閱讀的圖表數據，但對程式來說卻是難以處理的內容。即便是相同意義的資料，程式比較容易處理圖 1-15 的格式。

如圖 1-14 的資料稱為**雜亂資料**（messy data）；如圖 1-15 的資料稱為**整潔資料**（tidy data）。根據 Hadley Wickham 論文的 ※2，整潔資料具備下述三個條件，亦即**直列表示變數項目；橫行表示觀測資料**：

❶每列僅有一個變數

❷每行僅有一個觀測對象

❸每個表格僅有一種觀測單位

## 整潔資料的優點

使用整潔資料統計人數時，只需要相加人數欄位的數值即可。然後，想要知道特定部門的總人數、男女人數，或者哪個部門人數最多的時候，可用試算表軟體篩選直列單位，簡單調查出來（圖 1-16）。

整潔資料不僅容易新增、刪除、更新資料，也可簡單地重新排序顯示。

※2 Wickham, H. . (2014). "Tidy Data". Journal of Statistical Software, 59(10), 1 23.
（https://www.jstatsoft.org/article/view/v059i10）

**圖 1-14　雜亂資料的例子**

| | 經理部 | 總務部 | 人事部 |
|---|---|---|---|
| 男性 | 3人 | 5人 | 2人 |
| 女性 | 4人 | 3人 | 3人 |

**圖 1-15　整潔資料的例子**

| 部門 | 性別 | 人數（人） |
|---|---|---|
| 經理部 | 男性 | 3 |
| 經理部 | 女性 | 4 |
| 總務部 | 男性 | 5 |
| 總務部 | 女性 | 3 |
| 人事部 | 男性 | 2 |
| 人事部 | 女性 | 3 |

**圖 1-16　整潔資料的優點**

## Point

- 即便同樣是圖表數據，電腦比較容易處理整潔資料
- 整潔資料不僅方便新增、刪除內容，也容易重新排序、篩選來分析

# 描述資料本身的資料

## 企業統一管理資料

企業在建立資料庫的時候，共同所需的資料稱為主檔資料（master data）。例如，若未登錄顧客的姓名、住址等資訊，則無法寄送顧客購買的商品；若未登錄商品的資訊，則無法記錄販售資料。

如上所述，**對企業來說，當作基礎的主檔資料非常重要**。一般來說，主檔資料會簡稱為「主檔」，建立「顧客主檔」、「商品主檔」等表格。然後，將這些主檔資料連動其他表格，來實踐各種應用程式（圖 1-17）。

相反地，同份資料存於多個位置、需要按部門更換 ID 等，若主檔資料尚未整理，得先統整各項資料才行。

## 描述資料本身的資料

為了有效率地管理資料，**得掌握資料有哪些項目、何種儲存格式等**。這類內容會因資料而異，需要描述資料本身的資料——元資料（metadata），按照資料管理項目、格式（圖 1-18）。

在圖像、聲音、影片等檔案前面，預留放置元資料的空間，與其他資料存成一個檔案。

另外，DBMS（資料庫管理系統）的資料字典（Data Dictionary），是資料庫管理、保存元資料的場所。

圖 1-17 主檔資料的架構

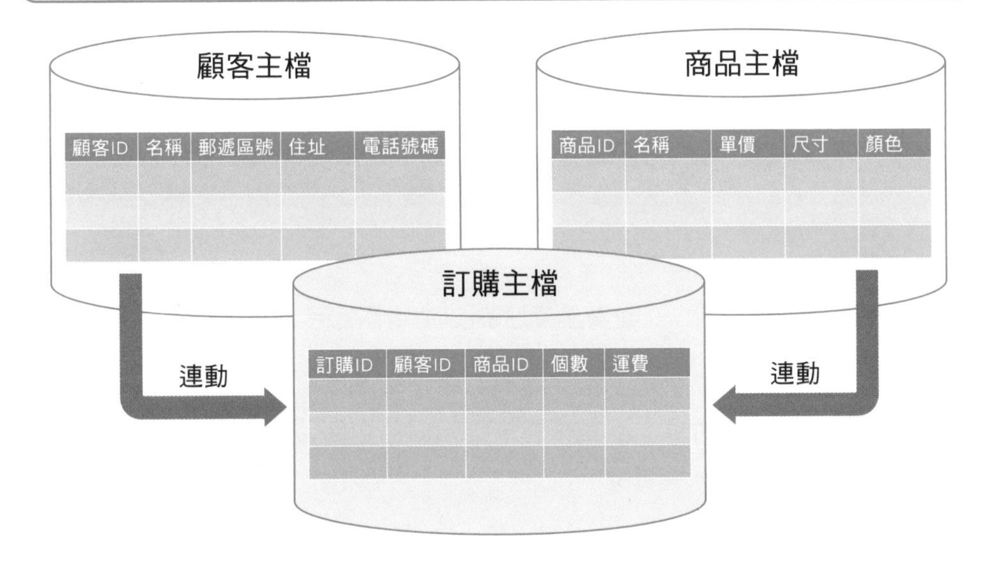


圖 1-18 元資料

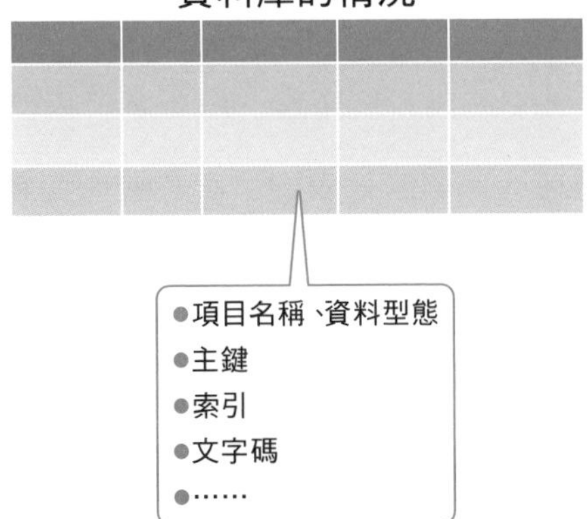


## Point

- 主檔資料，是當作企業資料庫基礎的重要資料
- 元資料是「描述資料本身的資料」，用來詮釋資料的內容、有效率地管理資料

# 將資料集結起來

## 建立分析資料的基礎建設

零散分布於各處的資料，難以結合起來分析。有鑑於此，需要建立累積資料再視情況隨時提取的系統群組──資料基礎建設（資料分析平台）（圖 1-19）。

除了存放資料的資料庫外，通常還要有整合管理的設備機制，如進行處理的伺服器、視覺化分析結果的程式。若選擇使用雲端服務，**即使身邊沒有高階電腦，分析人員也可利用高速的分析環境**。

## 以單一畫面顯示資料的狀況

逐一確認各項分析結果過於耗費時間，通常會以單一畫面統整顯示圖表、試算表等。如此一來，既不需要個別確認資料，也不用一一比較多張圖表。

這種複合畫面的儀表板，可按觀測者整理所需的資訊，對經營人員顯示營業額、股價等；對前線人員顯示當前的系統運轉情況、當天的作業目標等（圖 1-20）。

## 自動加工資料

若選擇手動從各種資訊源頭蒐集，加工並累積至資料基礎建設，不但費時也耗費精力。大型系統每天不斷增加的資料，需要自動執行這些作業來分析。

這種工作機制稱為資料管道（data pipeline），採取批次處理等方式，每晚加工並累積一天份的資料。

圖 1-19 累積資料的基礎建設

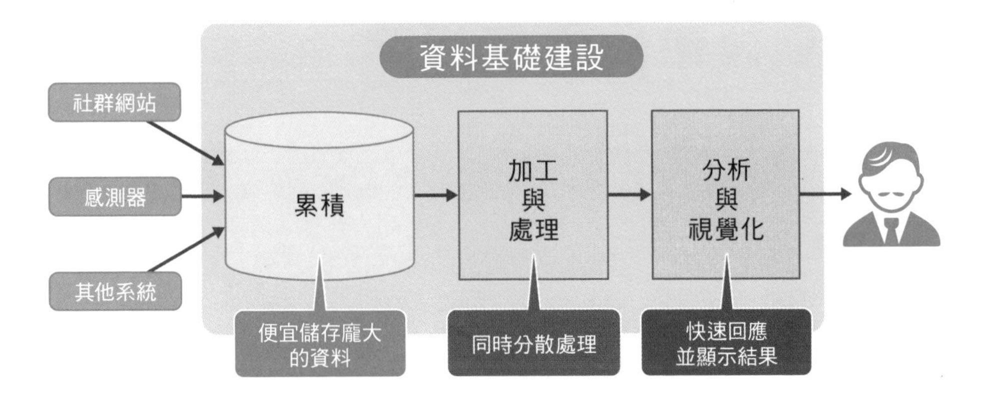


圖 1-20 儀表板的示意圖

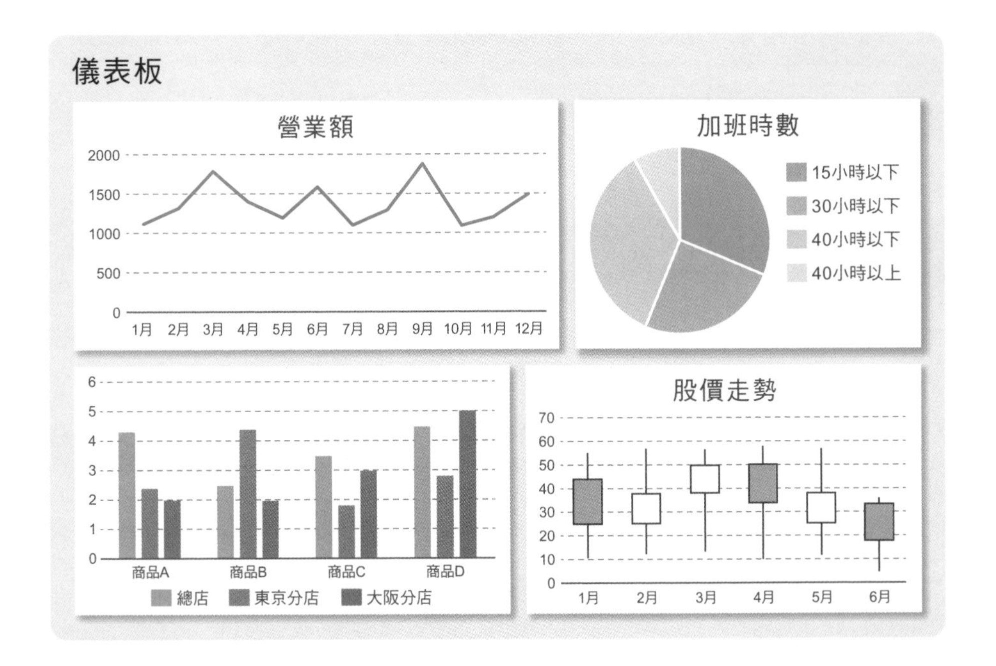


## Point

- 資料基礎建設是可隨時取出資料的系統，包含資料庫、伺服器、分析與視覺化的程式等
- 儀表板是可統整顯示圖表、試算表等的單一畫面

# 檢討高效率的處理程序

## 了解演算法與資料結構

演算法是解決問題的步驟、運算方式。給定某個問題的時候，縱使相同輸入輸出同樣答案，仍有好幾種推導過程（圖 1-21）。不過，只要知道一種方式，任誰皆可得到相同的結果。

在程式設計中，演算法是指電腦解決問題的步驟、程式的實作內容。當有多個相同輸入得到同樣結果的步驟時，不同的原始碼寫法、處理順序，需要的執行時間、記憶體大小也會有所不同；想辦法改進寫法、處理順序，有可能會縮短處理時間。

程式資料的存放方式也會影響演算法。例如，假設記憶體上儲存多個資料，選擇在連續空間存放資料再按位址提取，還是附加下個資料位置來依序存取資料，程式的處理方式會有所不同。程式處理時資料的存放方式，稱為資料結構（圖 1-22）。

## 演算法的處理時間

實作某演算法的程式，其執行時間跟輸入的資料量密切相關。例如，10 件資料僅需要一瞬間，1 萬件的資料處理起來肯定會耗費許多時間。

此時，需要討論輸入件數與處理時間的變化。當資料量變成 10 倍、100 倍時，處理時間是否變為 100 倍、1 萬倍，藉此判斷演算法的好壞。在分析資料的時候，**若未事前預測處理時間的話，處理起來可能耗費龐大的時間**。

圖 1-21 多種得到相同答案的方法

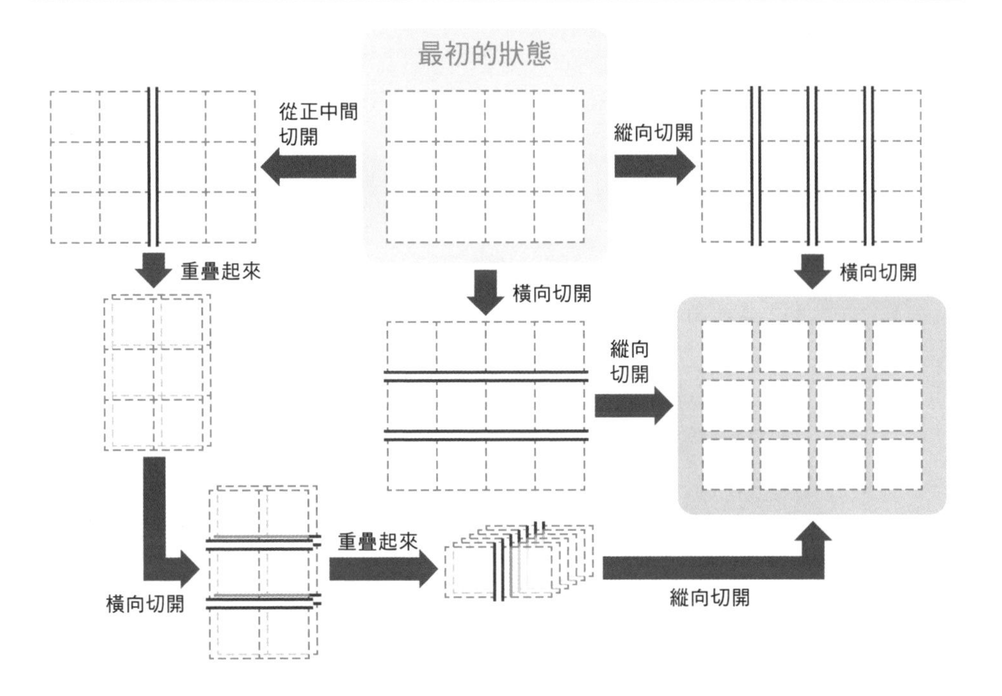


圖 1-22 資料結構的例子

陣列（在連續空間存放資料）

| 位址 | 0 | 1 | 2 | 3 | 4 | 5 | 6 | 7 | 8 | 9 | 10 | 11 | 12 | … |
|---|---|---|---|---|---|---|---|---|---|---|---|---|---|---|
| 值 | 17 | 6 | 14 | 19 | 8 | 3 | 7 | 12 | 10 | 4 | 1 | 9 | 11 | … |

鏈接串列（附加下個資料位置）

17 → 6 → 14 → 19 → 8 → 3 → 7 →
12 → 10 → 4 → 1 → 9 → 11 → …

## Point

- 演算法是解決問題的步驟、運算方式
- 除了演算法外，製作程式時也要檢討資料存放和資料結構

# 套用推論規則

## 由資料生成模型

假設在人工智慧的研究與分析巨量資料後，得到某項不錯的結果。然而，這到底僅是對給定的資料得到不錯的結果。

該分析是否也適用不同領域的資料，實際情況往往不盡理想。不過，**透過簡化內容直擊核心，可能創造通用的推論規則**。

這種由資料掌握推論核心的概念，稱為**模型**。例如，登山時會體驗到氣溫隨標高增加而下降。如圖 1-23 所示，量測後可知是往右下分布的直線。雖然該直線公式無法用於別的資料，但還有許多同樣可用直線描述的情況，這類直線關係統稱為「線性模型」。建立模型後，能夠說明資料背後的關聯性。

## 建立模型並反覆修正

藉由建立模型、套用觀測的資料來解釋現象的過程，稱為**建模**（modeling）。對於無法直接看出結論的資料，可透過圖表等視覺化手法，對未知的資料預測結果，來獲得有益的資訊。

此時，相同的資料會因分析人員建立、利用的模型，產生不同的解釋、使用方式。分析資料時沒有絕對正確的模型，重要的是**分析人員選擇適當的模型**。

實際上，世界各地的研究人員已開發諸多模型，分析人員常是依據面臨的課題，選擇適當的模型再做修正、微調（圖 1-24）。

圖 1-23 氣溫隨標高增加而下降的資料與關係圖

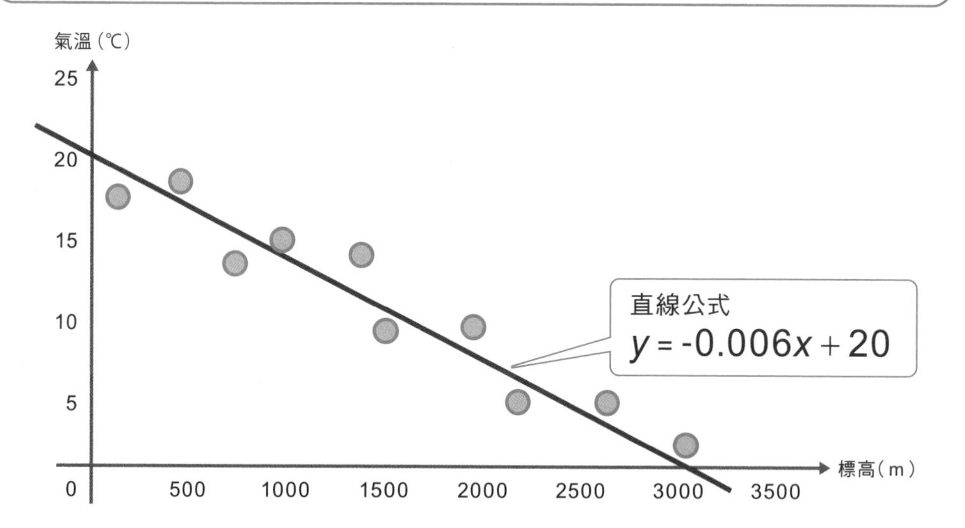


圖 1-24 建模程序

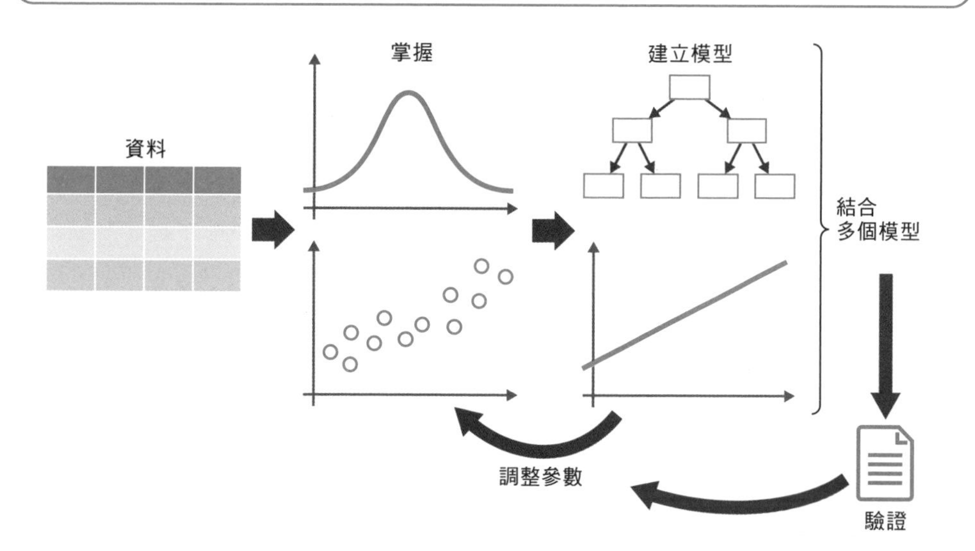


## Point

- 模型可由資料掌握推論的核心，並說明資料的關聯性
- 建模是建立模型並套用資料來解釋現象

# 處理資料的程設語言

## 可輕鬆進行高階分析的 R 語言

**R** 語言擁有豐富的統計函式庫，是以 AT&T 貝爾研究所所開發的 S 語言為基礎，重新實作成的開源語言，所以實際上是執行 S 語言述句的「環境」(R 語言的商用套件有 S-PLUS)。

啟動 R 執行環境後會顯示指令輸入畫面，輸入指令碼即可顯示執行結果，適合用來測試小型程式（圖 1-25）。

## 可廣泛使用的 Python

在資料分析的領域，**Python** 語言最近備受注目。它網羅了許多便於深度學習等 AI 研究的函式庫，近年愈來愈受歡迎。

除了統計處理外，也廣泛用於各種領域，如網路應用程式的開發、程式設計的研修培訓、Raspberry Pi 等物聯網裝置的程式設計等。

再者，可經由網路瀏覽器存取的「Jupyter Notebook」，是近期備受青睞的 R、Python 執行環境（圖 1-26）。

## 今後備受期待的 Julia

Python 是方便的程設語言，但腳本語言（scripting language）的處理速度並不快。因此，可高速處理、適用統計等領域的 **Julia** 語言，逐漸受到關注。

據悉，前面「Jupyter Notebook」中的「Jupyter」，意謂著 Julia、Python、R 三種語言。

圖 1-25 R 的執行例子

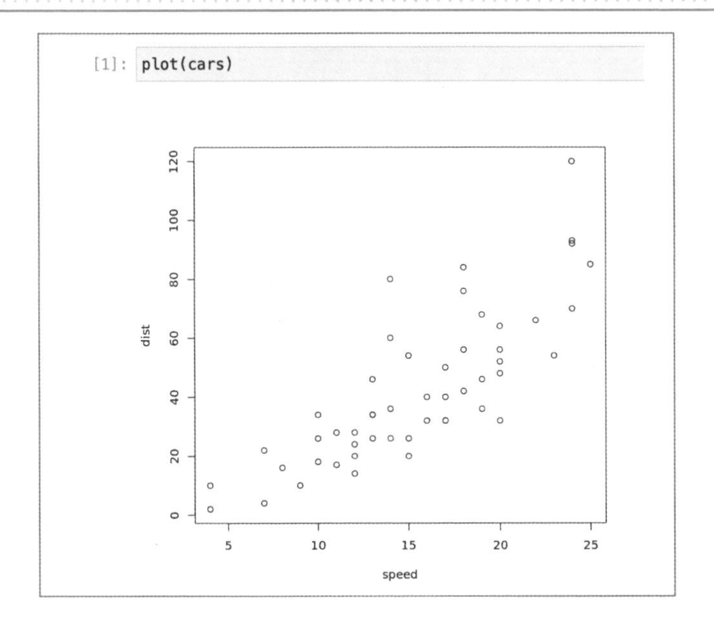


圖 1-26 Jupyter Notebook 可線上執行 R、Python 程設語言

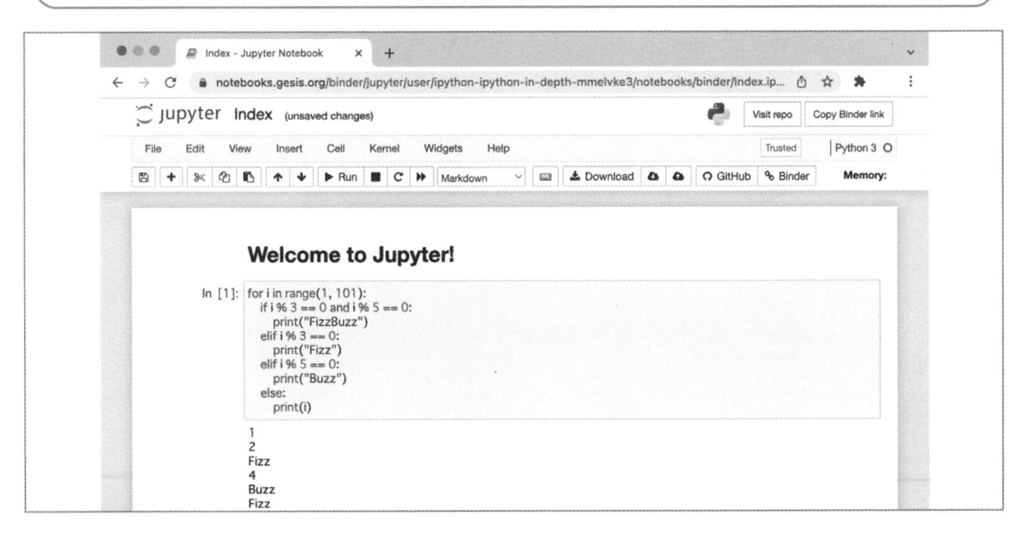


**Point**

- 資料分析經常使用 R、Python 等程設語言
- Jupyter Notebook 是受歡迎的 R、Python、Julia 執行環境

# » 任誰皆可免費使用的資料

## 使用公開資料來分析

進行分析前得先有資料，企業本身擁有某種程度的資料量，但因包含了個人資料，而沒辦法輕易使用。

2016 年，日本祭出「官民資料運用促進基本法」等法規，致力於活用資料豐富我們的生活。**運用資料的時候，得妥當地管理個人資訊、隱私權等**。

在此背景下，任誰皆可免費使用的公開資料，非常方便。最近，中央政府、地方自治團體蒐集的統計資料，有對外公布為**開放資料**（Open Data）。日本總務省統計局營運的 **e-Stat**，是具代表性的開放資料網站。

e-Stat 登載了政府統計資料，常見的資料如圖 1-27 所示，有些檔案可下載成 CVS 格式、Excel 格式，有些則可使用自由統計的線上資料庫功能。

## 讓程式自動處理資料

除了選擇下載 CVS 等檔案外，也可於網站上發布成 API（Application Programming Interface），再由程式呼叫執行。這種線上 API 稱為 **WebAPI**。

除了經由網路瀏覽器訪問外，亦可發布成由程式存取的 WebAPI，於任意時間點直接線上取得最新資料（圖 1-28）。

#### 圖 1-27 e-Stat 中具代表性的統計資料

| 分類 | 例子 |
|---|---|
| 人口 | 人口普查、人口推算、人口動態調查等 |
| 住宅 | 住宅與土地統計調查、土地動態調查等 |
| 勞動與資金 | 勞動力調查、就業結構基本調查等 |
| 企業 | 經濟普查、服務業趨勢基本調查等 |
| 家庭收支調查 | 家庭收支調查、家庭收支趨勢調查、消費者物價指數、消費趨勢指數等 |

資料來源：改自「日本政府統計窗口（e-Stat）」（網址：https://www.e-stat.go.jp）

#### 圖 1-28 運用 WebAPI

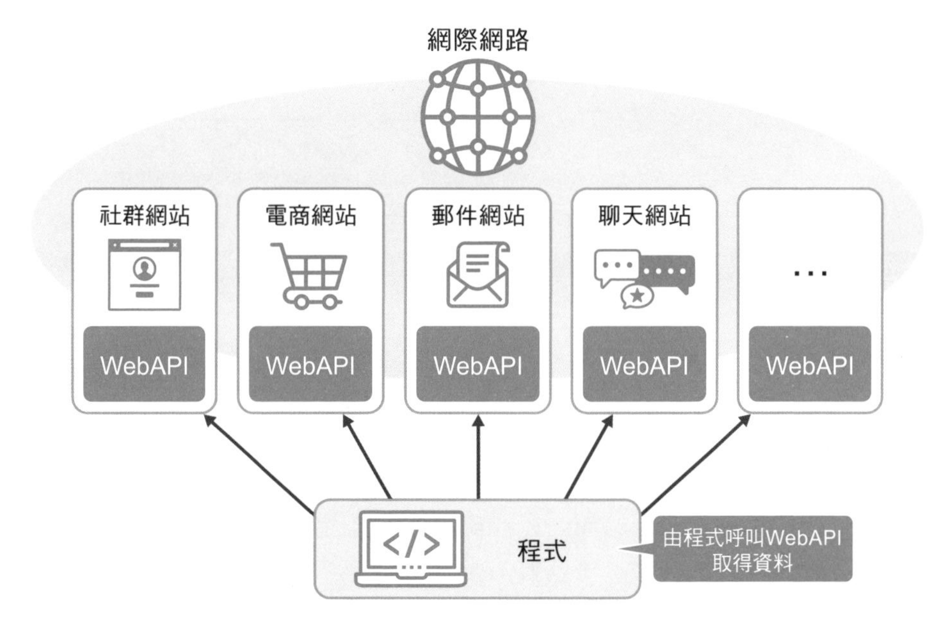


## Point

- 開放資料是中央政府、地方自治團體等公布，所有人皆可使用的資料
- 在日本總務省統計局營運的 e-Stat，可下載人口普查、家庭收支調查等資料的 CVS 檔、Excel 檔
- 除了下載使用資料外，也可使用 WebAPI 呼叫公開的資料

# 邊玩邊學分析手法

## 集結許多資料分析人員的社群網站

在學習資料科學的時候，**不僅要了解分析手法，還要有用於分析的資料**。除了開放資料外，也可使用企業為提升分析技能而公布的資料、問題。

**Kaggle** 是方便學習資料分析，具有代表性的社群網站，不僅會舉辦利用各種資料的競賽（比賽），也可觀摩他人編寫的程式碼、參與討論。初學者只需註冊會員即可參加競賽，對於成績優異的分析模型，Kaggle 也會頒授獎金（圖 1-29）。

規則等全是英文內容，需要能夠理解簡單的英語。不過，先選擇以自身母語討論的社群網站，也是一種學習的方法。

## 參加競賽求解問題

不僅限於資料分析，想要掌握程式設計技術、演算法知識的時候，求解拼圖等問題是有效的學習方式。**程式設計競賽**，是彼此競爭快速正確地實作符合出題內容的程式比賽（圖 1-30）。

想要從中勝出的話，除了短時間內完成實作外，也得在原始碼方面下工夫，才能夠完成迅速推導答案的程式。雖然對工作上的業務沒有直接幫助，但是一個有許多程式設計新手、進階高手可彼此互動的網站。

資安業界有時會舉辦 **CTF**（Capture The Flag），類似程式設計競賽的比賽大會。不僅要有攻擊漏洞的技術能力，還需要網路設定、加密理論等廣泛的知識。

圖 1-29 Kaggel 的服務

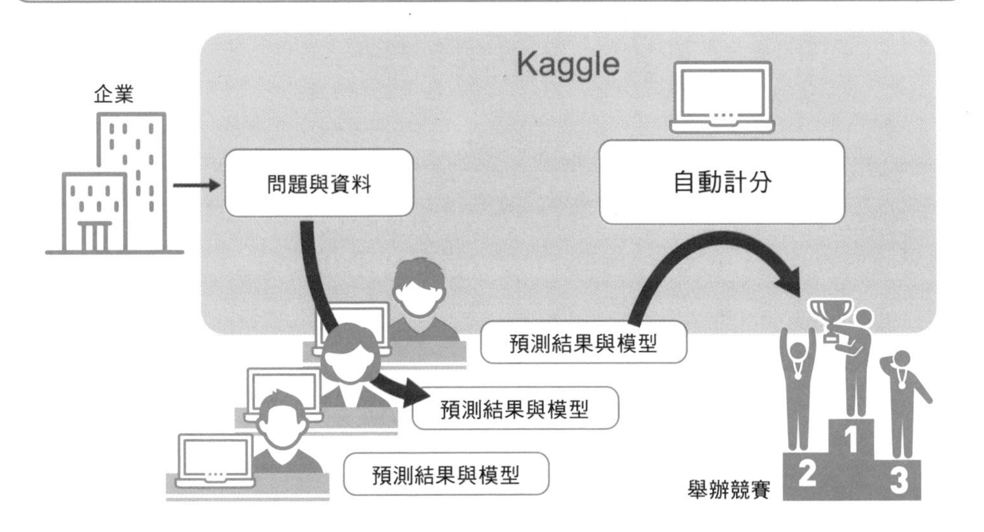


圖 1-30 程式設計競賽的流程

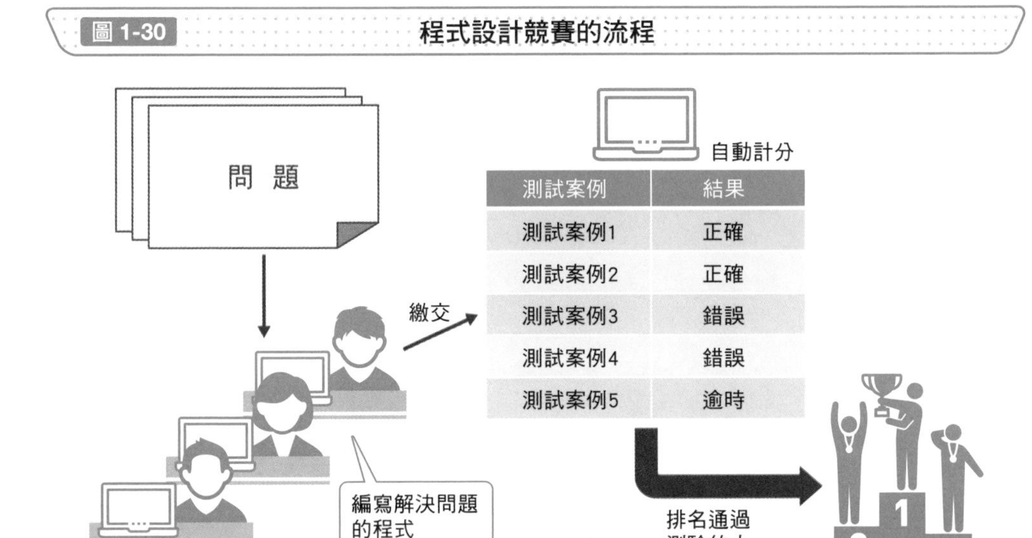


## Point

- 使用企業等提供的資料進行分析，再由 Kaggel 按預測結果、分析模型評定成績
- 程式設計競賽是，開發求解拼圖等問題的程式，彼此競爭開發時間、正確率的比賽

# 以資訊科技創造新商務

## 融合資訊科技改革商務模式

隨著電腦的問世，人工作業逐漸由自動化取代，以增進效率、提升附加價值，但此觀點僅是想辦法改善「既存的商務」。

最近經常聽聞的數位轉型（Digital Transformation），若將 Trans 省略成「X」，則可直接稱為 DX。Transformation 意為「變身」、「改革」，而 DX 是指大幅改變運作模式，**創造以資訊科技為核心的新商務**（圖 1-31）。

## 實踐數位轉型的三個階段

我們經常遇到類似「就算說要數位轉型，一時也不曉得從何處著手？」的情況吧。一般來說，數位轉型可分為三階段。

第一個階段稱為資訊數位化（Digitization），藉由資訊科技將以往的人工作業轉為數位資訊的「數位化」。例如，以 PDF 取代紙本、印鑑的業務無紙化。

第二個階段稱為技術數位化（Digitalization），運用資訊科技等數位技術，賦予產品、服務附加價值或者提升便利性。例如，以 POS 等分析營業額資料，進而改善商務活動（圖 1-32）。

然後，第三個階段是「數位轉型」。如圖 1-31 的例子所示，取消過往的收銀台結帳，甚至直接淘汰收銀台的概念，在店內拿起商品走出店外就自動完成付款，商務模式發生根本性的改變。

**數位轉型的實踐，肯定需要運用 AI、資料分析**。

圖 1-31 過往的資訊科技化與數位轉型的差異

圖 1-32 資訊數位化與技術數位化

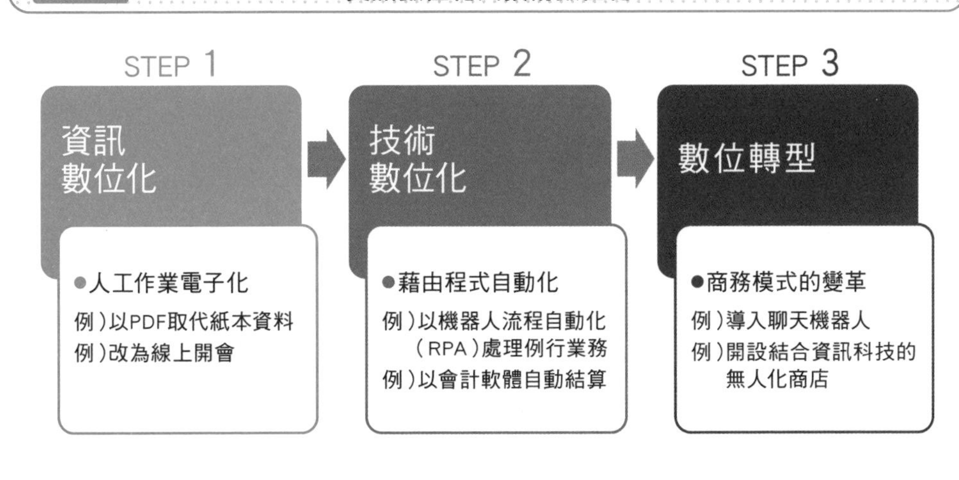


## Point

- 改革創造以資訊科技為核心的商務模式，稱為數位轉型或者 DX
- 數位轉型粗略分為三個階段，前兩個階段分別為資訊數位化、技術數位化
- 數位轉型的實踐，肯定需要運用 AI、資料分析

# 運用分析資料的例子

## 無人化諮詢服務的原理

在部分的企業網站頁面，已經有回答問題的聊天機器人功能（ChatBot）。雖然聊天機器人前綴「聊天」一詞，但並非與負責人員直接對談，而是程式自動應答使用者輸入的內容（圖 1-33）。

許多網站以往會準備「常見問題」等頁面，但不方便使用者從中找尋答案，問題經常沒有獲得解決。然而，以聊天形式輸入問題再由機器人回答，不僅可讓使用者精準地尋得資訊，亦可減少網站管理人員回覆諮詢表單的工作負擔。

為了適當地回答問題，除了需要保存過去的諮詢內容等，也要從輸入的文字內容抽取關鍵字，藉此自動產生答覆的技術。

聊天機器人可記錄使用者搜尋過的字詞。若僅有「常見問題」的頁面，使用者會有什麼樣的問題，網站管理人員只能夠憑空想像。然而，根據使用者的輸入記錄，**可對提出的問題增加新的答覆**。

## 依照使用者給予不同的推薦

聊天機器人是回答使用者的輸入內容，而推薦功能（Recommend）是，就算使用者未輸入任何內容，也可提供符合其喜好的商品、服務。英語的「recommend」是推薦、建議的意思（圖 1-34）。

分析過去的購物履歷、閱覽履歷、顧客屬性等資料，**依照使用者提供最佳資訊**。

圖 1-33 可按使用者答覆的聊天機器人

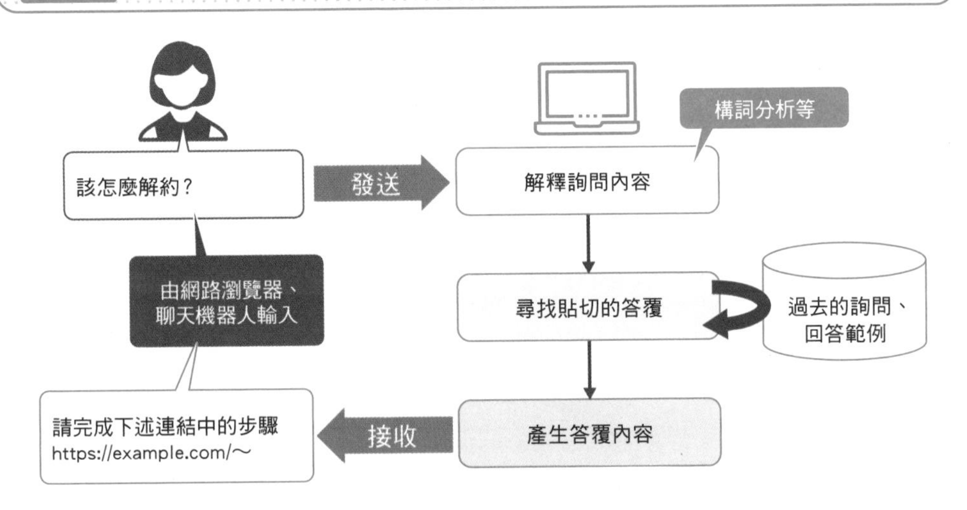


圖 1-34 推薦功能的原理

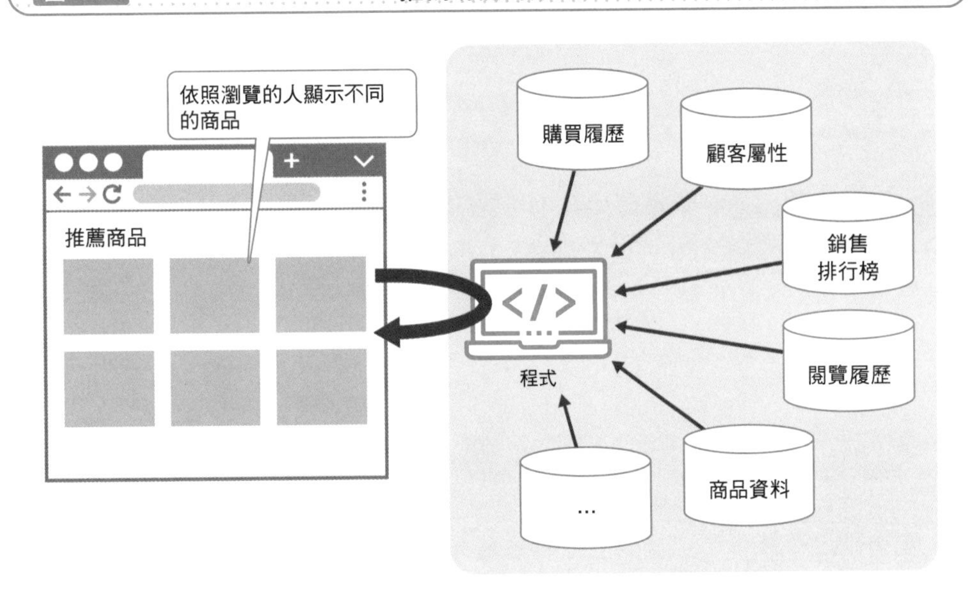


## Point

- 聊天機器人程式可自動答覆使用者輸入的問題，減輕諮詢負責人員的負擔
- 推薦功能是藉由分析舊有資料，顯示符合使用者喜好的商品、服務

# 購買此商品的顧客也同時購買

## 電商網站上常見的推薦功能

在逛線上購物網站時，可能會看到其他的推薦商品，像是「購買此商品的顧客也同時購買」等。這類推薦功能利用的是**購物籃分析**（market basket analysis）。

例如，假設某顧客購買了 A、B、C 三件商品，當下位顧客將 A 和 B 商品放入購物籃，他也有可能會考慮添購 C 商品。利用過去的購物履歷，**發現高關聯性的搭配**，如「同時購買的商品」等。**1-3** 資料探勘提到的「尿布和啤酒」，也是利用購物籃分析的例子（圖 1-35）。

## 發現高關聯性的資料

**由龐大資料中找出高關聯性的資料**，可採用購物籃分析等**關聯分析**方法。例如，在搜尋引擎輸入關鍵字時，下方會顯示其他的候補字詞。若可根據使用者顯示關聯字詞，更有助於使用者搜尋內容。

## 由資料排行顧客的名次

除了購物籃分析外，市場行銷上還有各種分析手法，如具代表性的 **RFM 分析**。這是取 Recency（最近一次消費）、Frequency（消費頻率）、Monetary（消費金額）三字詞頭，**依序排行常客名次**的手法（圖 1-36）。

藉由對高名次顧客給予特別優惠，對低名次顧客實施折扣、附送傳單等，吸引顧客再度光臨。

圖 1-35 **發現商品搭配的購物籃分析**

| | 洋蔥 | 紅蘿蔔 | 高麗菜 | 馬鈴薯 | 白蘿蔔 | 豬肉 | 牛肉 |
|---|---|---|---|---|---|---|---|
| A顧客 | ○ | ○ | | ○ | | | ○ |
| B顧客 | | ○ | ○ | | ○ | ○ | |
| C顧客 | ○ | | ○ | | | | |
| D顧客 | ○ | ○ | | ○ | | ○ | |
| E顧客 | | ○ | | | ○ | | |

購買此商品的顧客也同時購買
- 高麗菜
- 豬肉

圖 1-36 **排行顧客名次的 RFM 分析**

| 分數 | Recency（最近一次消費） | Frequency（消費頻率） | Monetary（消費金額） |
|---|---|---|---|
| 5 | 1個月內 | 每個月3次以上 | 累計10萬元以上 |
| 4 | 1個月內 | 每個月1次以上 | 累計3萬元以上 |
| 3 | 半年內 | 半年1次以上 | 累計1萬元以上 |
| 2 | 1年內 | 每年1次以上 | 累計3千元以上 |
| 1 | 更久的間隔 | 更久的頻率 | 更低的金額 |

1 個月內來店消費、
半年消費 1 次以上、
累計消費 3 萬元以上

R：5、F：3、M：4
→12分

## Point

- 購物籃分析是以其他顧客的購買資料，發現「同時購買的商品」來推薦的分析
- RFM 分析是排行常客名次的手法，據此祭出優惠吸引顧客再次消費

# 根據資料改變定價

## 按供需變化的價格

商品、服務的價格過往是由業者事前決定。除了即期品的限時銷售折扣、飯店、機票的旺季價格偏貴，平時的購買價格皆相同。

然而，最近出現**按供需改變商品、服務的價格**，這種手法稱為動態定價（dynamic pricing）。例如，根據熱門賽事、座位位置、天氣情況等，及時調整運動競賽的觀眾席價格（圖 1-37）。

需求大時調高價格、銷路差時降價求售等，分析資料並藉 AI 自動調整價格，以求企業收益的最大化（圖 1-38）。

## 金融業界與 IT 業界的合作

除了動態定價外，結帳、資產管理等領域今後也會擴大運用 IT。結合金融（Finance）和科技（Technology）的便利服務，稱為 FinTech（金融科技），如智慧手機的電子支付、記帳簿的連動、個人之間的匯款、投資與營運的輔助、虛擬貨幣的應用等（圖 1-39）。

IT 業界愈來愈常與金融機構等攜手合作，提供手續費更便宜、使用起來更方便的創新服務。

在 AI、物聯網實際運用之後，不僅分析人類的知識，**還可分析攝影機、感測器所蒐集的巨量資料**。過往因所費不貲而放棄的想法，如今已能夠便宜地實踐，促使諸多業者紛紛投入金融科技。

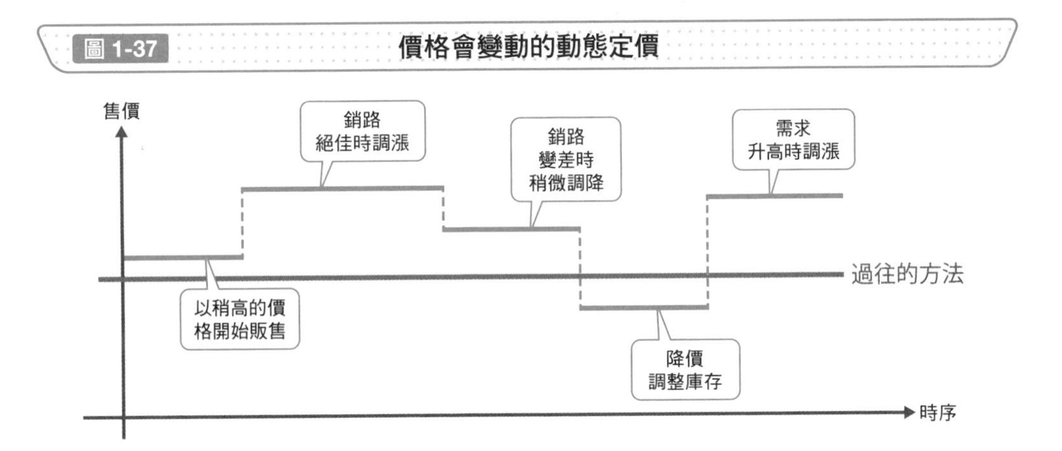


圖 1-38 動態定價的效果

價格

售價固定
的情況

營業額

數量

價格

售價改變
的情況

營業額

數量

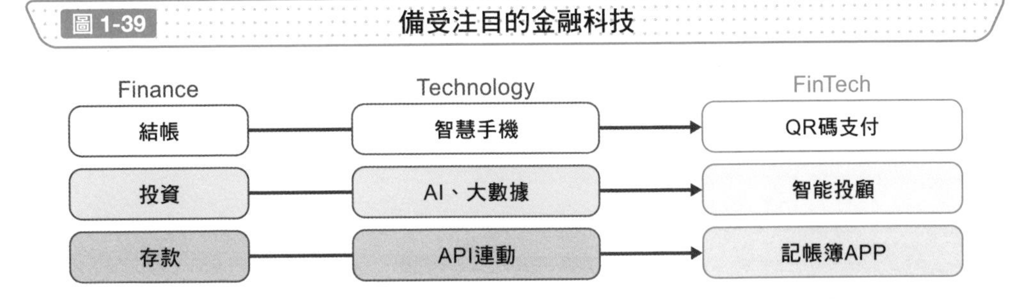


## Point

- 動態定價是，按供需改變商品、服務價格的手法
- FinTech 是結合金融和科技的方便服務，諸多業者紛紛投入其中

# 小範圍嘗試

## 調查產品、服務的需求

在商業上，沒有人知道新的點子、產品是否真的能夠實現。產品有可能在製作過程中遇到問題，服務也有可能乏人問津。在不曉得能否獲得足夠利益的情況下，難以做出投資判斷。

如果口頭討論不出所以然，**PoC**（Proof of Concept）：概念驗證）會是有效的解決辦法（圖 1-40）。

少量製作試驗品確認生產過程；調查數份樣品的使用心得等，先於小型環境進行嘗試，待確認能夠回收成果，才正式投入資源。

## 先小範圍嘗試再擴展規模

如 PoC 先小範圍嘗試，再視需要擴展規模的做法，稱為 **small start**。不僅降低初始投入的門檻，也可盡量抑制變更、失敗時的風險。

例如，導入新工具的時候，先由特定部門試驗，再逐漸增加使用的部門。除了工具之外，導入遠距辦公等新制度時，以部門單位嘗試運行；生產商品時，由特定的工廠開始測試（圖 1-41）。

然而，**資料分析有時難以採取 small start 的策略**。即使分析少量資料時得到好結果，也有可能遇到跑不動巨量資料、少量資料得不到理想結果等情況；或是決定以少數人進行分析，有可能發生期望的資料不充足。

圖 1-40 先驗證再投入的 PoC

過往的投入方式

實施PoC時的投入方式

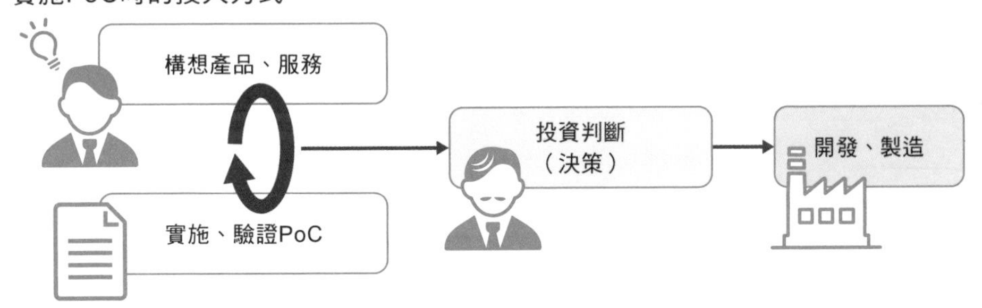


圖 1-41 小範圍嘗試的示意圖

## Point

- PoC 是投入生產新產品、服務前的驗證方法
- small start 是先小範圍嘗試再逐漸擴展的方法，但資料分析可能得不到理想結果

# » 持續進行改善

## PDCA 與 OODA

分析資料時沒有辦法一次到位，大部分都要反覆修正，調整得到更好的結果。

這種持續改善作業的思維，相當於品質管理、業務改善常見的 **PDCA 循環**。此循環是由 Plan（計畫）、Do（執行）、Check（檢測）、Act（改善）的字頭組成，意指反覆設立假說與執行驗證來追求更高的品質（圖 1-42）。

與 PDCA 循環類似的概念，還有備受注目的 **OODA 循環**。此循環是由 Observe（觀察）、Orient（調整）、Decide（決定）、Act（行動）的字頭組成，跟 PDCA 一樣不斷反覆的循環框架，但循環本身節奏較快、得自行決定採取的行動。在瞬息萬變的情況下，OODA 循環可督促自行思考改變行動，主動交出成果。在大數據等資料分析，除了**長時間從計畫執行到改善**的 PDCA 循環外，**迅速做出判斷**的 OODA 循環也是重要思維。

## 回饋循環

即使資料分析時得到好結果，也未必適用於商業實務。縱使理論上沒有問題，也有可能交不出實際成果。

有鑑於此，我們需要**回饋循環**，採納現場、顧客等的回饋（反應、提點、評價、意見）反覆改善（圖 1-43）。由於不是一開始就做到最完美，**需要儘早得到分析結果等，採納回饋意見來進行改善**。

圖 1-42 不斷改善的 **PDCA** 循環

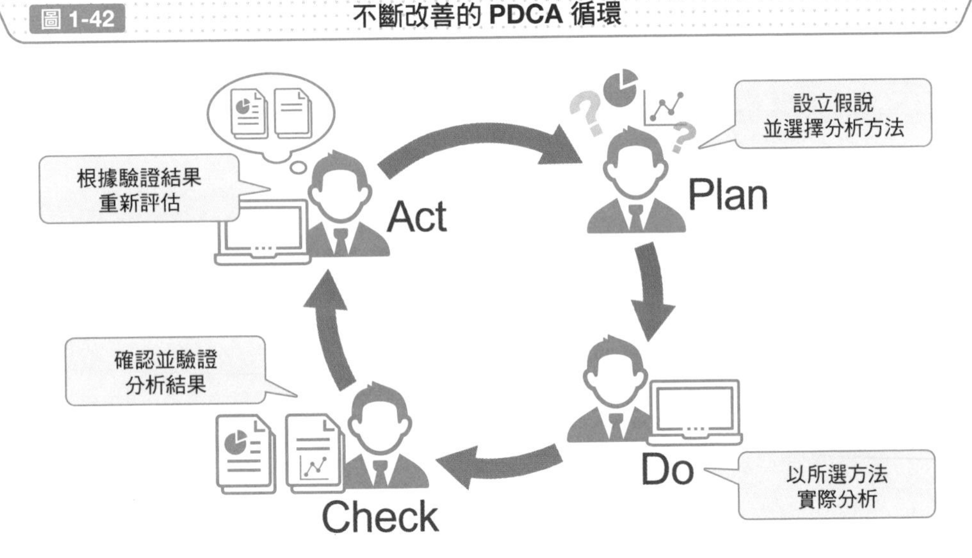


圖 1-43 各種不同的回饋

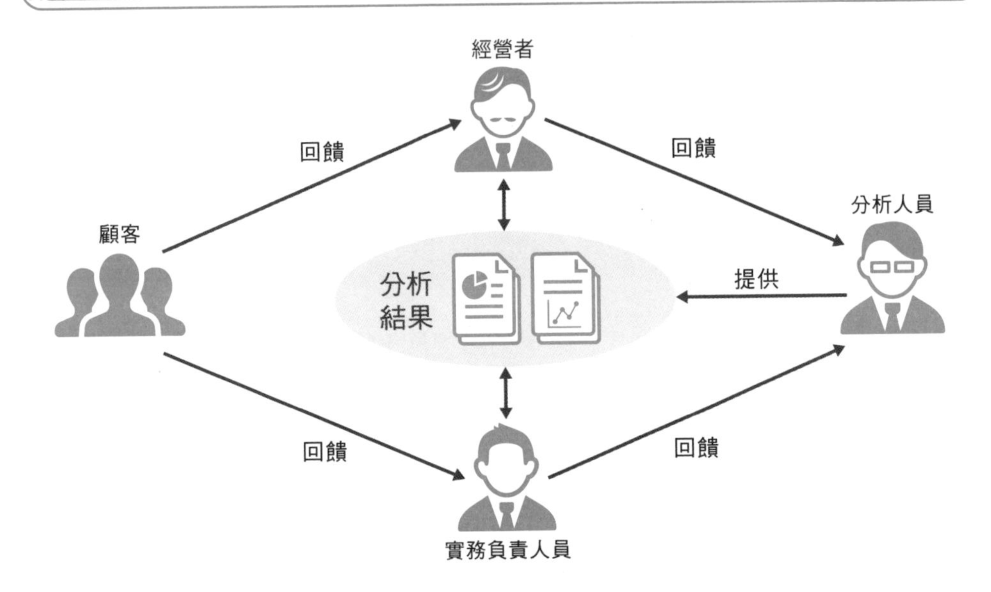


## Point

- PDCA 是反覆設立假説、執行驗證，藉此提高品質的循環框架。最近，OODA 循環也受到注目
- 回饋循環採納各種不同的回饋，反覆進行改善

# 設立目標並有策略地執行

## 以數值量化的指標

分析資料的時候，胡亂蒐集資料、漫無目的地分析沒有意義，**必須抱有明確的目標來執行**。例如，經營網站的最終目標是販售商品、洽談合作，得為此蒐集所需的資料，分析後加以改善。

以人的感覺評鑑業績等時，不同的人可能會有不一樣的判斷，故需要量化成數值的評價指標。**KPI**（Key Performance Indicator）是常見的指標，可翻譯為關鍵績效指標。

網站採用的指標有網頁瀏覽量（PV：Pageview）、轉換率（CVR：Conversion Rate）等，將明確的基準、期限內可達成的數值目標設定為 KPI，就能夠視覺化該期限之前的達成程度（圖 1-44）。

## 設定企業的目標

雖然 KPI 可當作各種業務的指標，但衝高瀏覽量，**若無法帶來商品販售、洽談合作，也就沒有任何意義**。KPI 僅是部門單位在達成目標的過程中，用以掌握進展情況的指標，而非整個公司組織的目標。

經營商務網站的時候，目標是提高營業額、獲利率。**KGI**（Key Goal Indicator）常作為整個組織的指標，可翻譯為關鍵目標指標。根據企業的經營理念、未來願景等設定 KGI，組織內部再設定各業務達成該指標的 KPI。

**KSF**（Key Success Factor）是促使商業成功的條件，可翻譯為關鍵成功要素。例如，為了提升營業額，需要提高客單價、購買人數（圖 1-45）。

圖 1-44 KPI 中的 SMART 原則

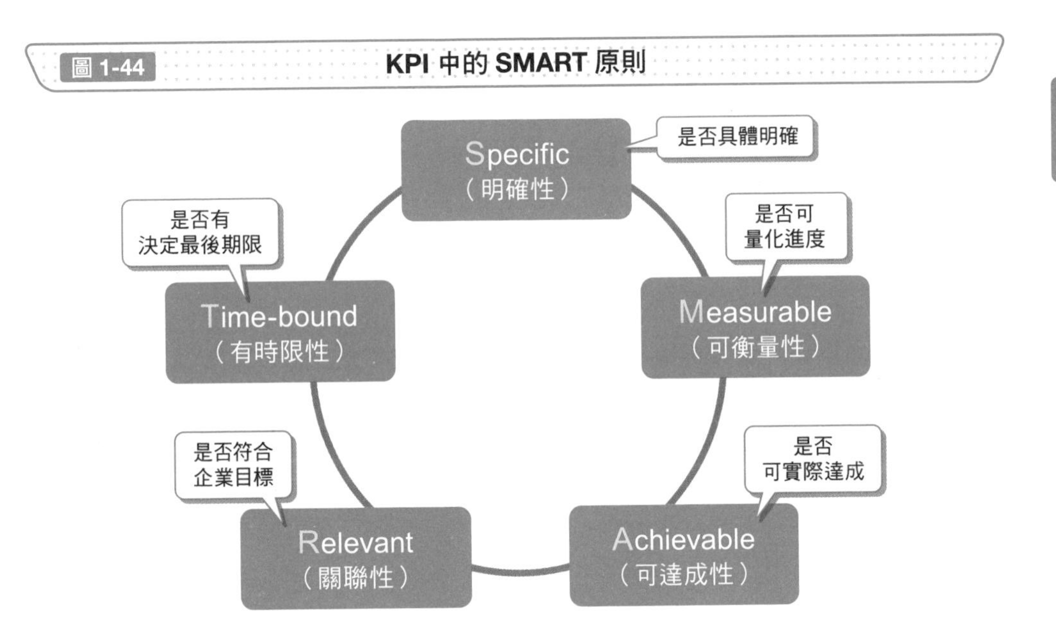


圖 1-45 KPI、KSF 與 KGI 的關係

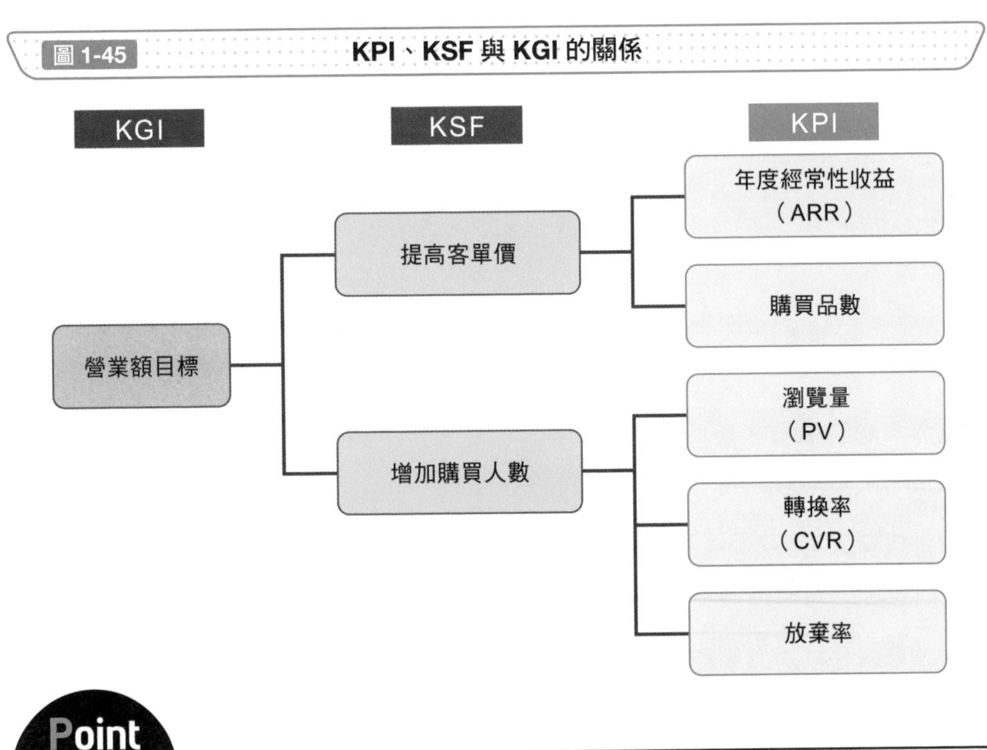


**Point**

- KPI 是以瀏覽量、轉換率等目標數值評鑑業績的指標
- KGI 是判斷整個組織業績的指標

# » 掌握資料的關係人

## 了解彼此之間的關係

在分析資料的時候，必須**留意如何使用分析結果**。例如，是將分析結果作成供電腦處理的模型，還是作成讓經營者等迅速掌握內容的報告，分析內容將會有所不同。

一開始分析的人員與實際使用其結果的人員可能是不同人。當初注重讓電腦容易處理的分析，若中途想要讓經營者檢視分析結果，則作業量、分析成本皆會有所改變。

使用案例包含誰如何使用、系統具有何種功能等內容。物件導向設計常用的 UML（unified modeling language：統一塑模語言），有時也會用來繪製使用案例，明確系統內部和外部的邊界，以決定系統化的範圍，同時也可釐清誰如何使用系統（圖 1-46）。

## 配合關係人檢討應對方式

在釐清系統的相關人員時，權益人一詞意為利害關係人、當事者。事前掌握關鍵人物，來確認其對資料分析等專案的影響範圍。

根據各權益人對專案抱持合作、中立還是對立的態度，可用於分析的資料質與量將有所不同，對輸出的分析結果也會產生肯定、否定的不同意見。

**在推進資料分析的專案時，也得向權益人中途報告**（圖 1-47）。

圖 1-46 使用案例的示意圖

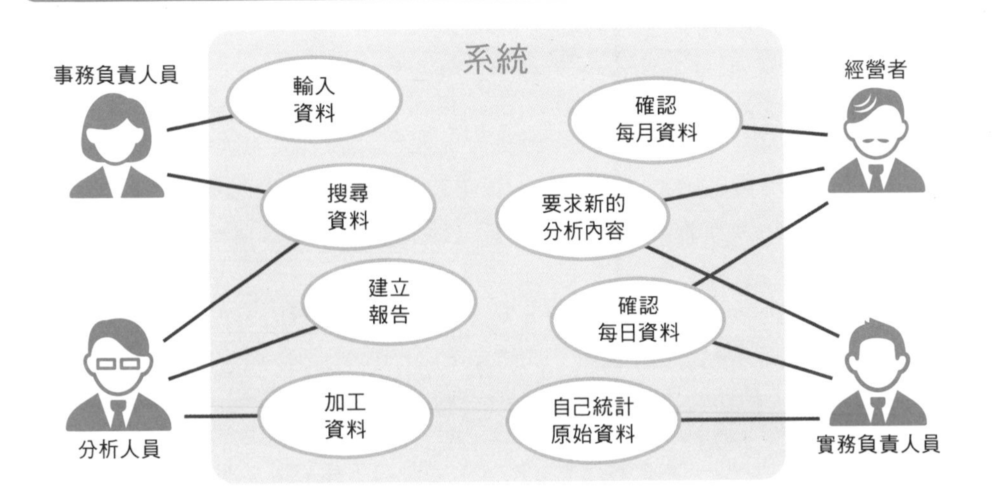


圖 1-47 根據權益人提供資料

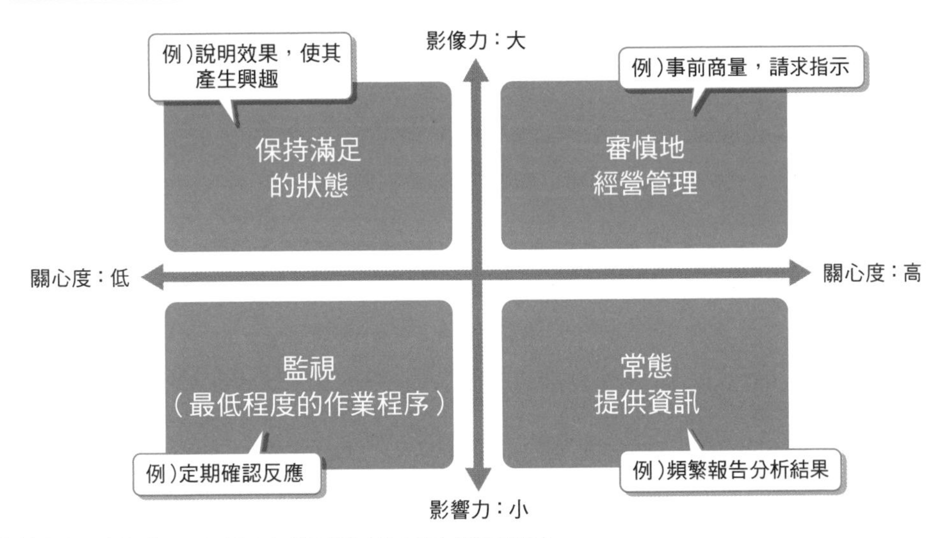


資料來源：改自《PMBOK Guide 第6版》（PMI日本分部 監譯）

**Point**

- 討論使用案例，可釐清系統化的範圍、所需的系統
- 分析內容會因權益人而異，故得掌握有哪些人參與專案

# 嘗試看看

## 調查運用資料的案例

即使平常沒有特別留意，世上各處都有在運用資料。除了自己所屬的組織內部，不妨從日常生活、網際網路等方面，調查有哪些資料增加了社會的便利性，以及這些資料用於什麼地方。

### 公司、學校等組織內部使用的資料

| 場所 | 資料內容 | 目的 |
|---|---|---|
| 例）公司內部 | 顧客管理系統 | 商品寄送、傳單發送等 |
| | | |
| | | |
| | | |

### 日常生活中使用的資料

| 場所 | 資料內容 | 目的 |
|---|---|---|
| 例）號誌 | 交通量 | 控制號誌轉換的時機等 |
| | | |
| | | |
| | | |

### 網際網路上使用的資料

| 場所 | 資料內容 | 目的 |
|---|---|---|
| 例）換乘查詢 | 距離、費用 | 計算最短路徑、最便宜路徑等 |
| | | |
| | | |
| | | |

第2章

# 資料的基本知識

～資料的表達方式與閱讀方式～

# » 資料種類

## 將文字轉換成數字

使用電腦分析資料的時候，得將「好吃」、「好高」等**感覺性描述表達成數值**。若手邊的資料是文字，則必須轉換成數字。根據資料的種類，轉換方式有所不同（圖 2-1）。

處理問卷調查中的性別、血型時，可表達成「0：男性」、「1：女性」；「1：A 型」、「2：B 型」、「3：O 型」、「4：AB 型」等，數字沒有順序上的意義，也可換成其他數值。這種尺度稱為**名目尺度**（nominal scale）。

處理店鋪、商品的評價時，可表達成「5：非常好」、「4：好」、「3：普通」、「2：不好」、「1：非常不好」等，數字具有大小上的意義。這種尺度稱為**順序尺度**（ordinal scale）。

## 當作數值資料進行比較

雖然順序尺度有順序之別，但間隔卻是不一而足。「1：非常不好」和「2：不好」、「3：普通」和「4：好」數值上同樣是間隔 1，但在受訪者心中的差距未必相同。然而，「21℃」和「22℃」、「5℃」和「6℃」的間隔，就實際是氣溫相差 1℃。這種間隔具有意義的尺度，稱為**區間尺度**（interval scale）。

比較氣溫「1℃」和「2℃」、「10℃」和「20℃」，雖然數值皆是相差 2 倍，但前者的體感溫度沒有什麼差異，後者卻明顯不同。另一方面，長度 1cm 和 2cm、10cm 和 20cm，實際就是相差 2 倍。這種尺度稱為**等比尺度**、**比率尺度**（ratio scale）。

一般而言，名目尺度和順序尺度稱為**定性變數**（類別變數：qualitative variable）；區間尺度和等比尺度稱為**定量變數**（數值變數：quantitative variable）。兩者繪製的圖表類型不一樣，需要小心留意（圖 2-2）。

圖 2-1 問卷調查與統計結算

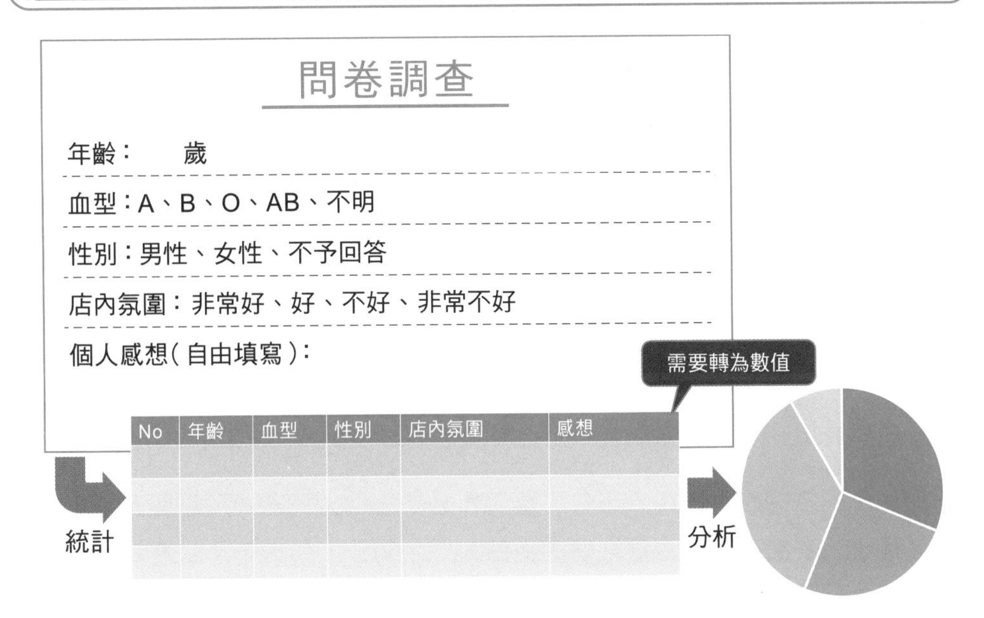


圖 2-2 定性變數與定量變數的圖表不同

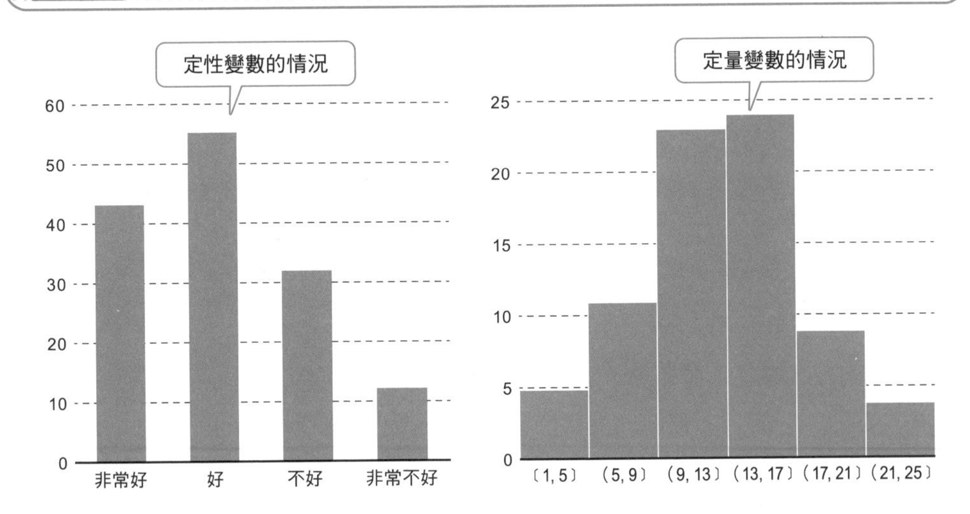


**Point**

- 分析資料時需要轉為數值，並根據內容分成定性變數或者定量變數
- 定性變數和定量變數的圖表類型不一樣

# 依範圍區分資料

## 調查資料的分布情況

給定許多資料的時候，光觀看資料難以掌握其特徵。

若該資料是定量變數，常會使用次數分布表掌握資料的分布情況（圖 2-3）。製作次數分布表的時候，需要將資料區分成幾個區間，調查各個區間中的資料個數。這個區間稱為組別，各個區間裝入的資料個數稱為次數。

組別的寬度稱為組距，組距大小會影響次數分布表給人的印象。**組距不可設定過大或者過小，要使用易於直觀理解的數值。**決定組距時可參考「史塔基經驗公式（Sturges' rule）」，當有 $n$ 個資料可取 $1 + \log_2 n$ 個組數。

例如，討論日本都道府縣的人口、面積等資料時，將共計 47 個的都道府縣數量代入公式得到 $1 + \log_2 47 = 6.55$，可知分布表的組數應該取 7 個左右。

## 將資料分布轉為圖表形式

直方圖是根據次數分布表製作，橫軸為組別、縱軸為次數、組別依序由小排到大的圖表（圖 2-4）。

直方圖處理的資料是定量變數、連續數值，相鄰長條之間通常不會空出間隔。

次數較少時會整合多個組別，但改變組距大小會影響長條的高度，可能造成誤會。此時，不妨採取將橫寬變成 2 倍、高度減半等方法。

圖 2-3 製作次數分布表

年齡資料

| 80 | 62 | 80 | 35 | 41 | 62 | 72 | 47 | 68 | 78 |
|---|---|---|---|---|---|---|---|---|---|
| 84 | 19 | 58 | 48 | 33 | 92 | 73 | 96 | 96 | 32 |
| 34 | 54 | 24 | 14 | 28 | 83 | 86 | 96 | 91 | 71 |
| 63 | 61 | 47 | 33 | 54 | 89 | 78 | 75 | 71 | 59 |
| 70 | 25 | 44 | 75 | 75 | 7 | 87 | 27 | 72 | 18 |
| 85 | 85 | 22 | 58 | 9 | 81 | 17 | 17 | 31 | 93 |
| 68 | 72 | 36 | 19 | 31 | 70 | 60 | 33 | 86 | 34 |

次數分布表

| 年齡 | 資料數 |
|---|---|
| 0歲～9歲 | 2 |
| 10歲～19歲 | 6 |
| 20歲～29歲 | 5 |
| 30歲～39歲 | 10 |
| 40歲～49歲 | 5 |
| 50歲～59歲 | 5 |
| 60歲～69歲 | 7 |
| 70歲～79歲 | 13 |
| 80歲～89歲 | 11 |
| 90歲～ | 6 |

組別　次數

圖 2-4 直方圖（根據圖 2-3 的資料）

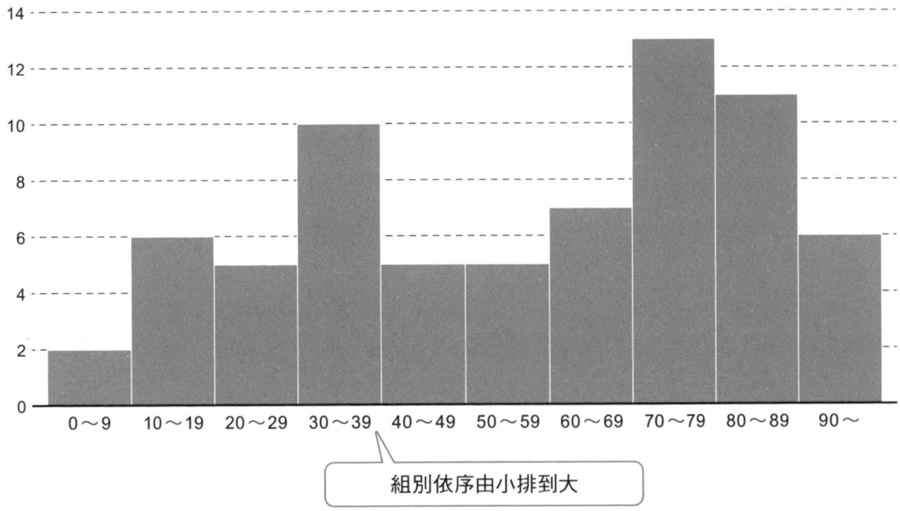

## Point

- 製作次數分布表、直方圖，以便掌握定量變數的資料分布
- 改變組距會影響次數分布表，需要設定適當的組距

# 區分使用圖表

## 製作描述數量的圖表

對於定量變數，可使用次數分布表製作直方圖；對於定性變數，可用來製作描述資料數據的長條圖。

以條柱長度表示數值，愈長代表數值愈大，這種圖表**適用比較資料多寡、大小等「數量」**，如表示不同年收的人口、不同考試的報考人數等。以長條圖表達數量的時候，可如圖 2-5 縱軸由 0 開始計算來比較多個品項。

長條圖也可按資料內容使用圖標，來改變圖表的整體觀感。例如，表達人口時使用人像的圖標，表達車輛生產台數時使用汽車的圖標，可避免圖表看起來過於單調。

## 製作描述變化的圖表

以相同的資料個數、連續量**表達時序上的「變化」**時，將數值描述為點再連線成折線圖會比較容易理解。

時序資料是每天、每月、每年等，按時間推移觀測的資料。一般來說，橫軸是時間由左而右推進，並以直線連接表示數值的點。

折線圖注重的是變化，縱軸不從 0 開始也沒問題。不過，需要注意過於強調變化，可能讓人產生錯誤的印象。例如，圖 2-6 表達的是相同的資料，僅僅只是改變縱軸、橫軸的間隔，圖表給人的印象卻是截然不同。

**圖 2-5　容易比較「連續量」的長條圖**

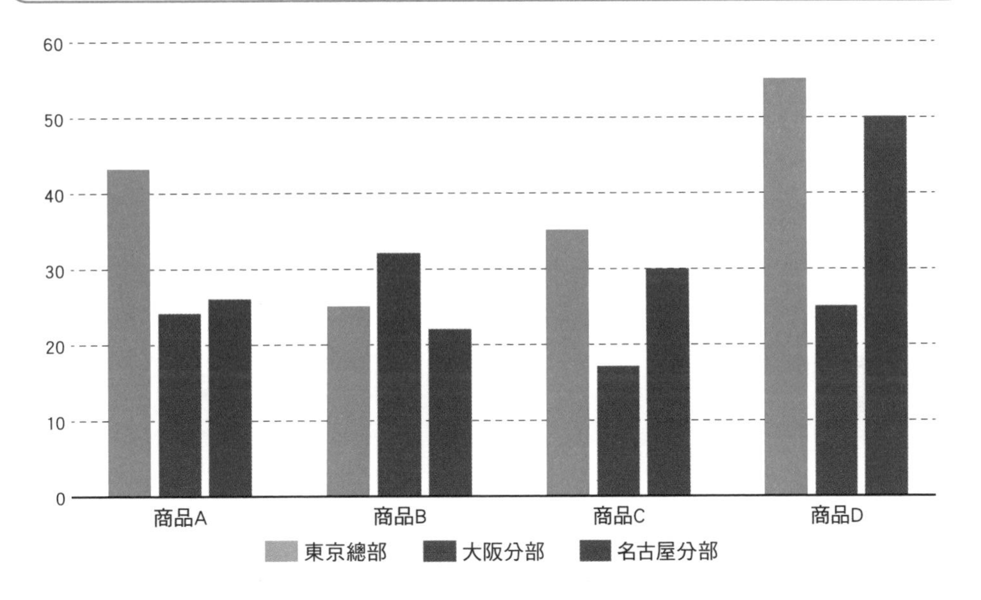


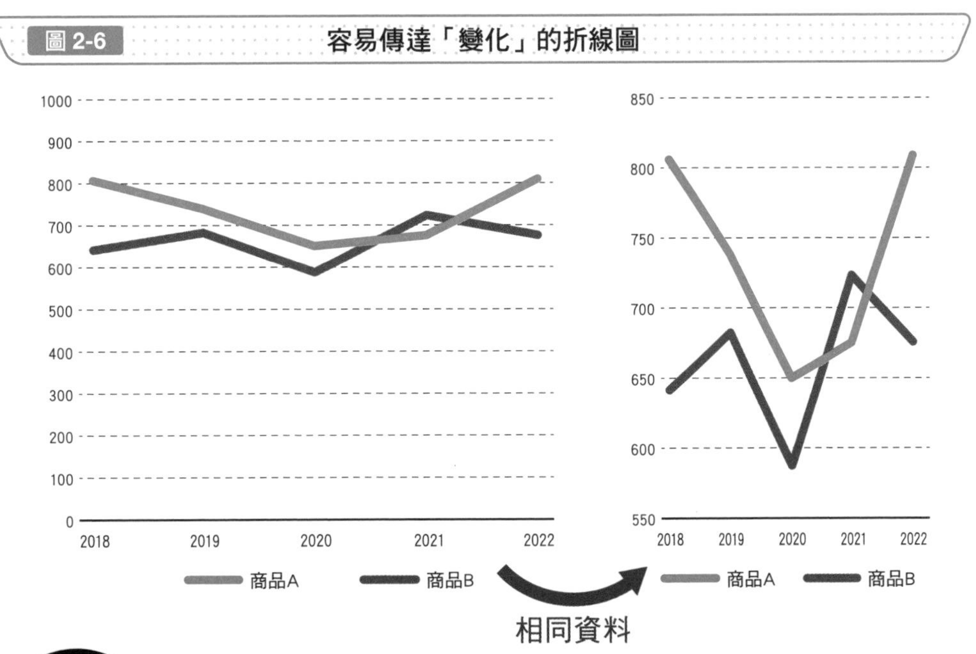


## Point

- 長條圖用來表達定性變數的數量
- 折線圖用來表達時序上的變化

# 表達比例的圖表

## 製作描述比例的圖表

描述數量時使用長條圖、描述變化時使用折線圖，不過有時也會想要描述整體「比例」的圖表。例如，圓餅圖是**假設整體為 100，描述項目所占比例**的圖表（圖 2-7）。

營業額中各商品所占比例的構成比、業界內自家公司的市占率等，圓餅圖經常用於商務前線。以扇形中心角的大小表示比例，整體占比愈大則扇形面積愈大。

一般來説，圓餅圖是以正上方（12 點鐘方向）為起點，按比例大小順時鐘排序 ※1。另外，根據情況，有時也會使用多層圓餅圖。

Excel 等可簡單製作 3D 圓餅圖，但近端項目的面積看起來比較大，使用時需要留意該圖並未能正確地描述資料。

## 以多個座標軸描述比例

討論多份資料的比例時，可排列多個圓餅圖來比較，但隨著資料數量增加，圓餅圖會變得不好判斷。

此時，我們可選擇使用帶狀圖，如長條圖以長度表達整體的占比。由於帶狀圖是假設整體為 100%，**縱使有時序上的變化，也可由間隔位置的上下變動簡單看出其變化**。

此時，無論數值如何變化，切忌改變帶上的資料順序。例如，圖 2-8 由下而上的順序固定為 A 公司、B 公司、其他公司。

※1　多數國家是以正右方（3點鐘方向）為起點，逆時鐘排序。

圖 2-7　容易了解「比例」的圓餅圖

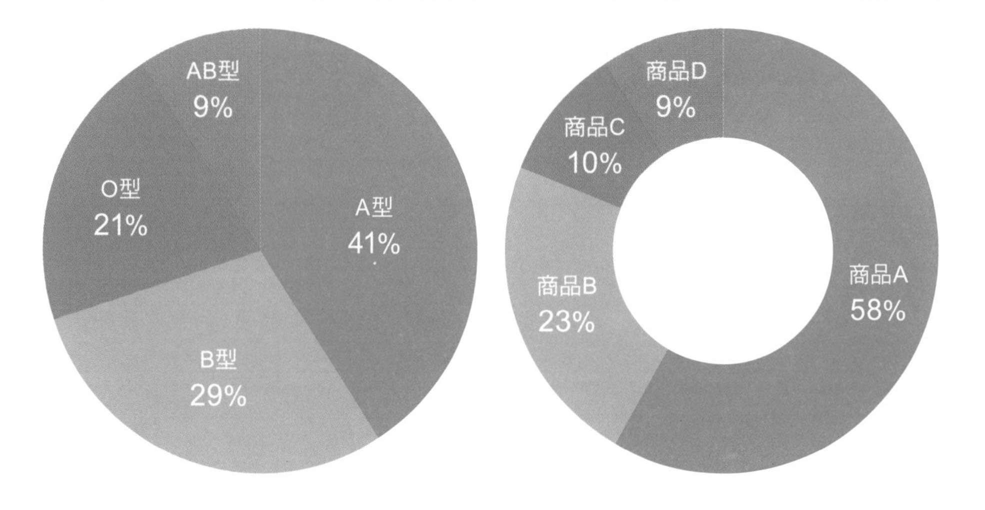


圖 2-8　方便比較「多個資料」的帶狀圖

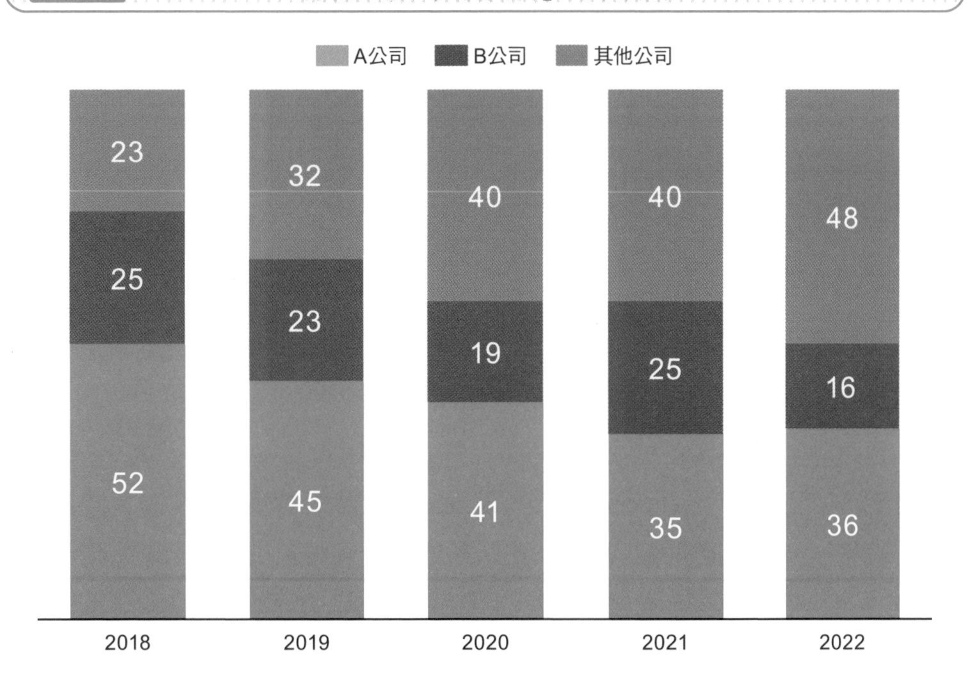




## Point

- 圓餅圖用來描述整體的占比
- 帶狀圖用來比較多個資料的整體占比

# 以 1 個圖表描述多個資料

## 以多條座標軸描述數量的圖表

雷達圖是不採取時序變化，以多條座標軸同時描述數量，可方便確認均衡關係的圖表（圖 2-9）。

根據欲描述項目的個數繪製正多角形，再將項目分配至各個頂點。由中心向各個頂點連線，並以中心為 0 標示刻度。

以直線連接資料對應的刻度，完成多角形。數值愈大，多角形愈大；數值愈小，多角形愈小。完成的圖形愈接近正多角形，代表項目的數值愈為均衡。

由於數值愈大、圖形愈向外擴展，名次順序、百米跑的成績等，**數值愈小愈好的項目，需要適當地轉換資料**。

## 以多條座標軸描述資料分布

雖然直方圖可描述資料分布，但僅能夠表達單一座標軸的資料，無法討論資料的時序變化、同時比較多個座標軸的分布情況。

此時，我們會使用盒形圖，在長方形的盒子上下畫出延長線（圖 2-10）。盒形圖是由小而大排序資料，依照個數分成四等份，由小的數值開始計數，整體四分之一的數值為第 1 個四分位數；整體正中間的數值為第 2 個四分位數；整體四分之三的數值為第 3 個四分位數。若資料共有 11 個的話，四分位數分別為第 3 個、第 6 個、第 9 個數值，再於上下畫出延長線，表示最大值和最小值的範圍。

盒形圖與股票的 K 線圖相似，但需要留意兩者的畫法並不相同。

圖 2-9　雷達圖

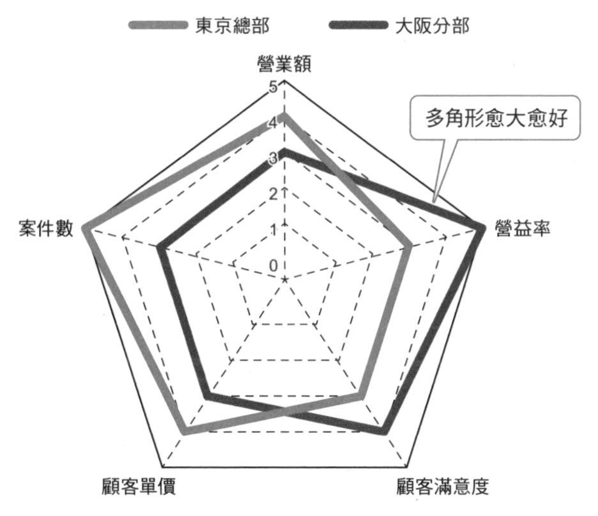


圖 2-10　盒形圖

應用程式的使用天數（1個月）

| Word | Excel | PowerPoint |
| --- | --- | --- |
| 1 | 1 | 2 |
| 3 | 1 | 3 |
| 5 | 3 | 3 |
| 6 | 4 | 5 |
| 7 | 6 | 8 |
| 10 | 7 | 10 |
| 12 | 7 | 11 |
| 15 | 8 | 13 |
| 18 | 8 | 14 |
| 20 | 10 | 15 |
| 21 | 13 | 17 |

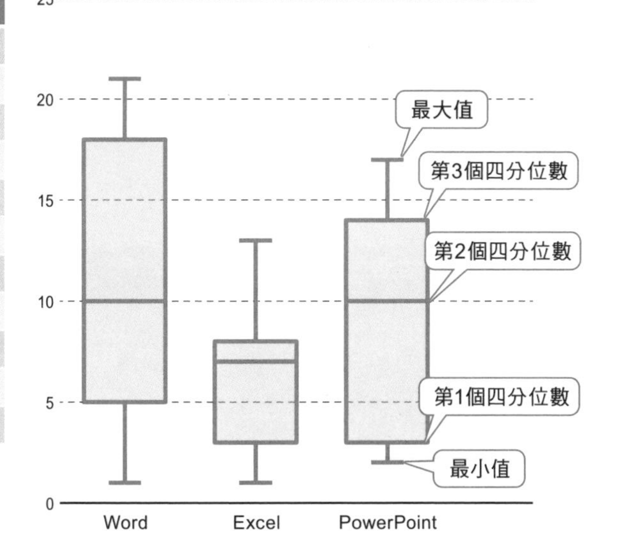


**Point**

- 雷達圖可同時比較多條座標軸的數量
- 盒形圖可描述時序上的分布變化，或者比較多條座標軸的分布情況

# 當作資料基準的數值

## 位於整個資料正中央的數值

次數分布表、直方圖可掌握資料的分布，但圖形帶來的印象卻是見仁見智。如同量化「真好吃」、「好高大」等曖昧字詞，圖表也可轉為一目瞭然的數值。

在以數值表達眾多資料的分布時，我們會使用**代表值**（代表資料的數值）。**平均數**（或稱平均值）是常用的代表值，將全體的總和除以資料的個數（圖 2-11）。

平均數是眾所皆知的方便數值，但**算出的數值可能不盡理想**。例如，圖 2-12 的資料分布有所偏頗，出現極端值時平均值會偏離中央。

有鑑於此，會改使用上下兩部分資料數量相同的值──**中位數**（median）。如同其名是「位於資料中央的數值」，將所有資料由小到大排序時，正好落於整體一半的數值。若資料個數為奇數，則是依序排列的正中間數值；若資料個數為偶數，則是中央相鄰兩資料的平均數。**中位數不會因增加 1 個偏頗值而有明顯變化**，這種性質稱為**穩健性**。

## 出現最多次的數值

**眾數**（mode）是資料中出現最多次的數值（圖 2-13）。眾數未必僅有一個，若有多個數值出現相同次數，則它們皆為眾數。

次數分布表、直方圖的眾數是組距正中間的數值，相同資料的組距改變時會影響眾數，需要小心留意。

**圖 2-11　平均數的計算**

| 1 | 3 | 6 | 7 | 8 | 11 | 12 | 15 | 17 | 20 |
|---|---|---|---|---|---|---|---|---|---|

$$\text{平均數} = \frac{\text{總和}}{\text{個數}} = \frac{1+3+6+7+8+11+12+15+17+20}{10} = 10$$

**圖 2-12　資料分布有所偏頗時的平均數和中位數**

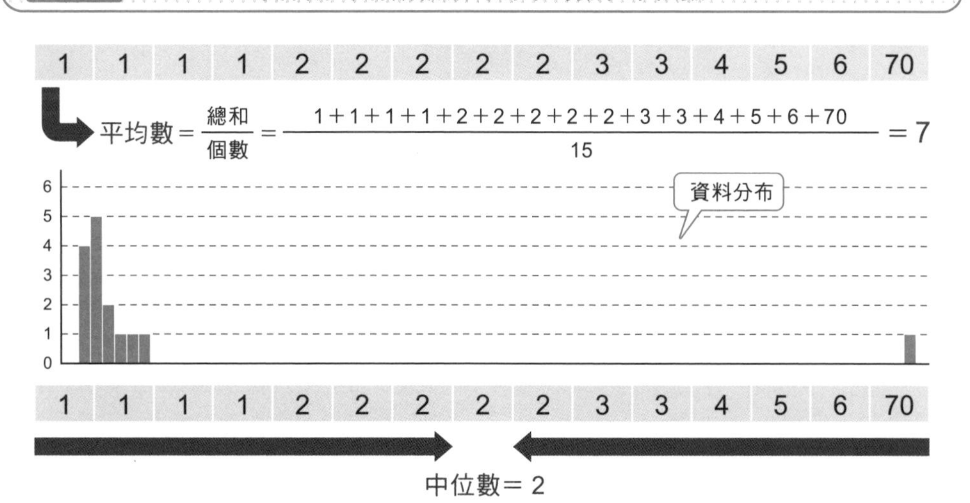


**圖 2-13　眾數**

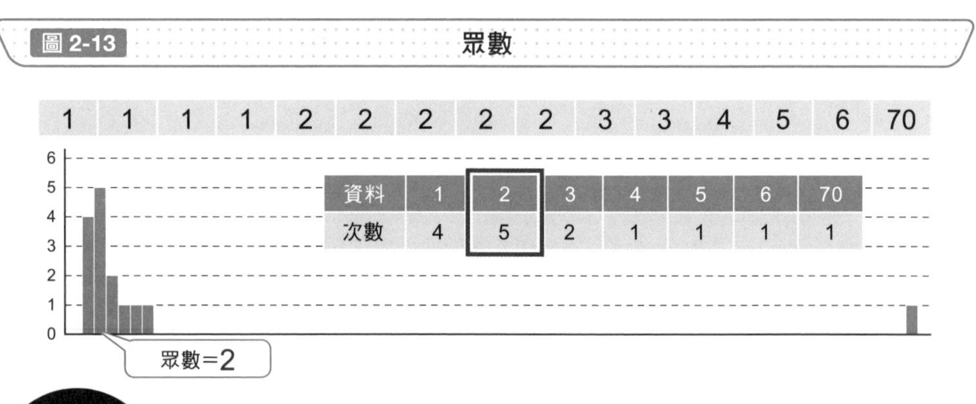


| 資料 | 1 | 2 | 3 | 4 | 5 | 6 | 70 |
|---|---|---|---|---|---|---|---|
| 次數 | 4 | 5 | 2 | 1 | 1 | 1 | 1 |

## Point

- 平均數，是整體總和除以資料個數
- 中位數，是依序排列資料時的正中間數值
- 眾數，是資料中出現最多次的數值

# 掌握資料的離散程度

## 調查資料的散布情況

雖然可使用平均數、中位數量化，但僅由此無法了解資料的分布。例如，圖 2-14 資料分布迥異，但兩者的平均數、中位數相同。

為了以數值掌握這類分布的差異，得**量化資料的散布情況**。描述離散程度的指標是，各資料愈遠離平均數，數值愈大；各資料愈接近平均數，數值愈小。

然而，與平均數相減後會出現正負號，需要平方其差值當作**變異數**，表達愈遠離平均數，其數值愈大。如圖 2-15 計算均差值，取其平方後加總起來，再除以資料個數。變異數不會單獨使用，而是用來比較多個資料的離散程度。例如，某學校進行國文和數學測驗，想要衡量兩科目的離散情況時，就可計算變異數來較。

## 統一單位

雖然變異數可比較離散程度，但平方後的單位會改變。因此，需要計算變異數的平方根（root）當作**標準差**。例如，圖 2-15 上半部的變異數為 4，所以標準差為 2；圖 2-15 下半部的變異數為 10，所以標準差為$\sqrt{10}$=3.16...。

標準差、變異數皆是描述離散程度的值，數值愈大表示資料愈分散；數值愈小表示資料愈集中。因此，藉由平均數和標準差，**可知某資料是接近還是遠離平均數**。

圖 2-14 平均數和中位數相同

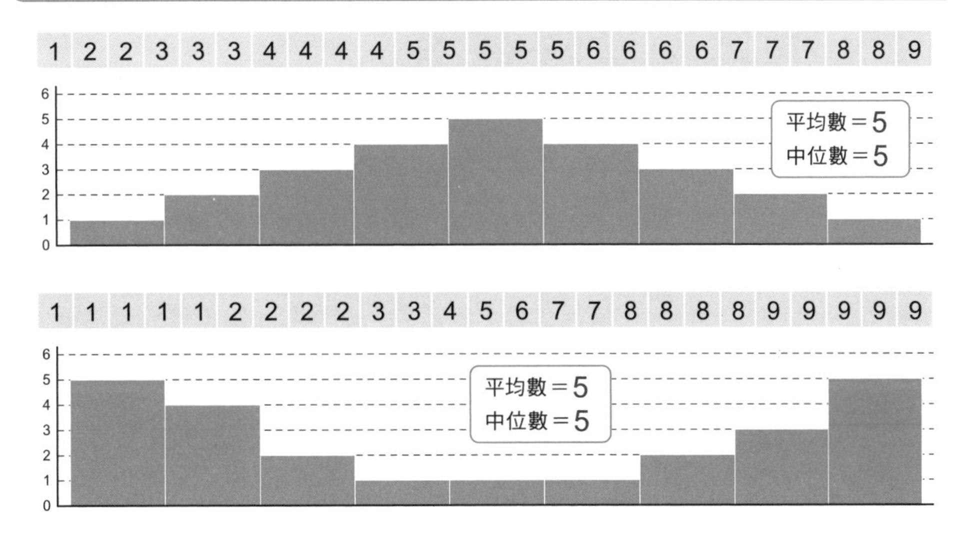


圖 2-15 計算變異數

| 資料 | 1 | 2 | 2 | 3 | 3 | 3 | 4 | 4 | 4 | 4 | 5 | 5 | 5 | 5 | 5 | 6 | 6 | 6 | 6 | 7 | 7 | 7 | 8 | 8 | 9 |
|---|---|---|---|---|---|---|---|---|---|---|---|---|---|---|---|---|---|---|---|---|---|---|---|---|---|
| 均差值 | -4 | -3 | -3 | -2 | -2 | -2 | -1 | -1 | -1 | -1 | 0 | 0 | 0 | 0 | 0 | 1 | 1 | 1 | 1 | 2 | 2 | 2 | 3 | 3 | 4 |
| 取差值的平方 | 16 | 9 | 9 | 4 | 4 | 4 | 1 | 1 | 1 | 1 | 0 | 0 | 0 | 0 | 0 | 1 | 1 | 1 | 1 | 4 | 4 | 4 | 9 | 9 | 16 |

$$\text{變異數} = \frac{\text{加總均差值的平方}}{\text{個數}} = \frac{16+9+9+4+\ldots+9+9+16}{25} = 4$$

| 資料 | 1 | 1 | 1 | 1 | 1 | 2 | 2 | 2 | 2 | 3 | 3 | 4 | 5 | 6 | 7 | 7 | 8 | 8 | 8 | 8 | 9 | 9 | 9 | 9 | 9 |
|---|---|---|---|---|---|---|---|---|---|---|---|---|---|---|---|---|---|---|---|---|---|---|---|---|---|
| 均差值 | -4 | -4 | -4 | -4 | -4 | -3 | -3 | -3 | -3 | -2 | -2 | -1 | 0 | 1 | 2 | 2 | 3 | 3 | 3 | 3 | 4 | 4 | 4 | 4 | 4 |
| 均差值的平方 | 16 | 16 | 16 | 16 | 16 | 9 | 9 | 9 | 9 | 4 | 4 | 1 | 0 | 1 | 4 | 4 | 9 | 9 | 9 | 9 | 16 | 16 | 16 | 16 | 16 |

$$\text{變異數} = \frac{\text{加總均差值的平方}}{\text{個數}}$$

$$= \frac{16+16+16+16+16+9+\ldots+9+16+16+16+16+16}{25} = 10$$

比較變異數

## Point

- 大幅轉換遠離平均數的資料，變異數可描述資料的離散程度
- 標準差是計算變異數的平方根

# » 以 1 個基準進行判斷

## 以相同指標比較不同種類的資料

雖然變異數、標準差能夠掌握離散程度，但單位不同時無法進行比較。例如，身高的單位由 cm 改為 m 後，不僅原數值大幅改變，變異數、標準差的值也截然不同。同理，10 分滿分的測驗和 100 分滿分的測驗，兩者的數值也有天壤之別。

有鑑於此，此時會採用即使單位不同、滿分上限不同，也容易比較資料的指標──**變異係數**。變異係數是標準差除以平均數。如圖 2-16 所示，同份資料不同單位的變異數、標準差截然不同，但**變異係數不受單位影響，計算後得到的數值相同**。

## 轉換資料進行比較

雖然可用變異係數比較整體的離散程度差異，但也有**直接轉換資料統一單位**的方法。將給定的資料數值轉換成平均數為 0、變異數為 1，這種做法稱為**標準化**。

為了轉換成平均數為 0，各資料得先減去平均數。然後，為了轉換成變異數為 1（亦即標準差為 1），得再除以標準差。換言之，標準化的計算方式，是將各資料減去平均數再除以標準差（圖 2-17）。

日本學校在評鑑測驗成績的時候，標準化經常用來計算 **T 分數**（偏差值）。T 分數不受測驗滿分上限、資料離散程度所影響，可判斷各資料落於哪個分布位置。

此時，帶有小數點的數值難以直觀理解，故會將標準化的數值乘以 10 再加上 50，並四捨五入小數點以下的位數，轉換成平均數為 50、標準差為 10 的整數。

圖 2-16 方便比較的變異係數

| 學生 | A | B | C | D | E | 平均 | 分數 | 標準差 | 變異係數 |
|---|---|---|---|---|---|---|---|---|---|
| 身高（cm） | 172 | 165 | 186 | 179 | 168 | 174 | 58 | 7.615773 | 0.04376881 |
| 身高（m） | 1.72 | 1.65 | 1.86 | 1.79 | 1.68 | 1.74 | 0.0058 | 0.076158 | 0.04376881 |

cm的情況 $\frac{7.615773......}{174} = 0.04376881$

m的情況 $\frac{0.076158......}{1.74} = 0.04376881$

變異係數 ＝ $\frac{\text{標準差}}{\text{平均數}}$

圖 2-17 標準化和 T 分數的計算

| 學生 | A | B | C | D | E | 平均 | 分數 | 標準差 |
|---|---|---|---|---|---|---|---|---|
| 身高（cm） | 172 | 165 | 186 | 179 | 168 | 174 | 58 | 7.615773 |
| 身高（m） | 1.72 | 1.65 | 1.86 | 1.79 | 1.68 | 1.74 | 0.0058 | 0.076158 |

標準化

例）$\frac{172-174}{7.615773} = -0.2626129$

| 學生 | A | B | C | D | E | 平均 | 分數 | 標準差 |
|---|---|---|---|---|---|---|---|---|
| 標準化的身高（cm的情況） | -0.2626129 | -1.1817579 | 1.5756772 | 0.6565322 | -0.7878386 | 0 | 1 | 1 |
| 標準化的身高（m的情況） | -0.2626129 | -1.1817579 | 1.5756772 | 0.6565322 | -0.7878386 | 0 | 1 | 1 |

計算T分數

例）$50 - 0.2626129 \times 10 = 47.37$

| 學生 | A | B | C | D | E | 平均 | 分數 | 標準差 |
|---|---|---|---|---|---|---|---|---|
| T分數 | 47 | 38 | 65 | 56 | 42 | 50 | 100 | 10 |

## Point

- 變異係數可用來比較單位不同的資料
- 標準化是將資料轉換為平均數為 0、變異數為 1，而 T 分數是運用標準化的評鑑指標

# 處理不適當的資料

## 找出與眾多資料迥異的資料

藉由直方圖等圖表，不僅能夠一目瞭然分布情況，也可立即發現難以由數字注意到的特殊資料。

觀看圖 2-18 的分布可知，有 1 個資料大幅偏離群體。這種異常值稱為**離群值**，視情況**有可能會影響分析結果**。

這可能是人工繕打資料時單純的輸入疏失，或者是感測器等讀取資料時的量測疏失。在分析資料的時候，需要事前去除該資料或者修正數值。

## 調查遺漏的資料

在分析資料之前，必須檢查的不僅只離群值。例如，蒐集日本的都道府縣資料後，卻發現僅有 46 件數據。此時，可能遺漏了某個都道府縣的資料。

另外，蒐集時序資料並列出每個小時的量測結果時，有可能在某處遺漏了 1 個數據。縱使有記錄到資料，也有可能是「NULL」、「N/A」等空值。

這種資料稱為**遺漏值**，原因可能是不小心漏測、因故無法量測，或者不適當的問卷回覆（圖 2-19）。

**遺漏值會造成資料分析無法得到正確結果。**除了選擇排除該資料再分析外，也可使用平均數、多重插補等方法補足遺漏值。

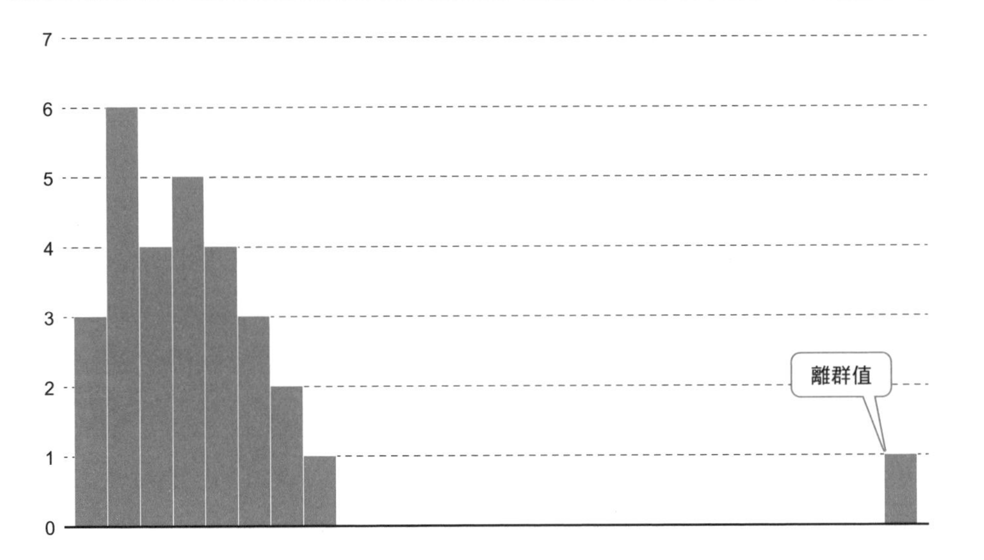


圖 2-19 遺漏值的處理方式

| 日期 | 最高氣溫 | 最低氣溫 |
|---|---|---|
| 2022-04-01 | 20度 | 12度 |
| 2022-04-02 | 18度 | 11度 |
| 2022-04-03 | 21度 | 14度 |
| 2022-04-04 | 22度 | NULL |
| 2022-04-05 | 21度 | 13度 |
| 2022-04-06 | 20度 | 13度 |
| 2022-04-07 | 23度 | 15度 |

遺漏值

以平均數取代空值

$$\frac{12+11+14+13+13+15}{6}=13$$

## Point

- 離群值是與其他資料迥異的資料，若不排除或者修正數值的話，有恐對分析結果帶來不好的影響
- 遇到遺漏值的時候，可使用其他資料來補足

# 八成的營業額來自兩成的商品？

## 何謂柏拉圖法則（Pareto principle）？

觀看資料時，柏拉圖法則是指「80%的整體來自 20%的要素」的經驗法則（圖 2-20）。「20%的商品占了 80%的營業額」、「20%的職員創造了 80%的利益」、「80%的居家時間僅在 20%的空間度過」等，類似的例子經常出現在日常生活當中。

知曉這個關係後，可藉由集中宣傳熱銷的 20%商品等，**專注特定領域投入成本，達到效益最大化**。

## 按銷量順序分成三個群組

柏拉圖分析是根據柏拉圖法則，訂定熱銷商品優先順序的分析，而柏拉圖是據此繪製的圖形（圖 2-21）。例如，先以長條圖描述各項商品營業額，再於圖表上以折線圖描述累積的百分比（圖 2-21）。

完成的圖表會按累積百分比分成 A、B、C 三個群組，故柏拉圖分析又稱為 ABC 分析。一般來說，累積百分比 70%以前的商品歸為 A 群組；70%～ 90%的商品歸為 B 群組；超過 90%的商品歸為 C 群組。

A 群組商品貢獻了大部分的收益，積極宣傳推廣的同時，得避免發生缺貨的情況。而 C 群組商品的整體占比甚小，應該檢討換成可帶來利益的商品或者停止販售。

基於倉儲空間、展示架空間有限，一般店鋪會採取上述的策略。然而，C 群組商品在電商網站中，其銷售總量可創造巨量收益，這種現象稱為長尾效應。

圖 2-20 柏拉圖法則

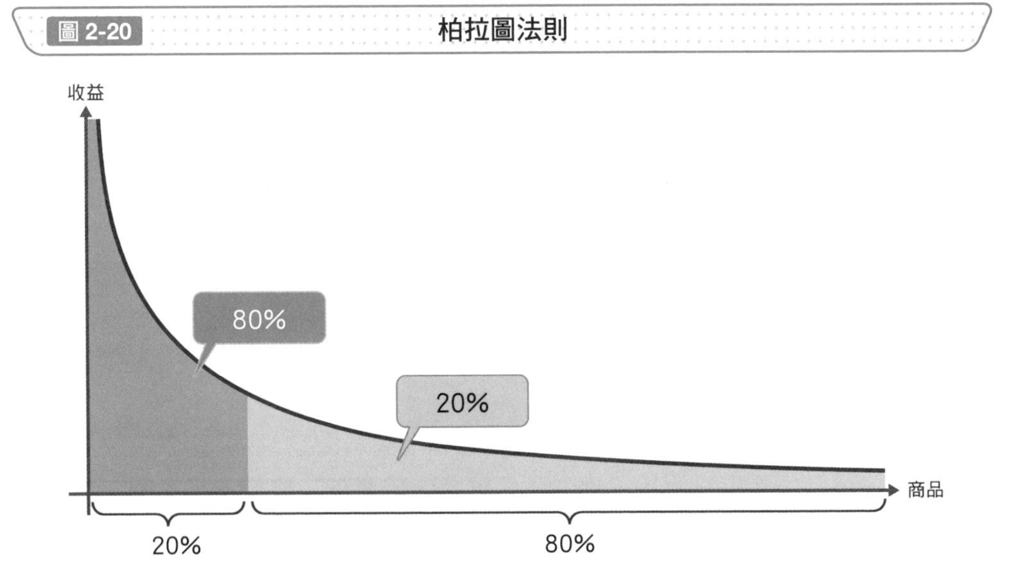


圖 2-21 柏拉圖

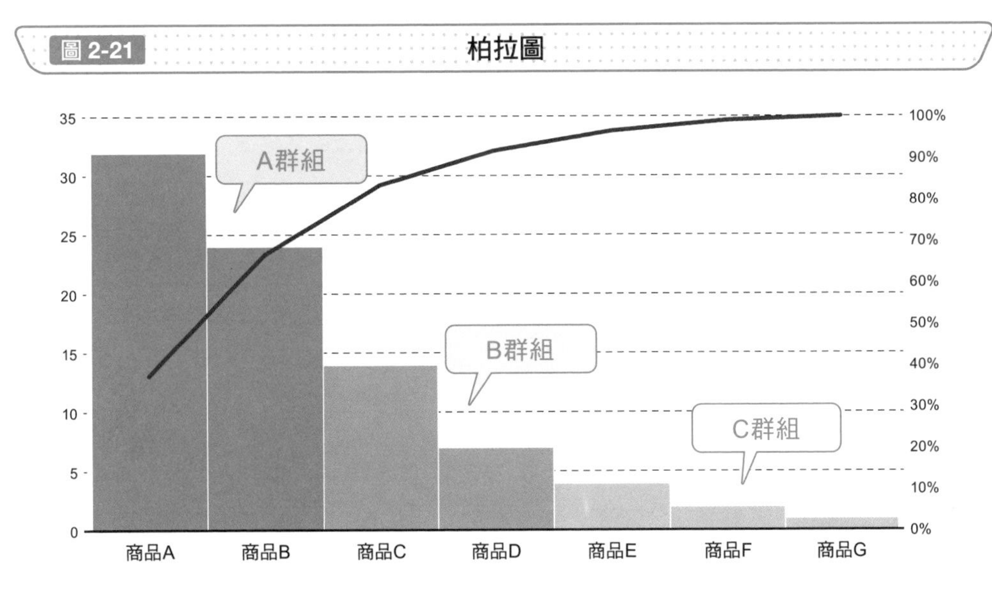


## Point

- 柏拉圖法則經常出現在日常生活當中
- ABC 分析是使用柏拉圖，按累積百分比判斷熱銷商品等的分析方法
- 長尾效應，是指冷門商品可累積巨量收益的行銷現象

# 視覺化表達

## 如何讓資料變得簡單易懂？

現今可說是資訊爆炸的時代，人類來不及處理過多的資料量。即便想要掌握大數據，也難以直接查看並理解原始資料。

人類會使用五感來掌握資訊，操作電腦、智慧手機等裝置時，又以視覺最為容易理解。有鑑於此，資料分析需要**視覺化表達龐大的資料，盡可能簡單明瞭地傳達內容**。

視覺化資料的做法，稱為資料視覺化。例如，如熱像圖（thermography）依溫度分布著色的熱點圖（圖 2-22）。調查在瀏覽器上的視線軌跡，掌握使用者長時間注視的地方，藉此改善網頁內容的排版。鼠標軌跡、網頁捲動情況等，也是常見的量測方法。

簡單的圖表也可進一步搭配精美的外觀，使用帶有故事性的表達方式（故事述說）來幫助理解。

## 視覺化文字資料

除了量化資料外，還有將文章視覺化的做法。文字雲，是從文章中篩選頻繁出現的單字，以較大的字體表達經常出現的文字（圖 2-23）。

觀看產生的圖形，能夠一目瞭然該篇文章的主題、概念等。以月單位、年單位蒐集日記等資料，能夠找出該月、該年的熱門字詞。蒐集新聞並以時序推移，能夠看出世間的變化。即使不用逐句閱讀文章，也可大致掌握內容，非常方便。

圖 2-22 熱點圖的示意圖

圖 2-23 文字雲的例子

※根據《吾輩は猫である》（夏目漱石著）創建

## Point

- 資料視覺化是將分析結果轉為人容易理解的圖表
- 透過文字雲，可掌握文章中頻繁出現的單字

# » 任誰都可分析資料的便利工具

## 以資料協助決策

企業等組織累積了龐大的資料，但並非人人皆有分析資料的技能。分析專家以外的人員，大多是使用 Excel 加工手邊的數據。以 Excel 加工既費時又費力，許多時候與其花費時間學習分析手法，不如專注於本業更能夠帶來利益。

在這種情況下，**若有簡單確認資料分析結果的手段，就能夠根據資料做出判斷**。以圖表報告的形式輸出分析結果，縱使不具備高深的分析技能，也能夠掌握資料的內容。

因此，孕育出能夠提高資料分析的效率，輔助經營者、第一線人員決策的工具──**BI 工具**。BI 是 Business Intelligence（商業智慧）的簡稱，意指蒐集並加工組織已有的資料來協助商務（圖 2-24）。

最近的商業智慧工具，內建了營業額分析、預算管理、營運分析等各種模板，僅需要投入資料，就可某種程度地自動進行分析。

## 即時分析資料

若借助商業智慧工具仍舊耗費時間，就失去利用工具的意義。為了迅速分析並顯示想要的結果，大多數的商業智慧工具內建 **OLAP** 的功能。這是 Online Analytical Processing 的簡稱，可譯為線上分析處理。

這裡的線上分析通常是指即時分析，可高速分析多組資料並迅速顯示結果的多維資料庫分析（圖 2-25）。

圖 2-24 協助決策的商業智慧工具

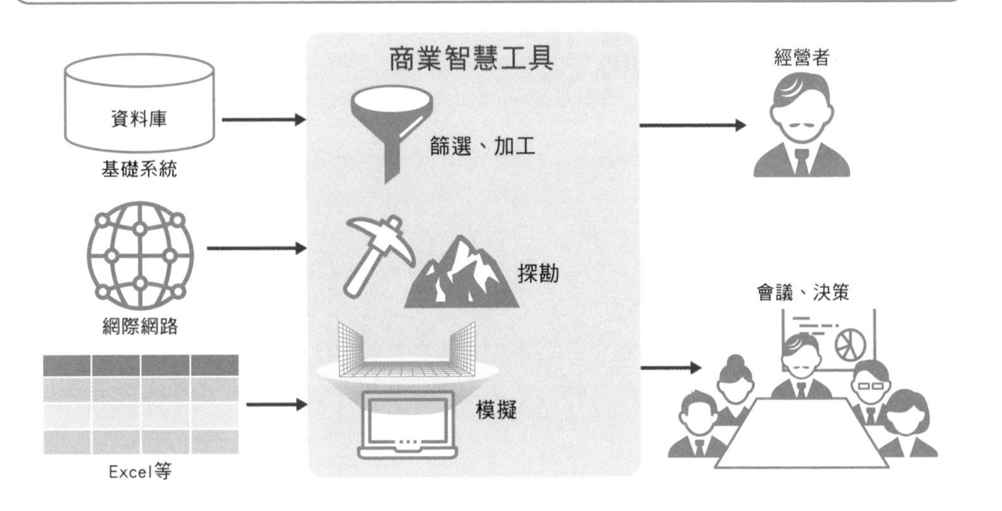


圖 2-25 線上分析處理的多維分析

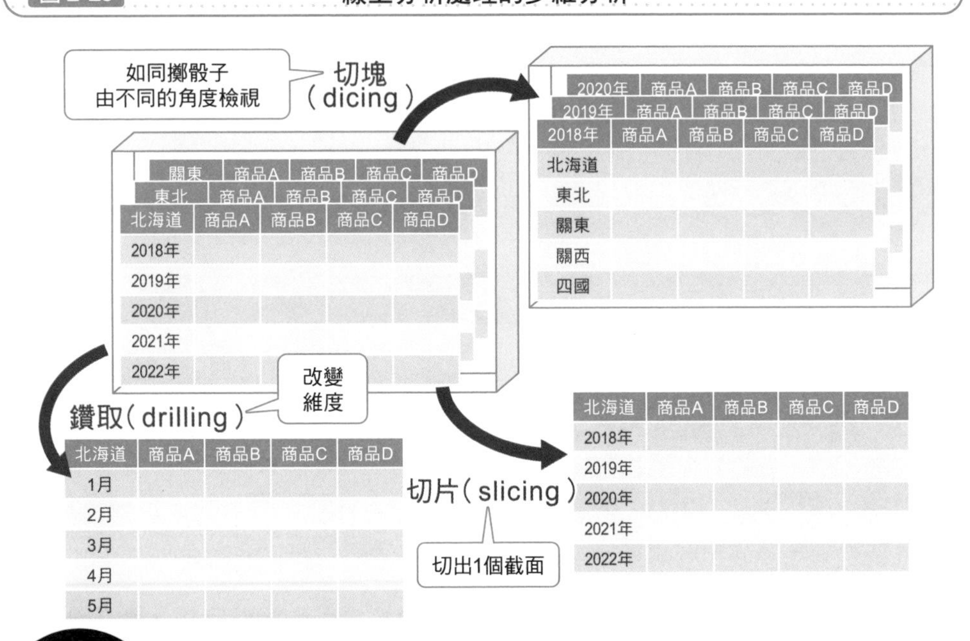


## Point

- 商業智慧工具可自動執行篩選、加工、探勘等資料處理，協助經營者、第一線人員做出決策
- 藉由線上分析處理，可從各種角度檢視資料

# 統一管理資料

## 保存資料

以商業智慧工具分析時，資料切忌分散於各處，**分析用的資料需要集中於 1 處**。

**DWH** 是 Data Ware House 的簡稱，又稱為**資料倉儲**，可保存分析用的加工資料。儲存時的資料結構採用星狀綱目（star schema），由商業智慧工具統整並顯示分析結果（圖 2-26）。

資料倉儲僅能夠儲存經過整理的資料。由於是分析用的資料，需要根據使用場景選擇保存的資料。然而，企業處理的資料林林總總，即使不是用於分析、未經過整理的資料，也會選擇先儲存起來吧。

此時可將資料存於資料的湖泊——**資料湖**，不必顧慮容量、成本地儲存可能用於分析的資料。之後，再視需要加工資料湖的內容，移轉至資料倉儲。

## 運用資料

資料倉儲是保存加工資料的場所，但尚未決定使用目的。透過商業智慧工具，可依各種目的使用存於資料倉儲的資料。

另一方面，按特定目的保存所需資料的場所，稱為**資料市集**。若是僅特定部門使用的資料，建議事前規範資料的內容、項目，儲存成容易分析的形式。

為此，我們會將資料從資料倉儲分離，再按部門單位建立資料市集（圖 2-27）。

圖 2-26 資料倉儲的星狀綱目

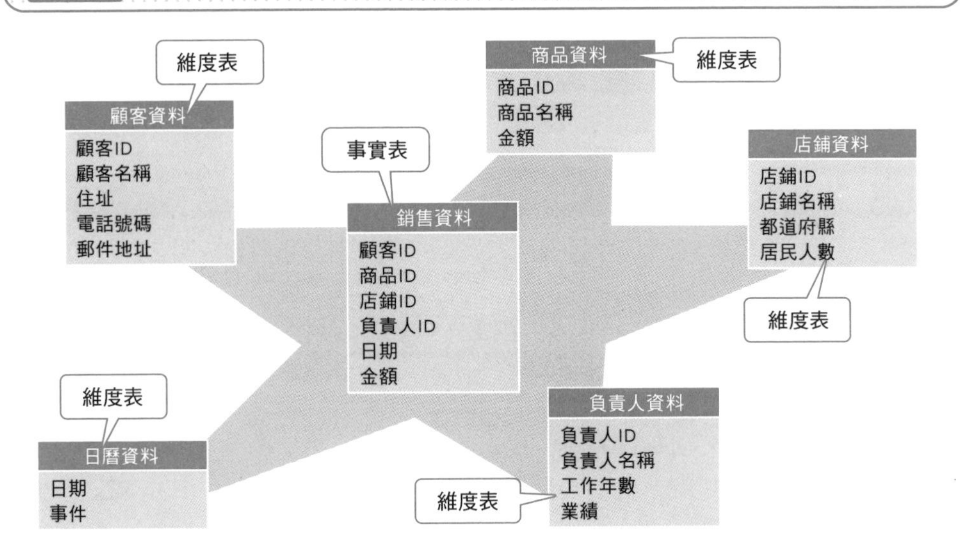


圖 2-27 資料湖、資料倉儲、資料市集的關係

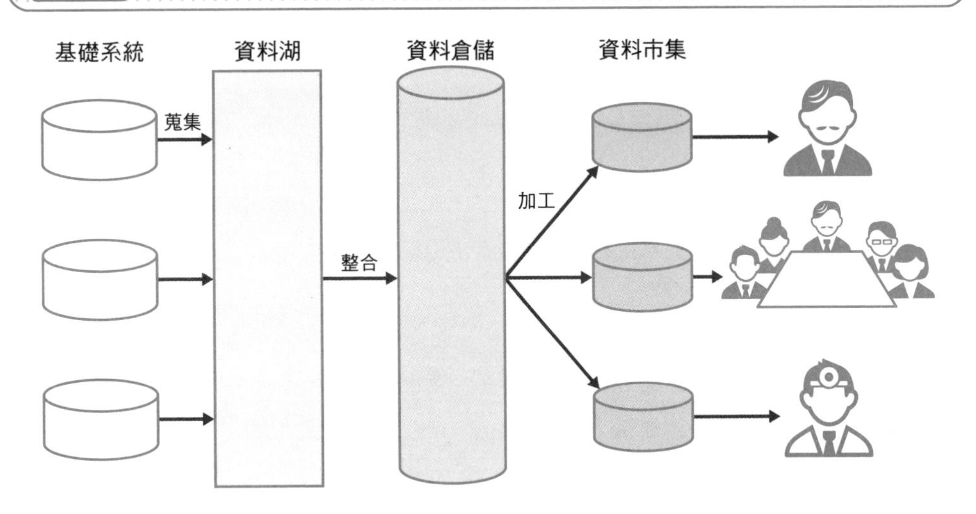


**Point**

- 資料倉儲可保存分析用的資料，資料結構採用星狀綱目
- 先將各個系統的資料存於資料湖，再篩選分析用的資料存於資料倉儲，接著按使用目的將加工資料存於資料市集

# 檢討資料的連動

## 自動轉換資料

在將資料存入資料倉儲之前，得先使用 **ETL** 工具整合基礎系統中的資料。該詞是 Extract（擷取）、Transform（轉換加工）、Load（載入）的縮寫，用於**從多個資料源轉換、整合資料**（圖 2-28）。

雖然也可選擇獨立製作從各資料源轉換的程式，但這除了需要程式設計的技術，還要嫻熟資料的相關知識。然而，ETL 工具擁有圖像操作介面，可大幅減少開發程序。雖然任誰皆能簡單完成轉換處理，但由於是在各種系統上獨自處理，未必是整間公司的最佳選擇。

## 應用程式間的資料傳輸

與 ETL 相似的機制，還有 **EAI**（Enterprise Application Integration，企業應用整合）、**ESB**（Enterprise Service Bus，企業服務匯流排）等（圖 2-29）。

EAI 是以轉換資料格式串接多個系統，於應用程式間傳輸資料。

ESB 是結合多個服務來建構新的應用程式。EAI 的特色是集結應用程式來處理，而 ESB 的特色是串接分散的服務，彙整成 1 個應用程來處理。

ETL 負責資料庫間的轉換；EAI、ESB 負責應用程式間的轉換。一般多是使用 ETL 一次轉換大量資料，再視需要使用 EAI、ESB 即時轉換小規模資料。

圖 2-28 轉換整合資料的 ETL

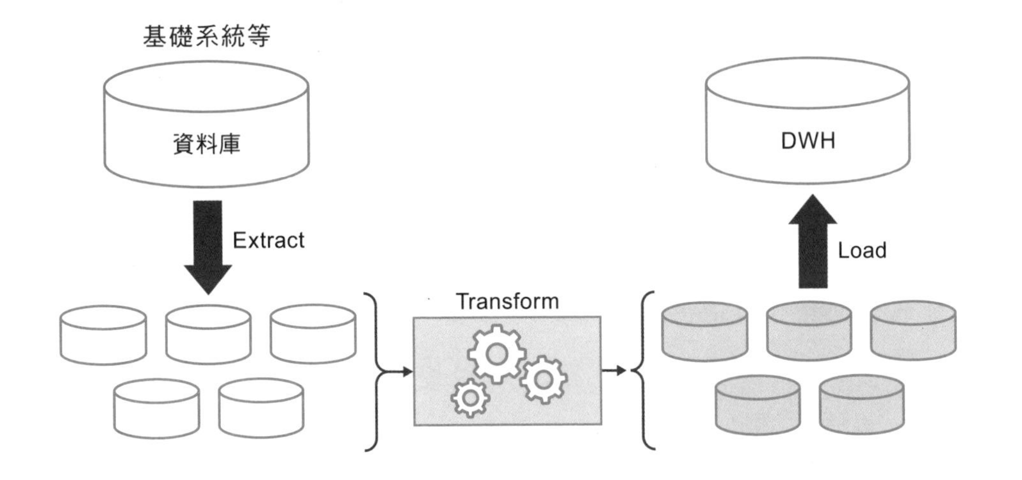


圖 2-29 EAI 與 ESB

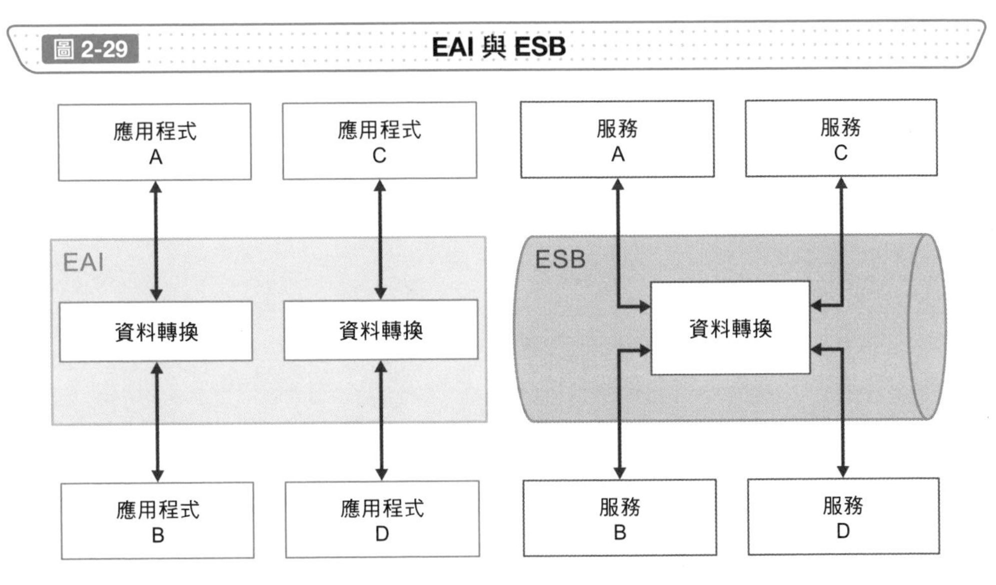


## Point

- ETL 工具可簡單轉換、整合來自各資訊源的資料
- EAI、ESB 不是轉換資料庫，而是串接應用程式來處理資料
- EAI、ESB 通常是視需要來即時轉換資料

# 視覺化資料結構

## 圖示資料庫的結構

企業內部在將多數資料存於資料庫的時候，要掌握哪個地方存放何種資料。此時，建議**使用可一目了然其結構的圖形來表達**。

1 個資料庫可儲存多個資料表（表格），使用實體關係圖（entity-relationship diagram，ER 圖）描述多個資料表的關係。實體關係圖是由 Entity（資料表實體）和 Relationship（資料表間的關係）組成的圖表。

圖 2-30 描述了對於會員、商品、訂購等實體，1 名會員訂購多項商品、1 張訂單包含多項商品的關係。

資料流程圖（DFD，Data Flow Diagram）是描述資料在系統中如何傳輸的圖表。藉由簡易的圖表掌握資料的傳輸情況，可用來確認公司內有哪些資料庫、與哪個系統連動（圖 2-31）。

## 資料權限、操作內容的表格

了解資料庫中的表格關係、系統間的資料傳輸情況後，接著要掌握誰具有什麼樣的權限。此時，我們會用 CRUD 表、CRUD 圖整理有無操作權限，CRUD 是 Create（建立）、Read（讀取）、Update（更新）、Delete（刪除）等字首的縮寫（圖 2-32）。

了解資料經由何種處理建立、更新，除了易於程式開發階段發現規格疏失，也可減少維修保養時校正缺漏的情況。

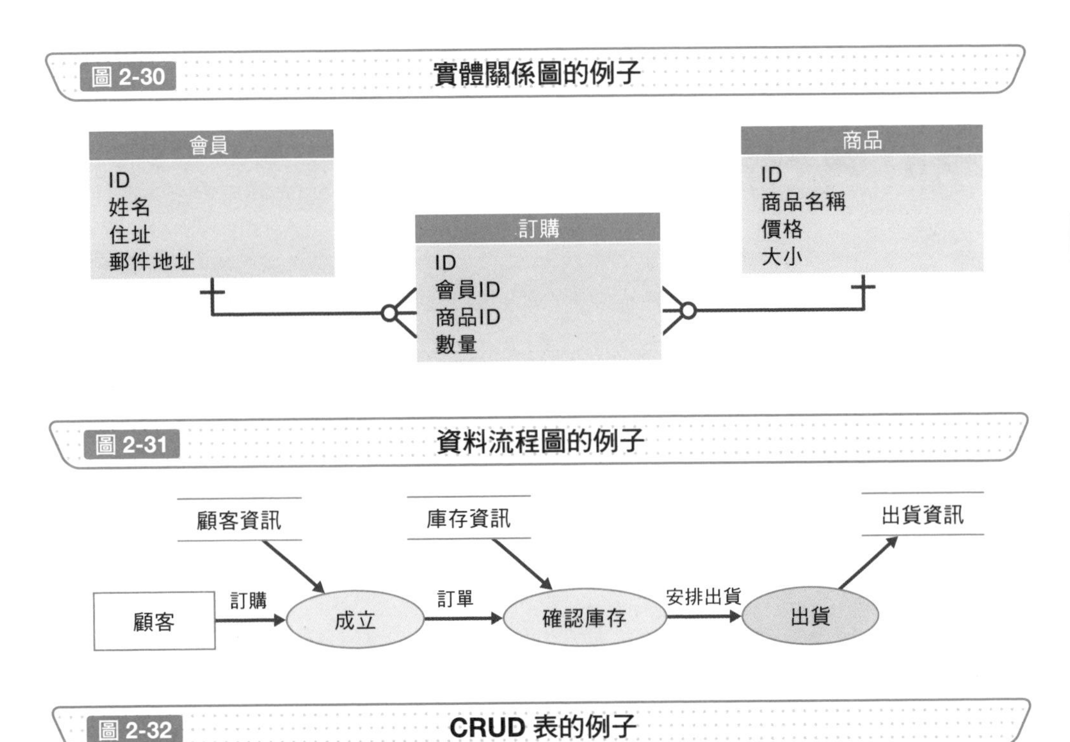


圖 2-30 實體關係圖的例子

圖 2-31 資料流程圖的例子

圖 2-32 CRUD 表的例子

| | 顧客主表 | | | | 商品主表 | | | | 訂單主表 | | | |
|---|---|---|---|---|---|---|---|---|---|---|---|---|
| | C | R | U | D | C | R | U | D | C | R | U | D |
| 登錄顧客 | ○ | | | | | | | | | | | |
| 檢索顧客 | | ○ | | | | | | | | ○ | | |
| 更新顧客 | | | ○ | | | | | | | | | |
| 刪除顧客 | | | | ○ | | | | | | ○ | | |
| 登錄商品 | | | | | ○ | | | | | | | |
| 檢索商品 | | | | | | ○ | | | | ○ | | |
| 更新商品 | | | | | | | ○ | | | ○ | | |
| 刪除商品 | | | | | | | | ○ | | ○ | | |
| 登錄訂單 | | ○ | | | | ○ | | | ○ | | | |
| 檢索訂單 | | ○ | | | | ○ | | | | ○ | | |
| 刪除訂單 | | ○ | | | | ○ | | | | | | ○ |

## Point

- 實體關係圖，可描述資料庫中的表格關係
- 資料流程圖，可描述系統間的資料傳輸情況

# 設計資料庫

## 分割資料庫的表格

在製作資料庫的時候，需要檢討表格中的記錄項目。**若單一表格塞進過多種類的資料，不僅可能難以分析其內容，甚至可能有礙登錄、更新等作業。**

有鑑於此，設計資料庫的時候，得討論哪個表格包含什麼項目才有效率。例如，儲存如圖 2-33 的資料時，要思考應該採取什麼架構。

如果像 Excel 單一表格塞進所有項目，反而不好進行檢索、更新等操作。例如，假設此表格更改了總務部的部門名稱，則隸屬總務部的人員資料全部都得更新。若想要尋找家人名稱，得逐列檢索家人 1、家人 2、家人 3。另外，這種表格也不好統計家人的人數。

因此，為了避免資料重複，可有效率地檢索、更新、新增、刪除，需要如圖 2-34 一樣分割資料表，進行**正規化**（normalization）。如此一來，即使更改部門名稱，僅需要更新部門資料即可，也容易按職員單位統計家族人數。

## 合併時重視效率

另一方面，正規化後顯示多個資料表的整合結果，處理起來可能反而耗費時間。如果幾乎不做新增、更新、刪除，大多僅顯示檢索結果列表的話，建議採用如圖 2-33 的表格結構。這種逆向操作的正規化，稱為**反正規化**（denormalization）。

圖 2-33 未正規化的資料不好操作

| 職員號碼 | 職員名稱 | 部門名稱 | 家人1 | 家人2 | 家人3 |
| --- | --- | --- | --- | --- | --- |
| 000001 | 鈴木太郎 | 總務部 | 花子 | 一郎 | 二郎 |
| 000002 | 山田和子 | 總務部 | 健一 | 大輔 | |
| 000003 | 佐藤次郎 | 人事部 | 春子 | 夏子 | |
| 000004 | 高橋三郎 | 人事部 | | | |
| 000005 | 田中惠子 | 經理部 | 翔太 | | |



圖 2-34 正規化後容易管理資料

| 職員號碼 | 職員名稱 | 部門標號 |
| --- | --- | --- |
| 000001 | 鈴木太郎 | 001 |
| 000002 | 山田和子 | 001 |
| 000003 | 佐藤次郎 | 002 |
| 000004 | 高橋三郎 | 002 |
| 000005 | 田中惠子 | 003 |

| 部門編號 | 部門名稱 |
| --- | --- |
| 001 | 總務部 |
| 002 | 人事部 |
| 003 | 經理部 |

| 家人編號 | 職員號碼 | 家人名稱 |
| --- | --- | --- |
| 0001 | 000001 | 花子 |
| 0002 | 000001 | 一郎 |
| 0003 | 000001 | 二郎 |
| 0004 | 000002 | 健一 |
| 0005 | 000002 | 大輔 |
| 0006 | 000003 | 春子 |
| 0007 | 000003 | 夏子 |
| 0008 | 000005 | 翔太 |

**Point**

- 藉由正規化資料庫，可有效率地進行檢索、更新、新增、刪除等操作
- 資料表正規化後，仍就可結合多個表格
- 若大多僅顯示檢索結果的話，反正規化會比較有效率

# » 讀取印刷資料的內容

## 由紙本資料擷取文字內容

電腦能夠由文字檔案處理文章內容，但我們有時會遇到手邊僅有紙本資料的掃描圖檔。

這種情況得將圖檔轉成文字資料，才有辦法處理內容，雖然也可選擇人工繕打，但自動辨識圖檔中的文字會更為便利。

此時，我們會採用 **OCR** 功能。該詞是 Optical Character Reader 的簡稱，可翻譯為光學字元閱讀機，或者直接稱為「字元辨識」(圖 2-35)。英語文章僅有字母、數字，且單字之間帶有空格，讀取準確率通常比較較高。日語文章也有不錯的準確率，但漢字的「夕」和片假名的「タ」；漢字的「力」和片假名的「カ」等，有許多即使是人類也得依前後內容判斷的文字，**想要達成接近 100%準確率，似乎還有很長的路要走**。

## 讀取標記

**OMR** 跟 OCR 一樣是機器辨識功能，是 Optical Mark Reader 的簡稱，可翻譯為光學標記閱讀機，常用於大學入學考試等測驗，機械地判定答案卡塗黑的位置。由於僅調查標記位置，**可實踐接近 100%的高讀取準確率**(圖 2-36)。

想要正確讀取巨量資料的時候，需要可機械處理、高速高準確率讀取的環境。由於只需要紙筆、不需任何技能，且準備成本不高，故 OMR 常用於問卷、測驗等。

圖 2-35　讀取字元的 OCR

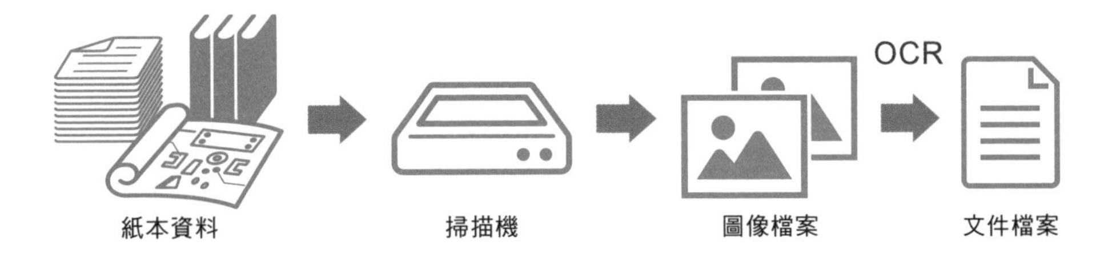


圖 2-36　讀取標記的 OMR

答案

| | | | | | | | | | |
|---|---|---|---|---|---|---|---|---|---|
| Q01 | A | B | | D | Q11 | A | B | C | D |
| Q02 | A | | C | D | Q12 | A | B | C | D |
| Q03 | A | B | C | | Q13 | A | B | C | D |
| Q04 | | B | C | D | Q14 | A | B | C | D |
| Q05 | A | B | C | D | Q15 | A | B | C | D |
| Q06 | A | B | C | D | Q16 | A | B | C | D |
| Q07 | A | B | C | D | Q17 | A | B | C | D |
| Q08 | A | B | C | D | Q18 | A | B | C | D |
| Q09 | A | B | C | D | Q19 | A | B | C | D |
| Q10 | A | B | C | D | Q20 | A | B | C | D |

**Point**

- OCR 可從圖像辨識字元並作成文字資料
- OMR 可機械地判定答案卡塗黑的位置

# 》高速高準確率讀取資料

## 機械地讀取印刷資料

在收銀台結帳時，通常會讀取商品上的**條碼**。條碼是黑白相間的印刷資料，可經由條碼掃描器取得 JAN 碼（日本商品條碼）等數字資料（圖 2-37）。

根據條碼取得的商品資訊等，POS 系統可記錄銷售資料。進行庫存管理的盤點作業時，也可藉讀取條碼迅速確認當前的數量。

條碼帶有名為核對位元（check digit）的位數，**幾乎不會發生錯誤辨識的情況**。不過，缺點是可儲存的資料量過少。

## 將許多資訊塞進紙本

條碼僅能夠儲存數字，而 **QR 碼**可記錄文章、網址等。最近，愈來愈多的印刷品採用二維條碼，再經由智慧手機等的相機來讀取。QR 碼如今也用於行動支付。

## 以標籤讀取

除了使用相機讀取 QR 碼外，智慧手機內建的 **NFC** 也受到注目。該詞是 Near Field Communication（近距離通訊）的簡稱，日本常見的例子有 Suica 等電子錢包（圖 2-38）。

另外，市面上已有可修改內容的 NFC 標籤，經由智慧手機讀取就能夠自動執行處理。NFC 標籤傳輸資料的成本低廉，也可用於集點卡、滑雪場的纜車券、飯店房間的鑰匙等。

圖 2-37 條碼與核對位元

圖 2-38 NFC 的運用

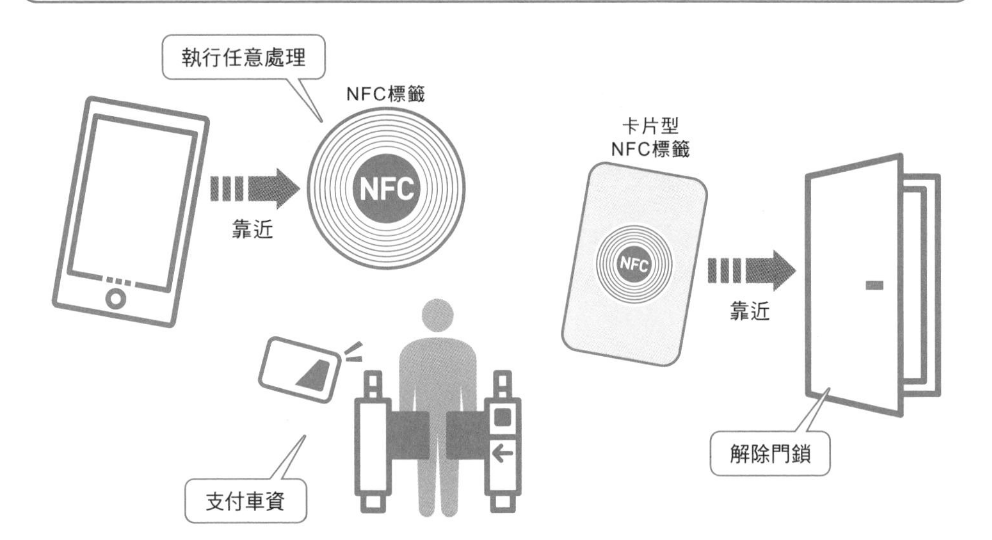


## Point

- 讀取條碼，可取得商品的 JAN 碼等資訊
- QR 碼不僅可記錄文章、網址非數字的文字，如今也運用於電子支付

## 嘗試看看

### 根據欲傳達的內容選擇圖表

第 2 章介紹了形形色色的圖表，如描述「數量」的長條圖、描述「變化」的折線圖、描述「比例」的圓餅圖等。然而，圖表的選擇沒有唯一正解。舉例來說，假設手邊有下述資料：

令和 4 年度春季　資訊處理技術測驗　報考人數

| 應用資訊技術人員 | IT 策略人員 | 系統架構人員 | 網路人員 | IT 服務管理人員 |
|---|---|---|---|---|
| 49,171 人 | 6,378 人 | 5,369 人 | 13,832 人 | 2,851 人 |

若想要描述「數量」，則選擇長條圖；若想要描述「整體占比」，則選擇圓餅圖。換言之，哪種圖表都可以。

最重要的是你「想要傳達什麼」。例如，使用長條圖可描述資料的「數量」，但如果只是單純繪製長條圖，並不曉得想要傳達的含意。

若欲傳達 IT 戰略人員的報考人數增加，且人數超越系統架構人員的話，如下圖更改長條顏色、以對話方塊添加註解，皆是不錯的加工手法。

請根據手邊的各種資料繪製圖表，思考如何加工才能夠清楚傳達內容。

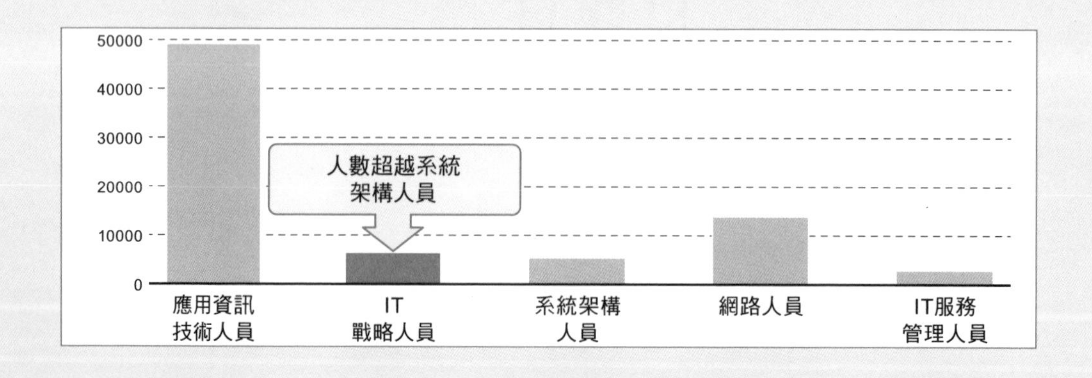

第 3 章

# 資料處理與運用

## ～歸類並預測資料～

# 依取得時間點變動的資料

## 以等間隔記錄來調查變化

隨著時間經過而變化的資料，稱為**時序資料**。股價推移、氣溫變化、體重增減等，**以相同的條件定期反覆量測，可記錄時時刻刻變化的資料**（圖 3-1）。

按照時序排列資料，不僅可掌握過去的變化，也能夠預測今後的變化。為此，需要盡可能採取自動記錄的機制，事前按照時序排列資料，避免資料重複、遺漏造成無法正確分析。

排列時序資料的時候，長期的變化稱為**趨勢**。就長期變化來看，雖然僅是細微的差異，但可掌握上升趨勢、下降趨勢等大致的變動傾向。

取得時序資料後，可能因機器故障等原因，出現與原資訊無關的誤差。這種不需要的資訊，稱為**雜訊**。雜訊可能影響分析結果，必須盡可能地去除。

## 關注相似的變化

各個季節都有年年變化相似的案例。例如，就不同業種的營業額結算，資訊服務業、房地產業集中於年底後的 3 月；住宿業集中於每年的 8 月。

實際上，根據日本總務省統計局「服務業趨勢調查」的營業額資料，各個業種於每年同一個時期，都會出現相似的銷售變化（圖 3-2）。雖然住宿業和餐飲業因 2020、2021 年的新冠疫情大受影響，但其他產業沒有出現顯著的變化。這種每隔一定間隔反覆出現的傾向，稱為**週期性**。

圖 3-1　時序資料的例子

| 股價資料（日經平均指數） | |
|---|---|
| 日期 | 收盤價（日圓） |
| 2022-03-01 | 29663.50 |
| 2022-03-02 | 29408.17 |
| 2022-03-03 | 29559.10 |
| 2022-03-04 | 28930.11 |
| 2022-03-05 | 28864.32 |
| 2022-03-08 | 28743.25 |
| … | … |

| 氣溫資料（感測器） | |
|---|---|
| 時間 | 溫度（℃） |
| 08：00：00 | 6.5 |
| 08：01：00 | 6.5 |
| 08：02：00 | 6.6 |
| 08：03：00 | 6.7 |
| 08：04：00 | 6.7 |
| 08：05：00 | 6.9 |
| … | … |

| 體重資料（健康檢查） | |
|---|---|
| 年月日 | 體重（kg） |
| 2017-07-02 | 72.5 |
| 2018-06-01 | 74.1 |
| 2019-06-15 | 71.8 |
| 2020-05-31 | 73.2 |
| 2021-07-08 | 75.1 |
| 2022-06-11 | 74.9 |
| … | … |

盡可能等間隔記錄

圖 3-2　週期性

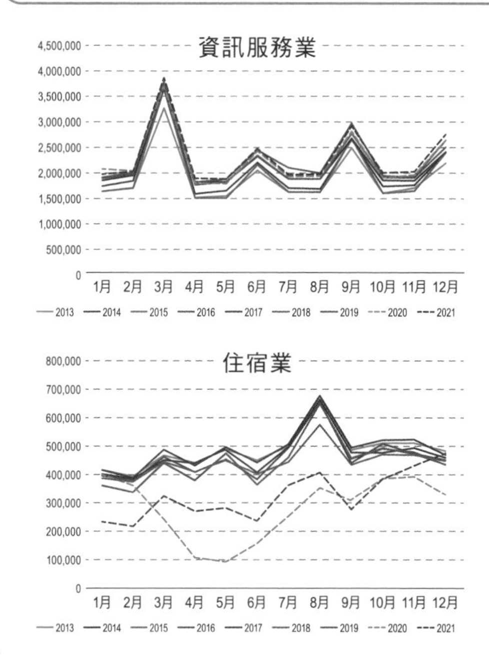


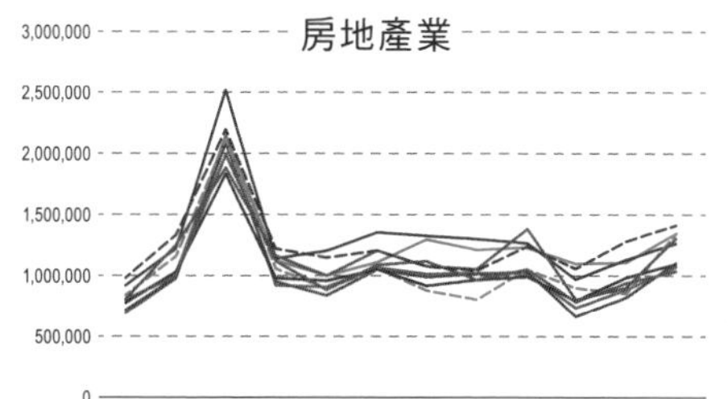


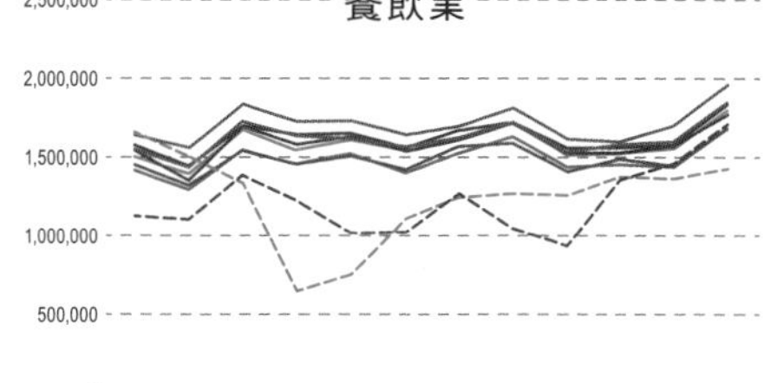


## Point

- 盡可能等間隔記錄時序資料，不僅可掌握過去的變化，也能夠預測今後的變化
- 透過週期性可調查因故發生變動時的影響

# 程式自動輸出的資料

## 記錄過去的行動

日誌是按時間序列輸出的資料，電腦會自動輸出各種日誌。例如，電腦的登出入、網站的存取、郵件的收發信等資料通訊紀錄，會按時序記錄操作的日期時間、內容。由於記錄了「何時」、「何地」、「何人」、「何事」，**日誌有助於發生問題時釐清原因**。

日誌並非僅用於發生問題後的事後調查。藉由日誌掌握平時的狀態，可能發現記錄件數暴增、不尋常的內容等異常徵兆。

再者，讓他人知道日誌隨時受到檢視，也有抑制非法行為的效果。知道有人監視日誌會讓內心產生猶豫，有效預防外部攻擊和內部犯罪（圖 3-3）。建立即時確認、分析日誌的體制，以檢測徵兆、預防犯罪。

## 輸出電腦的當前狀況

dmp 檔是直接輸出程式處理時的記憶體狀態等，可在程式異常關閉時輸出，或者在開發人員欲確認處理情況時輸出。進行資料分析的時候，dmp 檔也會用於輸出資料庫的內容（圖 3-4）。

在取得備份檔案、移轉系統的時候，會將過往使用的資料庫內容直接輸出成 dmp 檔，再用來復原新的資料庫。輸出時也有採取 CSV 格式等方法，但使用 dmp 檔案比較能夠順暢地移轉系統。

**圖 3-3** 日誌的功用

| 抑制非法行為 | 檢測徵兆 | 事後調查 |
| --- | --- | --- |
| ●當知道日誌受到檢視，會對非法行為心生猶豫，進而抑制內部犯罪 | ●確認平時的日誌，可注意到異常徵兆 | ●藉由分析日誌，可正確迅速地處理、復原 |

**圖 3-4** dmp 檔案的功用

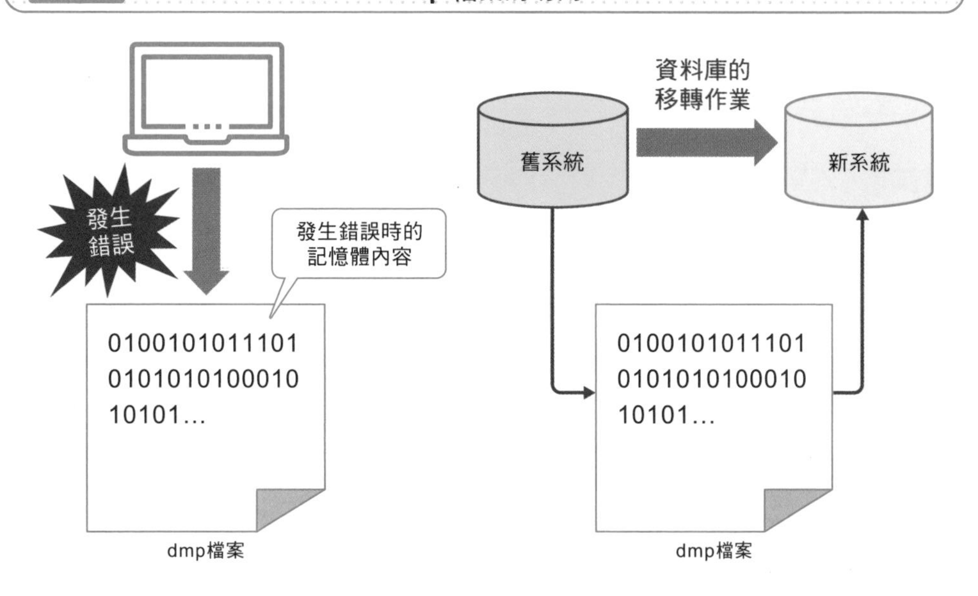


## Point

- 日誌按時序記錄了操作日期、通訊內容等，可抑制非法行為、檢測徵兆、事後調查等
- 除了可確認程式的處理狀況外，dmp 檔案也能夠用於轉移資料庫

# 捕捉長期間的變化

## 邊移動期間邊計算平均數

在繪製時序資料等的時候，折線圖可用來觀測「變化」，但這僅限於過去的推移情況。若一定期間內反覆相同的模式，則可由週期性來預測未來情況，但資料未必具有週期性。

即便遇到沒有週期性的情況，也有辦法根據過去的資料進行預測。**移動平均數**可由舊有資料調查傾向，如同其名是邊移動期間邊計算平均數。

這裡來逐日推移，計算一個禮拜的氣溫平均數吧。例如，1 月 1 日到 1 月 7 日的一週平均數、1 月 2 日到 1 月 8 日的一週平均數，像這樣逐日錯開期間調查平均數的傾向。然後，以直線連接一定期間的平均數，這種圖形稱為**移動平均線**（圖 3-5）。

在股票等的走勢圖中，會有 25 天、75 天等不同期間的移動平均線。如圖 3-6 所示，由不同期間的均線可知，長期間的變化幅度較為緩和。**透過移動均線，可掌握變化的趨勢。**

## 注重近期資料來計算平均數

移動平均數利用的是舊有資料，可能會覺得不大有幫助。隨著時間經過愈久，最近的資料也有可能失去其價值。

有鑑於此，我們需要重視近期的資料，多加檢討最新資料的同時，減少考量過去的資料，這種思維稱為**加權移動平均數**。例如，計算 3 天移動平均數的時候，昨天的資料乘以 3、前天的資料乘以 2、大前天的資料乘以 1，加總後再除以 6（＝ 3 ＋ 2 ＋ 1）。如此一來，可完成更加貼近實際情況的圖形。

## 圖 3-5 移動平均數

| 日期 | 氣溫 | 平均氣溫 |
|---|---|---|
| 1月1日 | 7.8℃ | |
| 1月2日 | 7.9℃ | |
| 1月3日 | 10.5℃ | |
| 1月4日 | 12.4℃ | 8.33℃ |
| 1月5日 | 8.7℃ | 8.57℃ |
| 1月6日 | 2.6℃ | 9.36℃ |
| 1月7日 | 8.4℃ | |
| 1月8日 | 9.5℃ | |
| 1月9日 | 13.4℃ | |

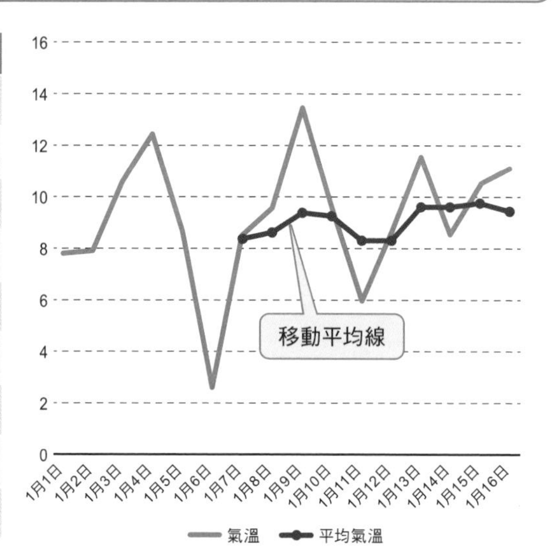


## 圖 3-6 不同區間的移動平均線

### Point

- 移動平均數可由過去的變化掌握趨勢
- 移動平均數僅是過去的變化，透過注重最近變化的加權平均數，可掌握更加貼近現實情況的傾向

# 掌握兩軸的關係

## 討論多個座標軸的關係

平均數、中位數等代表值可用單一值描述資料，平均身高、平均年收等僅有 1 個座標軸，但我們也經常討論多個座標軸的資料關係。例如，身高愈高體重愈重、標高愈高氣溫愈低、書本頁數愈多價錢愈貴等，會想要探討兩者間的關聯性。

此時，經常使用的是散布圖，縱橫軸分別為數量、大小，並在圖上畫出對應的點（圖 3-7）。散布圖**可掌握多個座標軸的資料分布，並釐清資料傾向**。

## 以多個座標軸量化離散情況

散布圖可捕捉資料傾向，但解讀結果卻會因人而異。因此，跟代表值一樣需要量化。變異數（**參見〈2-7 掌握資料的離散程度〉**）是減去平均數後取平方來調查離散情況，兩座標軸也可以均差值描述分散程度。共變異數（Covariance）是**描述兩組資料離散情況的數值**，跟變異數一樣離平均數愈遠數值愈大。

例如，如圖 3-8 減去平均數後，計算乘積的平均數。共變異數和變異數同樣是單獨數值沒有意義，需要比較才能夠了解離散情況。

## 標準化共變異數

共變異數可比較多軸的離散情況，但不同單位的數值截然不同。有鑑於此，需要計算 **2-8** 所提到的標準化，將均差值除以標準差。共變異數除以各軸的標準差後，得到的數值稱為相關係數。

## 圖 3-7 散布圖容易掌握資料傾向

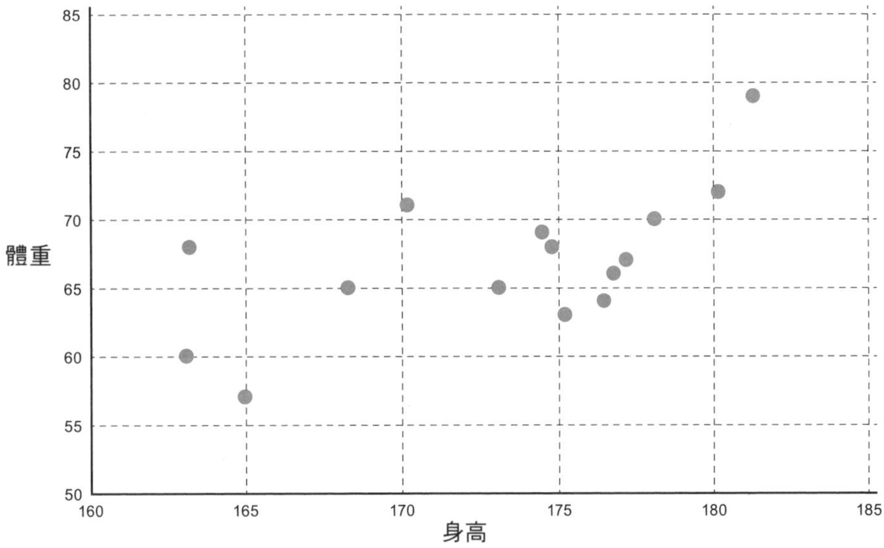

85
80
75
70
65
60
55
50
體重
160
165
170
175
180
185
身高

## 圖 3-8 共變異數可量化資料傾向

| | A | B | C | D | 平均數 |
|---|---|---|---|---|---|
| 英文 | 80 | 60 | 90 | 70 | 75 |
| 數學 | 50 | 70 | 40 | 80 | 60 |

計算變異數、標準差 →

| | 變異數 | 標準差 |
|---|---|---|
| 英文 | 125 | 11.18 |
| 數學 | 250 | 15.81 |

↓ 計算均差值

| | A | B | C | D |
|---|---|---|---|---|
| 英文（均差值） | 5 | -15 | 15 | -5 |
| 數學（均差值） | -10 | 10 | -20 | 20 |

↓ 計算乘積的平均數

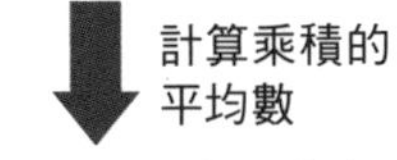

$$\frac{5\times(-10)+(-15)\times10+15\times(-20)+(-5)\times20}{4}=-150$$

共變異數

$$\frac{-150}{11.18\ldots\ldots\times15.81\ldots\ldots}=-0.848$$

相關係數

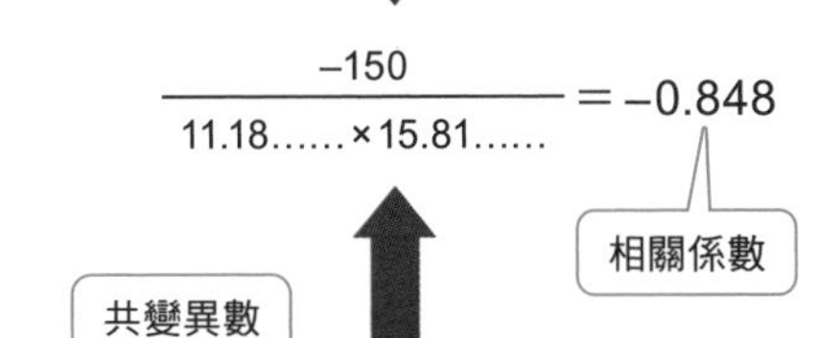

**Point**

- 散布圖可掌握多個座標軸的資料分布
- 藉由共變異數、相關係數，可以數值掌握散布圖的資料分布

# 不受騙於虛假的關係

## 由相關係數掌握資料分布

相關係數的數值介於－1到1之間，數值接近1時呈現右上分布；數值接近－1時呈現右下分布（圖3-9）。然後，相關係數接近1時，稱為「具有正相關」；相關係數接近－1時，稱為「具有負相關」；相關係數接近0時，稱為「沒有相關」。若具有正相關的話，一方增加時另一方也會增加。這種**看似具有某種關聯的關係**，稱為相關關係。

## 不受騙於原因和結果的關係

由散布圖、相關係數可掌握多個座標軸的關係，但有時即使看似具有關聯性，實際上有可能隱藏其他原因。

例如，日本都道府縣的小學數量和小學生人數，其散布圖如圖3-10所示，相關係數約為0.95。兩者看似具有正相關，但小學數量增加，小學生人數真的就會增加嗎？

實際情況是，出生人數增加、小學生人數增加，則小學數量增加；少子化、小學生人數減少，則小學數量減少。這種**原因和結果的關聯性**，稱為因果關係。

## 不受騙於其他原因

即使看似具有關聯性，有時背景會比因果關係更為複雜。例如，小學數量和國中數量的散布圖，看似具有正相關。然而，小學數量增加，則國中數量也會增加的因果關係並不存在。

實際情況是，孩童人數才是關鍵因素，孩童數量增加時，小學、國中數量皆會增加。這種**實際上沒有相關，但因其他理由而似有關聯性**，稱為偽相關。

## 圖 3-9 相關關係的分布差異

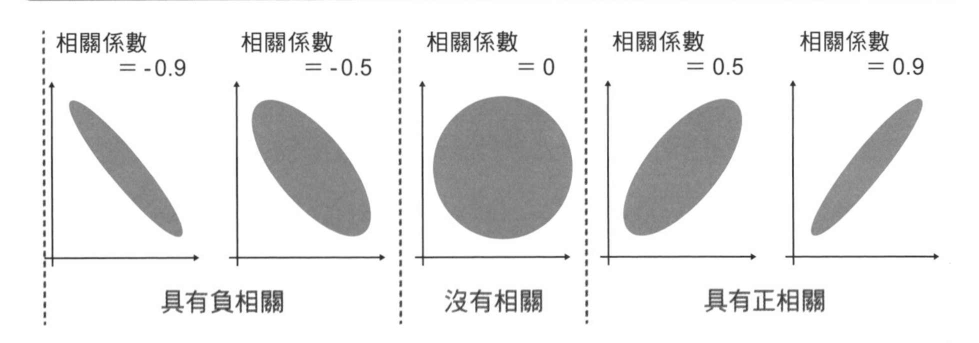


## 圖 3-10 日本都道府縣小學數量與小學生人數的關係

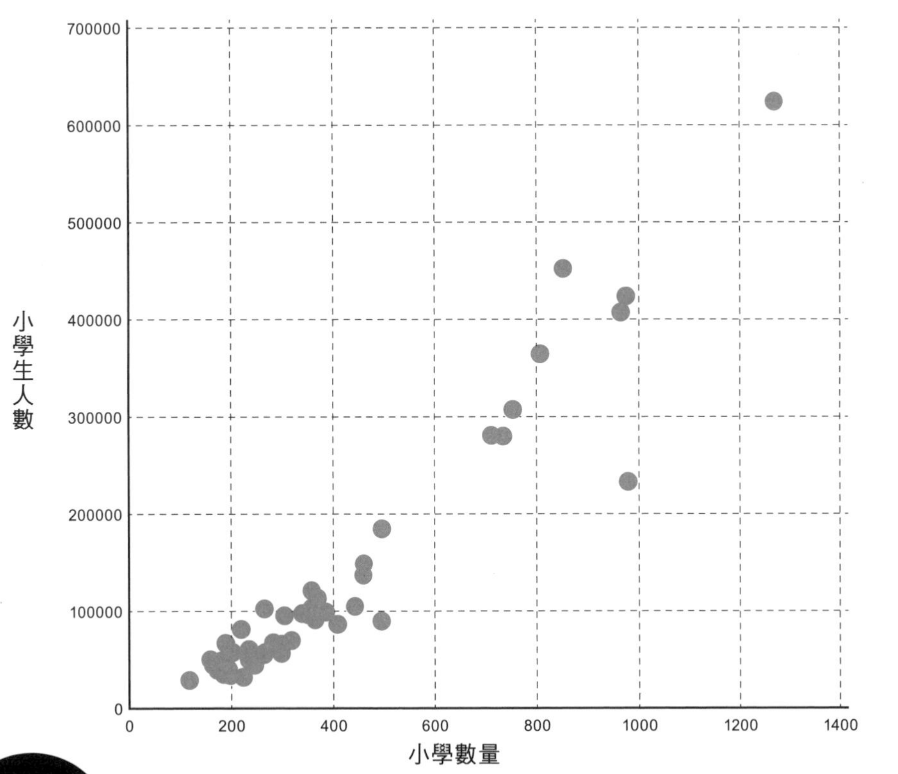


**Point**

- 透過相關係數，可由資料分布掌握相關關係
- 即使看似具有關聯性，若未考慮資料背後的意義，可能會被因果關係、偽相關所誤導

# 以多個座標軸統計

## 以不同座標軸來統計

樞紐分析表（pivot table）是，Excel 等試算表軟體統計資料時常用的功能。針對多個項目，分別計算資料的件數、總和。

例如，進行性別和血型的問卷調查，得到圖 3-11 左邊的答覆。對該資料套用樞紐分析表，以性別為縱軸、以血型為橫軸，彙整件數作成圖 3-11 右邊的表格。這種採用縱橫不同座標軸的方式，稱為交叉統計。藉由交叉統計，**可掌握不同座標軸間具有什麼樣的關聯**。

## 縮減選項數量

看到問卷調查的問題、選項過多，受訪者可能會覺得厭煩。琳瑯滿目的電腦、智慧手機，可能反而讓消費者不曉得該如何選擇。

此時，建議縮減選項數量。例如，在選購筆記電腦的時候，有圖 3-12 上半部的選項，計算後共有 3×3×3×3=81 種，在店面實際比較 81 台電腦會非常辛苦。

然而，僅有圖 3-12 下半部 9 種選項會比較容易評估，可從中選擇接近期望的機種，釐清自身尋求的條件。進行問卷調查時，也經常使用這種方法。

此方法稱為聯合分析，如圖 3-12 下半部的表格稱為直交表。這裡使用最多四個三水準因子的 L9 直交表，其他還有最多七個二水準因子的 L8 直交表。

圖 3-11 統計不同座標軸的樞紐分析表

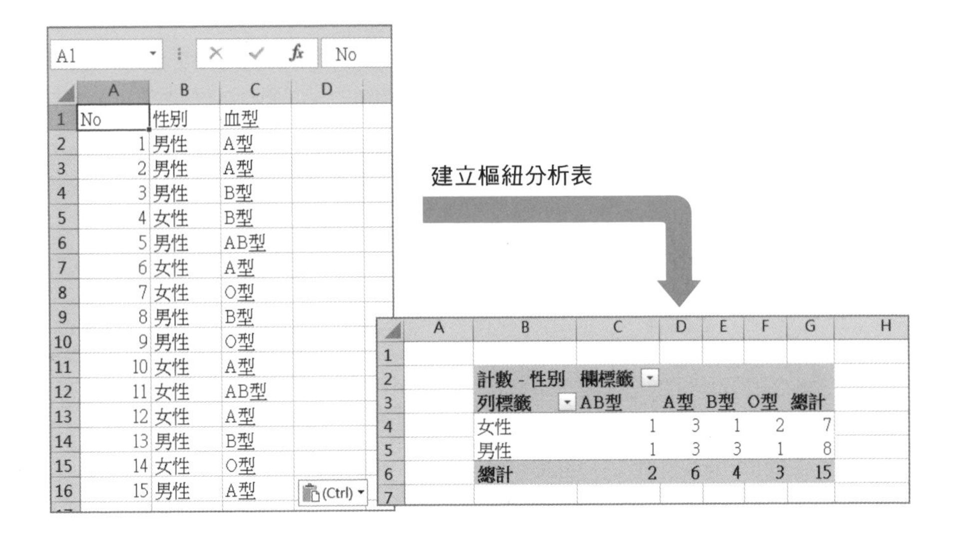

| No | 性別 | 血型 |
|---|---|---|
| 1 | 男性 | A型 |
| 2 | 男性 | A型 |
| 3 | 男性 | B型 |
| 4 | 女性 | B型 |
| 5 | 男性 | AB型 |
| 6 | 女性 | A型 |
| 7 | 女性 | O型 |
| 8 | 男性 | B型 |
| 9 | 男性 | O型 |
| 10 | 女性 | A型 |
| 11 | 女性 | AB型 |
| 12 | 女性 | A型 |
| 13 | 男性 | B型 |
| 14 | 女性 | O型 |
| 15 | 男性 | A型 |



| 計數 - 性別 | 欄標籤 | | | | |
|---|---|---|---|---|---|
| 列標籤 | AB型 | A型 | B型 | O型 | 總計 |
| 女性 | 1 | 3 | 1 | 2 | 7 |
| 男性 | 1 | 3 | 3 | 1 | 8 |
| 總計 | 2 | 6 | 4 | 3 | 15 |

圖 3-12 直交表的效果

選項

| CPU | 記憶體 | SSD | 重量 |
|---|---|---|---|
| Intel | 8GB | 低於500GB | 低於1kg |
| AMD | 16GB | 500GB～1TB | 1kg～1.5kg |
| 其他 | 32GB | 1TB以上 | 1.5kg以上 |

直交表

| No | CPU | 記憶體 | SSD | 重量 |
|---|---|---|---|---|
| 1 | Intel | 8GB | 低於500GB | 低於1kg |
| 2 | Intel | 16GB | 500GB～1TB | 1kg～1.5kg |
| 3 | Intel | 32GB | 1TB以上 | 1.5kg以上 |
| 4 | AMD | 8GB | 500GB～1TB | 1.5kg以上 |
| 5 | AMD | 16GB | 1TB以上 | 低於1kg |
| 6 | AMD | 32GB | 低於500GB | 1kg～1.5kg |
| 7 | 其他 | 8GB | 1TB以上 | 1kg～1.5kg |
| 8 | 其他 | 16GB | 低於500GB | 1.5kg以上 |
| 9 | 其他 | 32GB | 500GB～1TB | 低於1kg |

**Point**

- 交叉統計可掌握不同座標軸間的關係
- 直交表可用較少的選項，判斷問卷調查受訪者的期望

# 減少座標軸數量來掌握特徵

## 檢討資料的座標軸數量

假設想要找問卷作答相近的受訪者、想要找學校成績相近的學生，此時若僅有 1 個問題或者 1 個學科，只需要比較該值大小就可簡單尋得。

然而，實際情況通常有多個問題、複數學科，**比較多個項目的時候，難以找到相近或者遠離的資料**。這裡的項目數量，稱為維度（圖 3-13）。

為了掌握多維資料，不妨嘗試減少維度。例如，5 個學科成績的資料維度為 5，可減少成文科和理科 2 個維度，或者全部彙整成 1 個維度。

## 保留多數資訊的同時減少維度

在減少維度的時候，主成分分析是可保留多數原資訊的手法，藉由調查變異數最大的方向，以較少的座標軸保留多數原資訊。

首先，計算全部資料的平均數，再求出當作重心的位置，再根據該平均數，找出變異數最大的方向（第 1 主要成分：PC1）。接著，在與第 1 主要成分垂直的方向，找出變異數最大的方向（第 2 主要成分：PC2）。此時，尚無法指定座標軸，**分析人員必須思考各軸具有什麼樣的意義**。

例如，圖 3-14 是根據 2021 年職棒中央聯盟的打擊成績，打擊率、安打數、全壘打數、打點、三振、盜壘等所作成的雙軸主成分分析。請嘗試思考各軸具有什麼樣的意義。

圖 3-13 維度＝項目數

| 學生 | 國語 | 數學 | 英文 | 理科 | 社會 |
|---|---|---|---|---|---|
| A | 72 | 68 | 70 | 79 | 81 |
| B | 65 | 51 | 66 | 72 | 83 |
| C | 59 | 53 | 63 | 74 | 59 |
| D | 88 | 71 | 69 | 58 | 73 |
| E | 68 | 55 | 72 | 61 | 80 |
| … | … | … | … | … | … |

維度＝5

圖 3-14 保留多數原資訊的主成分分析

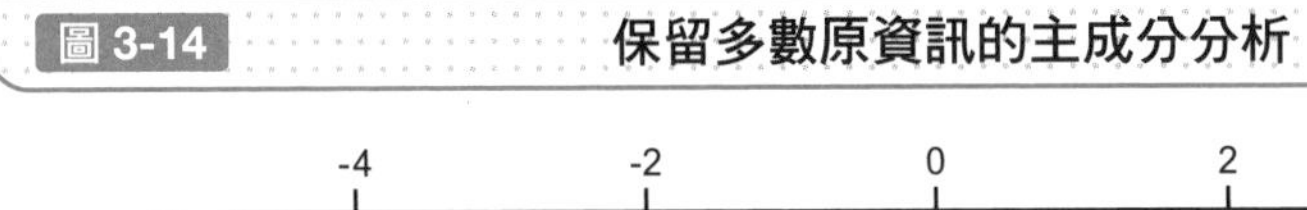

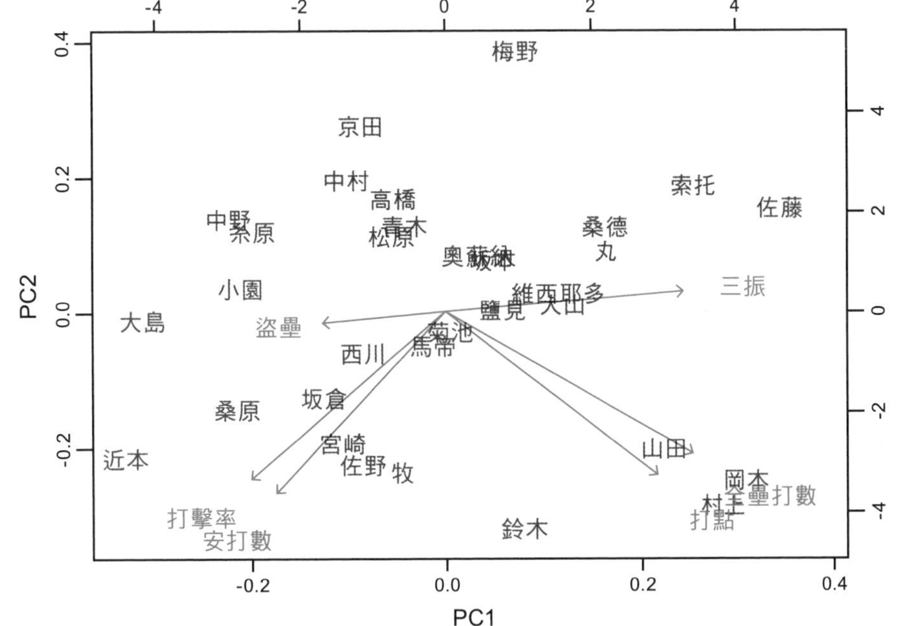


## Point

- 藉由減少維度，可於座標平面上視覺化描述資料
- 以主成分分析減少維度時，分析人員必須思考各軸的意義

# 兩點間距離的討論方式

## 計算最短距離

在平面描述資料的時候，會討論各點間的距離多麼相近。此時，立即可想到的方法是，**計算各點間的最短距離**。

歐幾里德距離（Euclidean distance）是以畢氏定理計算兩點間的距離。即使是如圖 3-15 的斜線，也可由 x 軸和 y 軸的投影長度，計算兩點連接的直線長度。計算距離的數值時得開根號，但若僅比較長度大小的話，可直接討論平方後的值。

另外，不僅是二維度的平面，三維度、四維度也可計算歐幾里德距離。

## 以格子路徑計算距離

除了需要平方運算的歐幾里德距離，也可使用減法運算的曼哈頓距離（Manhattan distance；L1- 距離）。

這是**在無法直線移動的情況下，沿著道路討論移動路徑的方法**，若街道如同棋盤的格線，則可像圖 3-16 討論各種路徑，但不管哪種路徑的總距離皆相同。

適用曼哈頓距離的例子有地圖路徑，如圍棋、將棋等具有方格的資料以及圖像資料。使用電腦處理圖像的時候，組合表達各式色彩的紅、綠、藍，稱為色光的三原色或是光的三原色。

討論 2 種色光的距離，即是計算兩者的中間色。例如，黑白的中間色是灰色，其他色光間的距離也會出現灰色。以紅、綠、藍為座標軸討論曼哈頓距離時，可由各種色光判斷距離。

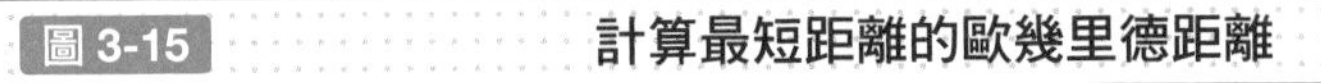
圖 3-15 計算最短距離的歐幾里德距離

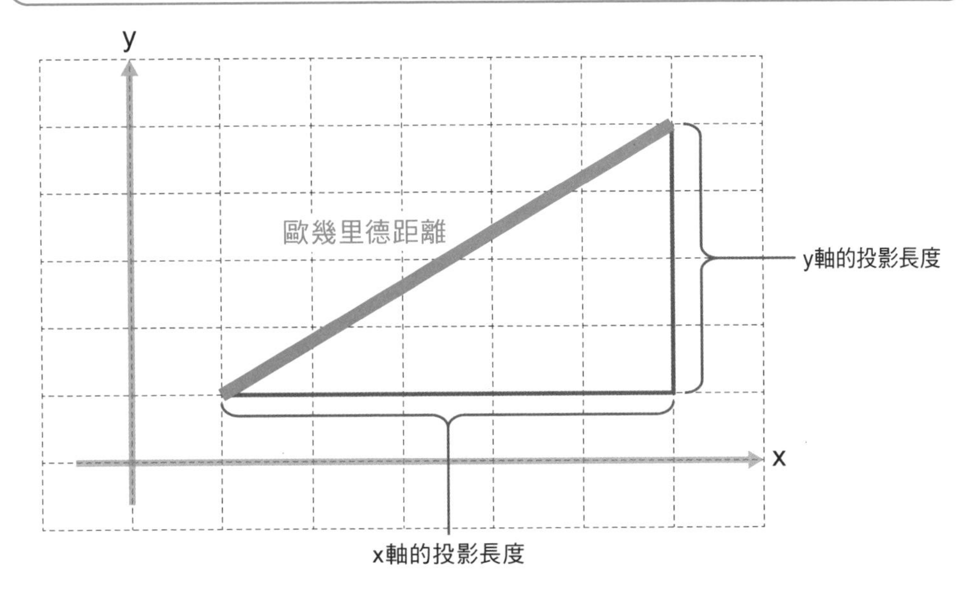


圖 3-16 計算路徑長度的曼哈頓距離

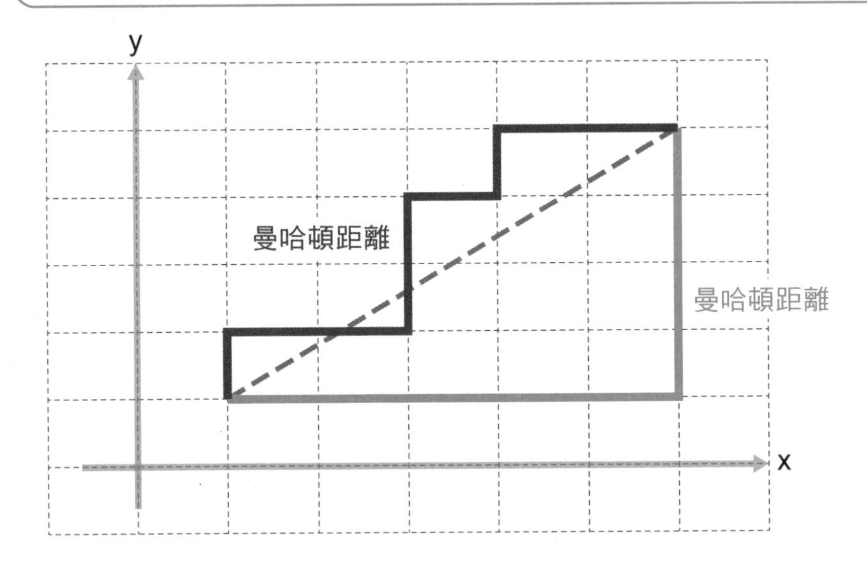


## Point

- 歐幾里德距離，是指以畢氏定理求得的兩點最短距離
- 曼哈頓距離，是指格子路徑的長度

# 調查相似的角度

## 以角度判斷相似

主成分分析是藉變異數求得相似（相近）的資料，而歐幾里德距離、曼哈頓距離是藉由距離判斷「相近」。

除了距離之外，也可使用角度來判斷相似性。例如，若以距離討論圖 3-17 的 4 個點，則可分成 A 和 B、C 和 D，但若以與原點的角度討論，則可分為 A 和 C、B 和 D。餘弦相似度（cosine similarity）是將各點轉為向量形式，**依與原點的角度判斷是否相似的指標**。

餘弦相似度常用於文件間的比較，將文件中的單字出現頻率轉為向量，藉此調查各個文件之間的類似程度。例如，若如圖 3-18 給定已標準化的單字出現頻率，則可計算各個文件間的類似程度。

## 量化單字的意義

在討論資料間的距離、角度時，各項資料必須為數值。在處理英文、日語文章的時候，除了統計出現頻率外，還有**量化單字本身「意義」的方法**。

常用的方法有 **Word2Vec**，將各項單字轉為數百維度的向量。藉由向量表達單字本身的「意義」，不僅可判斷相似的單字，還可相加或者相減單字。

例如，「王－男性＋女性＝女王」。藉由向量表達「王」、「女王」、「男性」、「女性」等單字，得以實踐這個常見的式子。

圖 3-17 以角度判斷相似的餘弦相似度

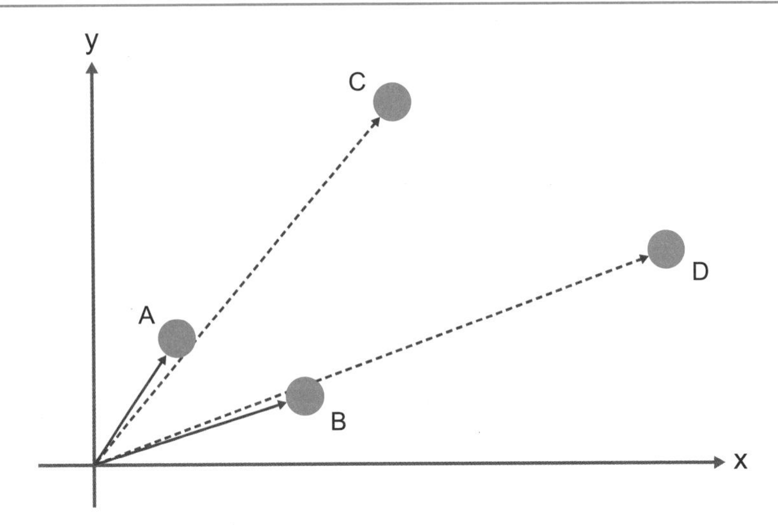


圖 3-18 文件間的類似程度

| 單字 | 文件A | 文件B | 文件C |
|---|---|---|---|
| 新聞 | 0.28 | 0.31 | 0.77 |
| 電車 | 0.14 | 0.00 | 0.32 |
| 動物 | 0.00 | 0.81 | 0.19 |
| 事實 | 0.00 | 0.16 | 0.00 |
| 法律 | 0.03 | 0.27 | 0.00 |
| 金屬 | 0.66 | 0.00 | 0.55 |
| 場所 | 0.12 | 0.34 | 0.00 |

文件A和文件C的類似程度
$=0.28\times0.31+0.14\times0.00+0.00\times0.81+0.00\times0.16+0.03\times0.27+0.66\times0.00+0.12\times0.34$
$=0.1357$

文件B和文件C的類似程度
$=0.28\times0.77+0.14\times0.32+0.00\times0.19+0.00\times0.00+0.03\times0.00+0.66\times0.55+0.12\times0.00$
$=0.6234$

文件A和文件C最為相似
$=0.31\times0.77+0.00\times0.32+0.81\times0.19+0.16\times0.00+0.27\times0.00+0.00\times0.55+0.34\times0.00$
$=0.3926$

文件A和文件B的類似程度

## Point

- 餘弦相似度，是以資料間的角度判斷彼此是否相近
- 在處理文章的時候，除了關注單字的出現頻率外，還可使用 Word2Vec 以向量表達單字本身的意義

# 資料分析不只是聽起來酷炫

## 事前加工資料

若分析的資料已經過整理，則僅需準備執行分析處理的程式，但實務上，不少資料都得另外加工才有辦法分析。

例如，出現離群值或者遺漏值、單位不同、穿插文字、文字編碼不一致等，資料內容可能遇到這類問題（圖 3-19）。

此時，我們必須採取前處理，將原始資料**轉為容易分析的資料**，排除離群值、補足遺漏值、統一單位、量化文字等定性變數、轉換文字編碼。這類處理稱為**資料準備**（data preparation），意為安排用來分析的資料。

## 適宜地加工資料

在資料準備當中，**將重複、破損、輸入錯誤等不正確資料，修正、整合成正確的內容**，稱為資料清理（data cleaning）。

統合彙整是身邊常見的例子。企業中不同部門蒐集顧客資訊後，會各自保存同位顧客的資訊；遇到公司合併等情況，也得整合多家企業自有的資料庫（圖 3-20）。

彙整同位顧客的資訊時，需要注意各自的格式、更新頻率不盡相同。遇到姓和名分開記錄、蒐集時期久遠且未更新等情況，資料彙整可藉姓名、電話號碼等為線索來合併同位顧客。

## 圖 3-19 需要前處理的資料例子

| 名稱 | 身高 | 體重 | 年齡 | 血型 |
|---|---|---|---|---|
| 鈴木太郎 | 178cm | 62kg | 22 | 1 |
| 佐藤花子 | 164cm | | 30 | 2 |
| 田中次郎 | 1.75m | 59kg | 44 | 1 |
| 高橋三郎 | 173cm | 70kg | １９ | 3 |
| ■■■■ | 182cm | 77kg | 35 | AB型 |

文字亂碼　單位不同　未輸入、未作答　全形文字　穿插文字

## 圖 3-20 統合彙整顧客資訊

A公司的顧客主表

| 姓 | 名 | 公司名稱 | 郵遞編號 | … |
|---|---|---|---|---|
| 鈴木 | 太郎 | ○○ | 105-0011 | … |
| 佐藤 | 花子 | △△ | 112-8575 | … |
| 田中 | 次郎 | □□ | 170-6041 | … |
| 高橋 | 三郎 | □□ | 231-8588 | … |
| … | … | … | … | … |

| 名稱 | 公司名稱 | 郵件 | 回答1 | … |
|---|---|---|---|---|
| 山田冬美 | ○○ | fuyu@ | 4 | … |
| 田中次郎 | △△ | jiro@ | 2 | … |
| 加藤太郎 | □□ | taro@ | 1 | … |
| 前田花子 | □□ | hana@ | 3 | … |
| … | … | … | … | … |

B公司的顧客主表

| first name | family name | company | postcode | … |
|---|---|---|---|---|
| Haruko | Aoki | shikaku | 104-0061 | … |
| Taro | Suzuki | marumaru | 105-0011 | … |
| Natsuko | Watanabe | shikaku | 150-0002 | … |
| Hanako | Sato | sankaku | 112-8575 | … |
| … | … | … | … | … |

## Point

- 分析資料時得確認資料是否已整理，並視需要進行加工、前處理
- 當多個資料庫登錄同位顧客的時候，需要統合彙整

# 釐清多個座標軸的關係

## 一次函數的預測

根據過去的資料，預測未來的變化。為了簡單起見，這裡討論一次函數的預測。

例如，以會議錄音檔轉為逐字稿來建立會議記錄，試著對總計 1 個小時的會議建立 5 分鐘左右的逐字稿。假設 5 分鐘的逐字稿需要花費 15 分鐘製作，則可表達成一次函數 $y=3x$。因此，60 分鐘的會議需要 3×60=180 分鐘，可預測需要花費 3 小時製作逐字稿（圖 3-21）。

若由 $y$ 值反向推算代入 5 小時（＝ 300 分鐘），求解方程式 $300=3x$，可知是製作 100 分鐘的會議逐字稿。

## 以直線預測散布圖的傾向

商務前線會以好幾個資料繪製散布圖，再由該散布情況討論發展傾向。當散布圖的分布接近直線，畫出盡可能接近各點的直線，可表達兩個變數間的關係（圖 3-22）。這條直線稱為迴歸直線，直線的斜率稱為迴歸係數，直線的數學式稱為迴歸方程式。**迴歸分析**是像這樣對散布圖套用直線，預測變數間關係的方法。

若資料能夠迴歸分析，當給予新的資料（$x$ 座標）時，可預測對應的值（$y$ 座標）。換言之，迴歸分析可用於**由過去的資料預測未知的資料**。

## 尋求誤差最小的迴歸直線

繪製迴歸直線需要採用**最小平方法**，平方點座標和直線座標的差值，尋找最小的誤差平方值總和，以決定直線的係數。

**圖 3-21** 一次函數的預測

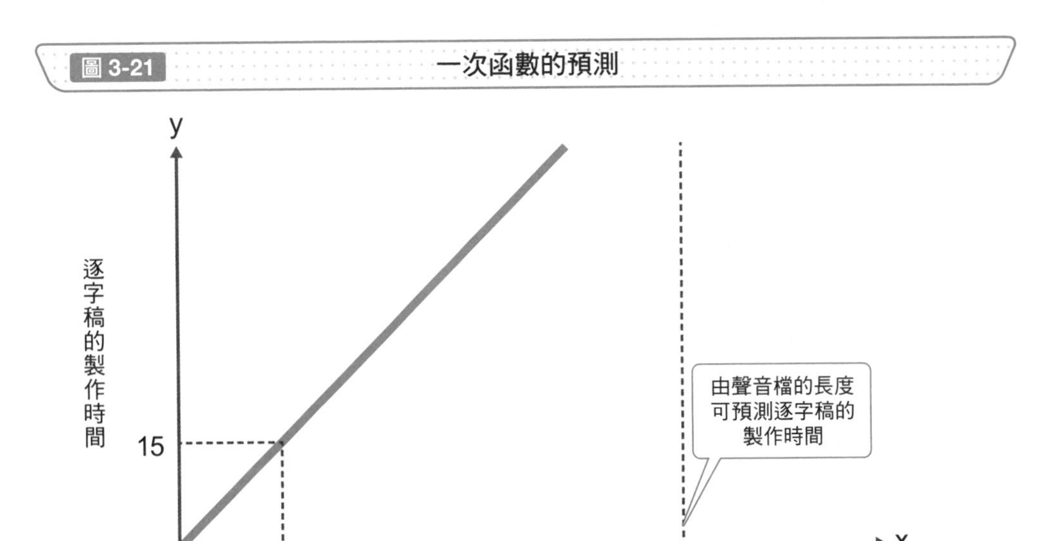


**圖 3-22** 散布圖的迴歸分析

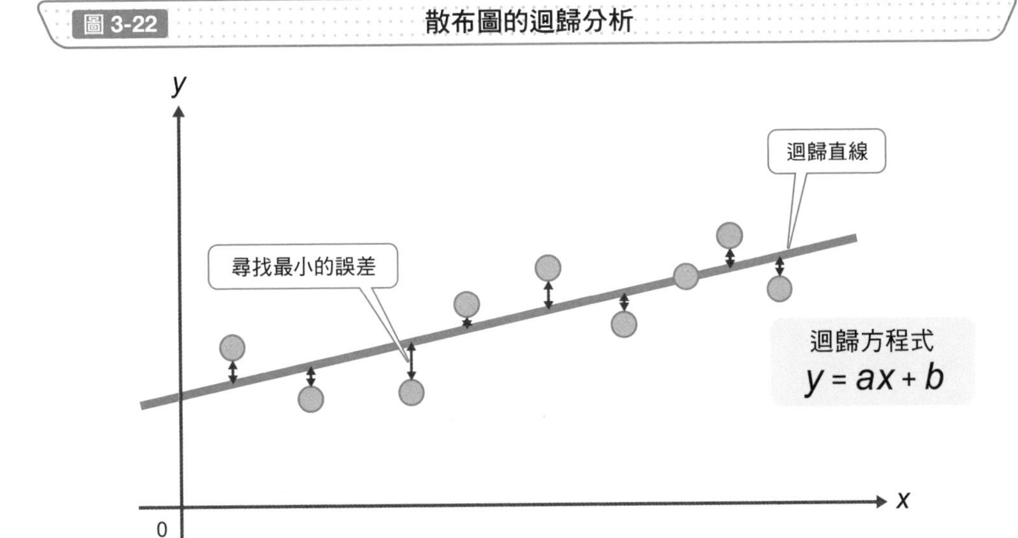




## Point

- 當散布圖的分布情況接近直線，可使用迴歸分析預測變數間的關係
- 繪製迴歸直線需要採用最小平方法，尋找資料和直線的最小誤差

# 了解高階的迴歸分析

## 多個座標軸的迴歸分析

前面介紹的迴歸分析僅有 1 個變數 $x$，這種迴歸分析稱為單變數線性迴歸分析，「由氣溫預測營業額」、「由面積預測租金」等，皆是使用單一變數。然而，我們身邊周遭有許多由多個變數來預測的情況，如「由氣溫和降雨機率預測營業額」、「由與車站的距離、面積、屋齡來決定物件的租金」等（圖 3-23）。

這種**多個變數的迴歸分析**，稱為多元迴歸分析。當變數有 2 個的時候，在三維散布圖中討論平面，由與平面最小距離推導平面方程式。例如，如下列出一次式並決定係數，便可順利進行預測。

租金＝ $a$× 距離＋ $b$× 面積＋ $c$× 屋齡＋ $d$

## 預測定性變數

迴歸分析、多元迴歸分析是預測定量變數。換言之，預測營業額、租金的時候，最後會出現任意數值。以迴歸分析、多元迴歸分析預測直線的係數，無法縮小數值的範圍。然而，我們有時也會要預測定性變數，如「預測考試是否合格」、「預測商品是否熱銷」等，討論出現兩種中哪種預測結果。

此時，採取的做法不是直接預測數值結果，而是**預測介於 0 至 1 之間的數值，再判斷該數值大於還是小於 0.5**。例如，預測考試是否合格的時候，準備如圖 3-24 的 S 型曲線，將考試分數轉換為 0 至 1 之間的數值，若大於 0.5 則合格；若小於 0.5 則不合格。這種判斷方法稱為邏輯迴歸分析。

圖 3-23　多變數預測的多元迴歸分析

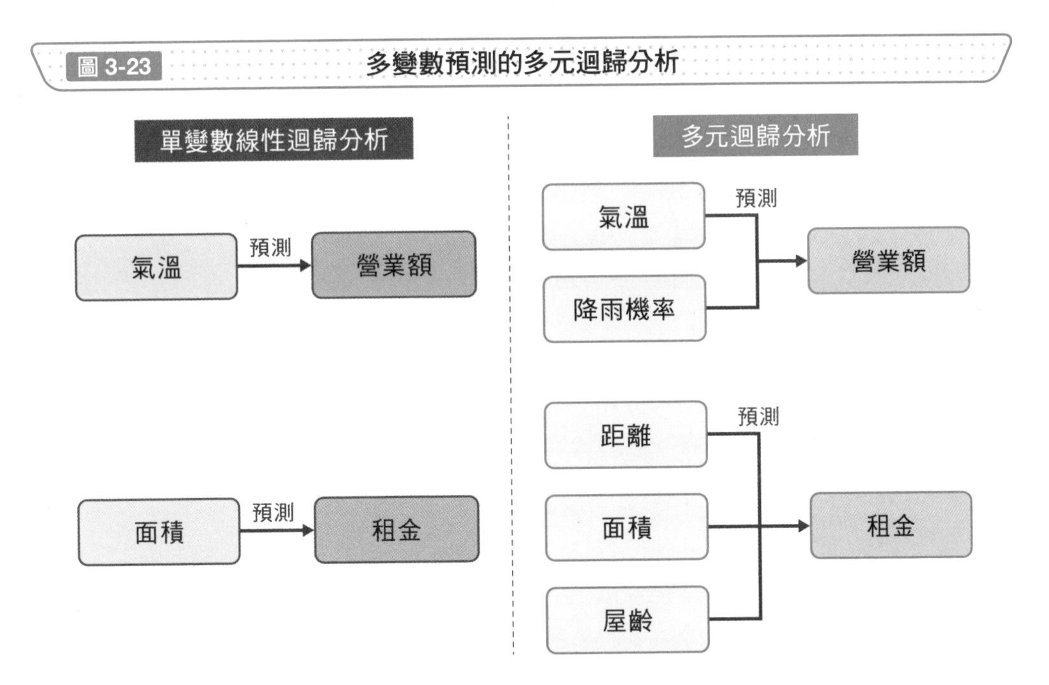


圖 3-24　預測定性變數的邏輯迴歸分析

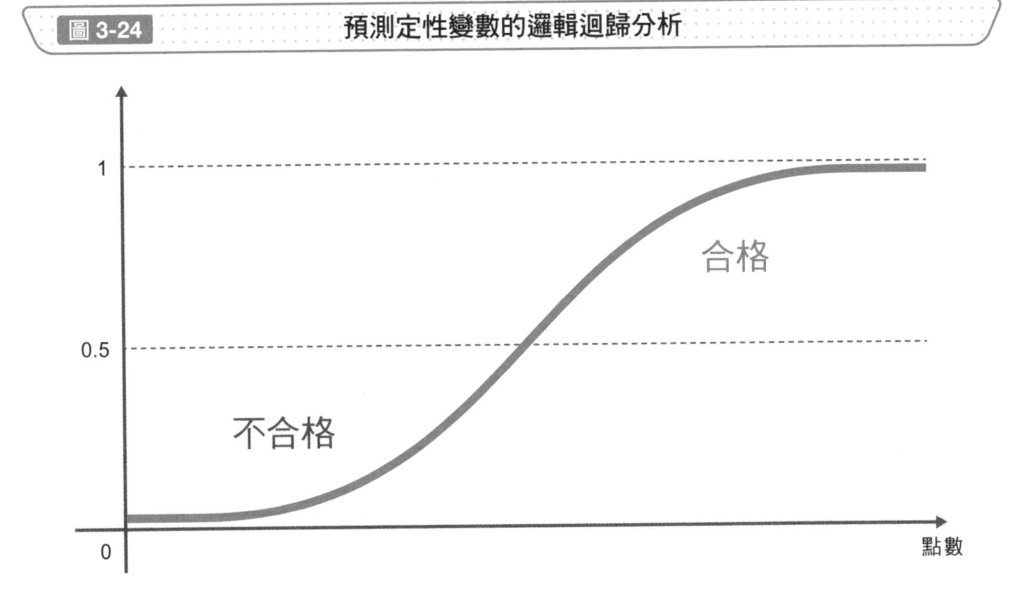


**Point**

- 多元迴歸分析可由多個變數預測特定變數，主要用來預測定量變數
- 邏輯迴歸分析主要用來預測定性變數

# 預測分類

## 預測分組的方式

迴歸分析是藉散布圖上的點預測定量變數，而邏輯迴歸分析是藉 0 至 1 範圍的數值預測定性變數。然後，**判別分析**不是預測數值，而是**分析採用什麼分類基準、將預測對象歸類至兩組中哪一組的方法**。

例如，某學校的測驗科目有國文、數學，由如圖 3-25 兩科目分數的散布圖，可直接看出各學生是否通過考試。接著，討論新學生的國文和數學成績時，如何預測該位學生是否合格。

此時，如圖 3-25 在各點間畫出直線，將資料分成兩個群組。不僅只直線，有時也會使用曲線，當維度增加時也會使用平面來劃分。

## 由分布情況調查距離

除了使用直線、曲線來分組外，也有**以與其他資料的距離來分組的方法**。討論距離的時候，經常會使用**馬哈拉諾比斯距離**（Mahalanobis distance）。

關於兩點間的距離，前面介紹了歐幾里德距離、曼哈頓距離，而馬哈拉諾比斯距離是考慮資料的相關關係，計算與資料集群的距離。換言之，在如圖 3-26 的分布情況，嘗試比較右上和左上的點哪個接近資料集群。若考慮與其他資料的中心距離，右上的資料比較遠離分布，但若考論整個資料集群的話，則可判斷左上的資料為異常值。

由此可知，以直線等難以劃分的分布，可使用馬哈拉諾比斯距離預測分類。

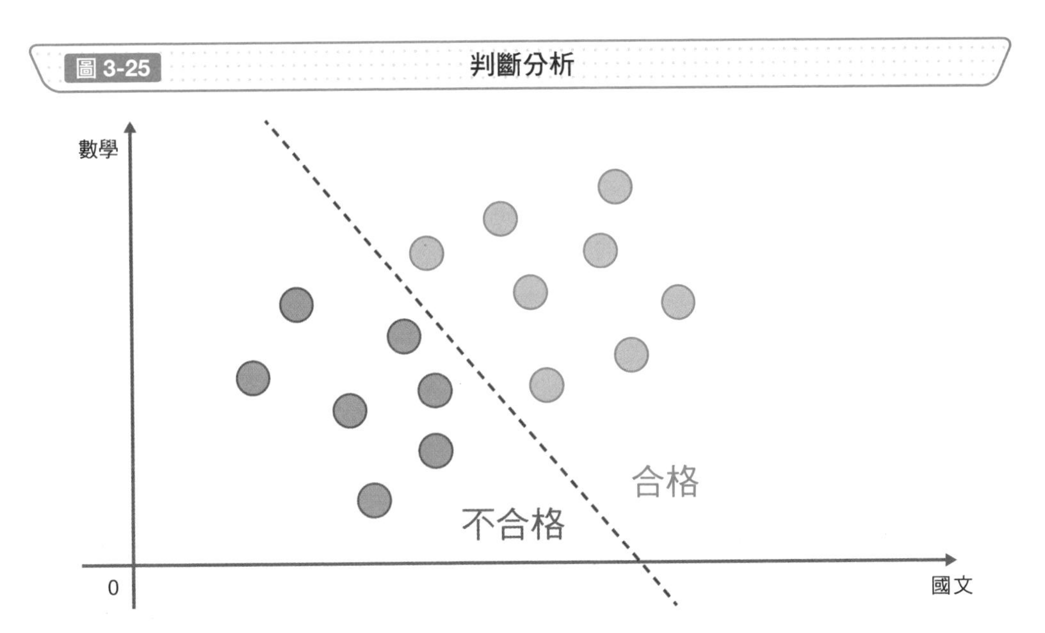


圖 3-25 判斷分析

圖 3-26 馬哈拉諾比斯距離

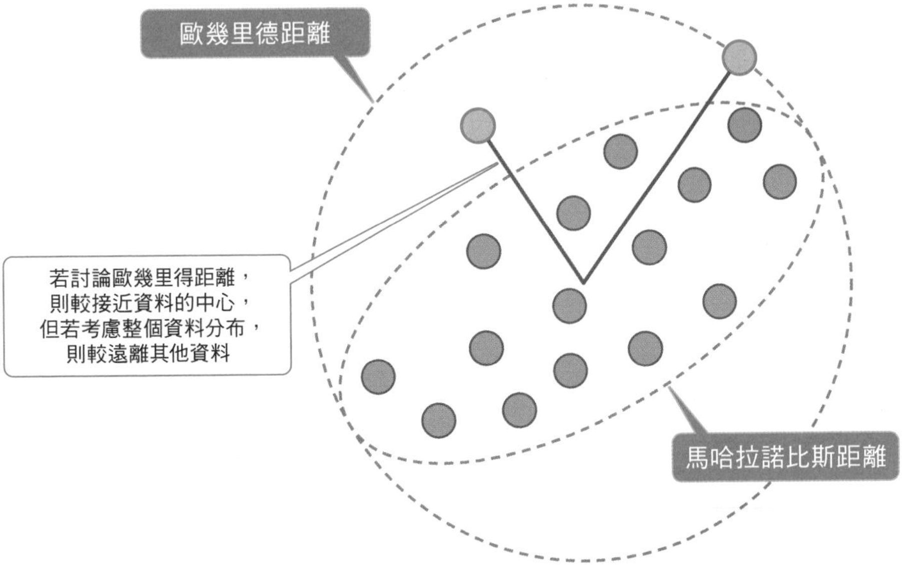

歐幾里德距離

若討論歐幾里得距離，
則較接近資料的中心，
但若考慮整個資料分布，
則較遠離其他資料

馬哈拉諾比斯距離

## Point

- 判別分析可預測分類至多個群組的哪個群組
- 馬哈拉諾比斯距離是討論整個分布，計算與資料中心的距離

# 由已知資訊推論數值

## 預測粗略的數值

在工作上，會遇到想要預測粗略數值的情況。例如，檢討開發、販售電子黑板的時候，若所有日本小學皆導入，有機會創造巨大的商機。

小學的數量可由網路簡單尋得，但即使僅靠自身已有的知識，也可做到某種程度的預測。此時會使用費米推論（Fermi estimate），**結合多個線索邏輯地推算數值**（圖 3-27）。

眾所皆知的線索有「日本人口 1 億 2000 萬人」、「日本人平均壽命約為 80 歲」，就算不必特地調查，也經常聽聞這類知識吧。

而「日本小學每班約 30 ～ 40 人」也是許多人過去的經驗，但若遇到「1 間學校每個學年的班級數？」的問題，可能就無法明確回答了吧。每個都道府縣的班級數不盡相同，再加上最近少子化日趨嚴重，可推論每個學年有 2 班左右。

結合這些線索，可如圖 3-28 預測約有 2 萬間小學。根據日本文部科學省的調查結果，實際的小學數量也約為 2 萬間。

## 費米推論的重點

費米推論的預測值不會偏離實際值太多。雖然是準確度不高的粗略數值，但在商務前線，許多時候即使不是嚴謹的數值，只是粗略的預測值也足以獲得某種程度的推論。

以上述的例子來說，只要可預測 1 萬間到 3 萬間的範圍，就不會犯下嚴重的錯誤決策；若是預測 1000 間、10 萬間的話，會遇到庫存過少或者過多的情況。

圖 3-27 費米推論的步驟

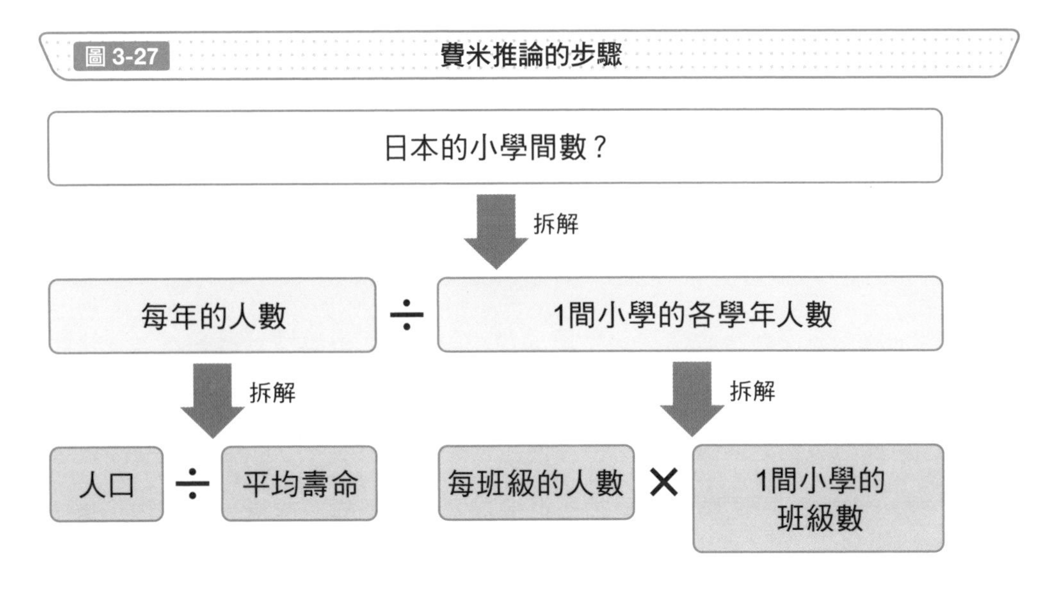


圖 3-28 費米推論的例子

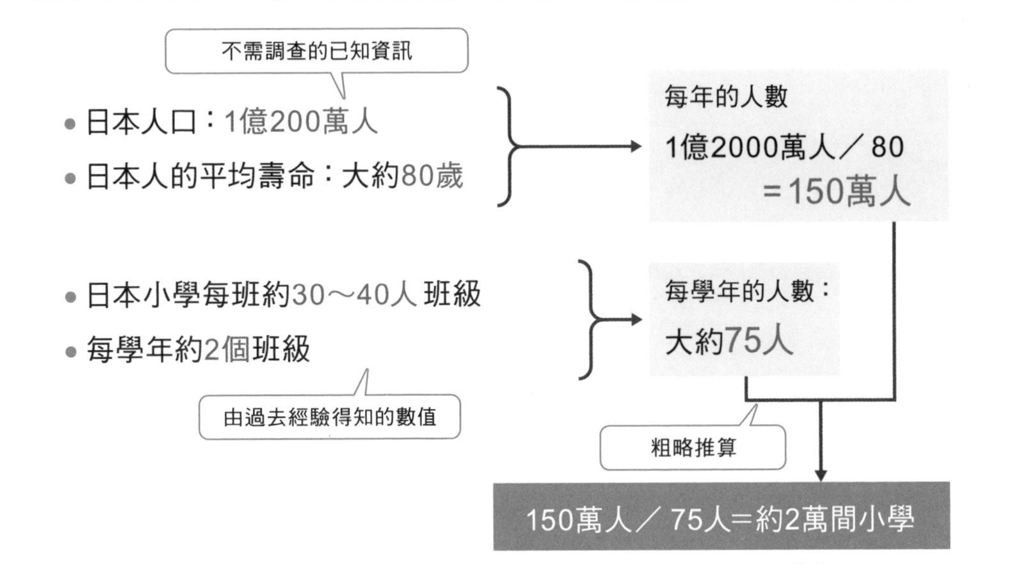


## Point

- 費米推論可結合自身已知的資訊，邏輯地粗略推算
- 費米推論不追求嚴謹的數值，主要是用來邏輯推算，以獲得某種程度的推論

# 實踐擲骰子的操作

## 產生隨機數值

電腦可忠實地遵循指示運作，但除了每次都是同樣的數值外，有時會想要產生不相同的結果。例如，製作擲骰子、抽籤、猜拳等對戰遊戲的時候，每次結果需要不一樣，若能夠預測電腦的輸出，事情可就麻煩了。

此時需要隨機數值——亂數，但**電腦僅可進行具有規則性、重現性的處理，無法產生亂數**。有鑑於此，我們需要藉由特殊運算模擬地產生亂數，這樣製作出來的隨機數值稱為擬隨機數（pseudo-random numbers）。程式語言、試算表軟體皆有內建產生擬隨機數的函數（圖 3-29）。

在確認程式是否正常運行的「測試」，需要產生相同的隨機數值。藉由固定名為種子（seed）的數值，擬隨機數可多次產生同樣的亂數列表。

## 將亂數用於模擬運算

除了遊戲之外，蒙地卡羅法（Monte Carlo method）也會將亂數用於模擬運算。常見的例子可舉，計算小學課本中的圓周率（π=3.14...）近似值。

在如圖 3-30 的座標平面，於 $0 \leq x \leq 1$、$0 \leq y \leq 1$ 的範圍內隨機選座標點，調查該點是否滿足 $x^2+y^2 \leq 1$。此時，由於正方形的面積為 1×1；扇形部分的面積為 1×1×π÷4，故調查 400 個座標點，約會有 314 個滿足條件的點；調查 4000 個座標點，約會有 3141 個滿足條件的點。

實際執行程式，可知**隨著調查個數的增加，準確率會逐漸提升**。

**圖 3-29** Excel 中的亂數

A1 | *fx* =RAND() ← 產生擬隨機數的函數

| | A | B | C | D | E | F |
|---|---|---|---|---|---|---|
| 1 | 0.76597395 | 0.00919912 | 0.14392864 | 0.08912123 | 0.34617361 | |
| 2 | 0.33594451 | 0.31534968 | 0.44707916 | 0.05952848 | 0.29401768 | |
| 3 | 0.28438885 | 0.35223232 | 0.26096186 | 0.64568031 | 0.99331592 | |
| 4 | 0.80100676 | 0.06026008 | 0.16898575 | 0.27108897 | 0.64242684 | |
| 5 | 0.00552041 | 0.37224585 | 0.05958976 | 0.94508464 | 0.72326574 | |
| 6 | | | | | | |

**圖 3-30** 尋求近似值的蒙地卡羅法

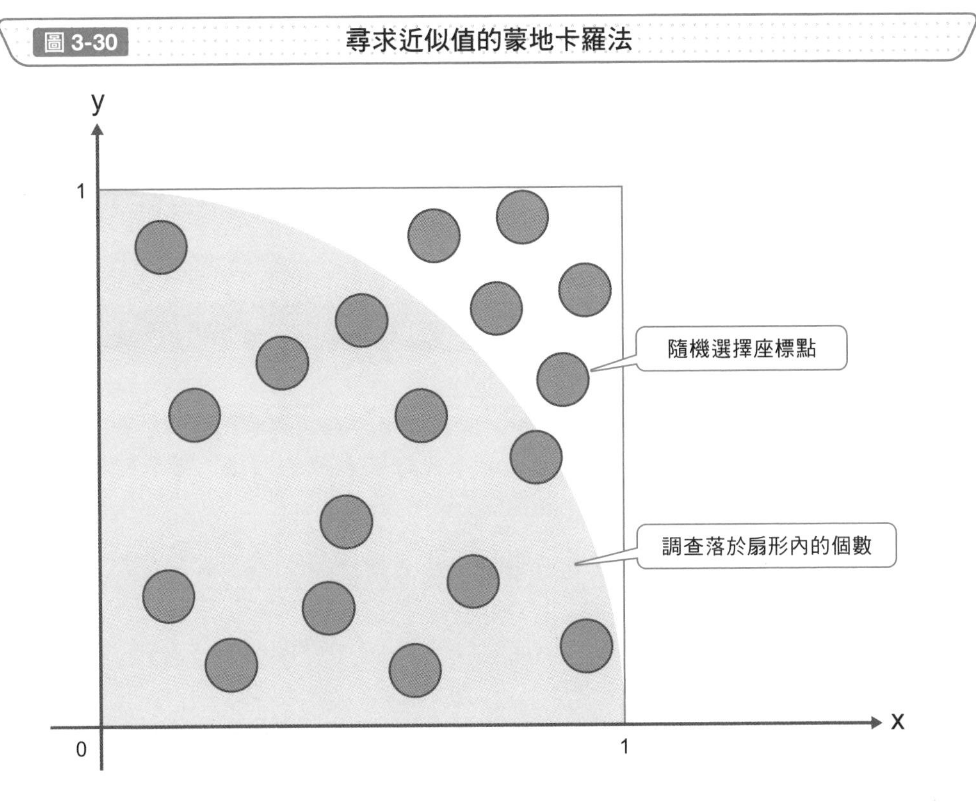


## Point

- 電腦要使用擬隨機值產生隨機數值
- 蒙地卡羅法是藉亂數的模擬運算尋求近似值

# » 反覆預測提高準確率

## 集結多位專家的知識

單獨 1 位專家的預測可能準確率不高，促使**德菲法**（Delphi method）應運而生（圖 3-31）。對多位專家實施匿名問卷調查，統計並共享該調查結果後，再度對專家實施問卷調查，德菲法就是反覆此過程的方法。雖然沒有限制反覆的次數，但會在時間允許的範圍內，重複直到達成一定程度的共識。**三個臭皮匠勝過一位諸葛亮，集思廣益有助於找出獨自一人易疏忽之處。**

此方法不僅限於專家使用，團隊工作時也可利用。反覆尋求其他參與人的意見，能夠**幫助組織達成共識**。

## 考慮過去的預測值

根據時序資料由過去的變動預測推移變化，前面介紹了移動平均數、加權移動平均數等方法。除此之外，類似加權平均數注重近期資料的方法，還有**指數平滑法**（指數型平滑：exponential smoothing）。

此方法會將近期預測值和實際值反映至預測運算，檢討上次的實際值偏離預測值多少程度，來修正下次的預測運算。

$$\text{預測值} = \alpha \times \text{上次的實際值} + (1-\alpha) \times \text{上次的預測值}$$

僅需要上次的預測值和實際值，故可簡單進行運算。平滑常數 $\alpha$ 設定於 $0<\alpha<1$ 的範圍內，表示多麼重視過去的數值。若 $\alpha$ 愈接近 1，則愈重視上次的實際值；若 $\alpha$ 愈接近 0，則愈重視上次的預測值（亦即重視舊有資料）。圖 3-6 的資料套用加權移動平均數和指數平滑法後，可得到圖 3-32 的圖形。

圖 3-31 提升預測準確率的德菲法

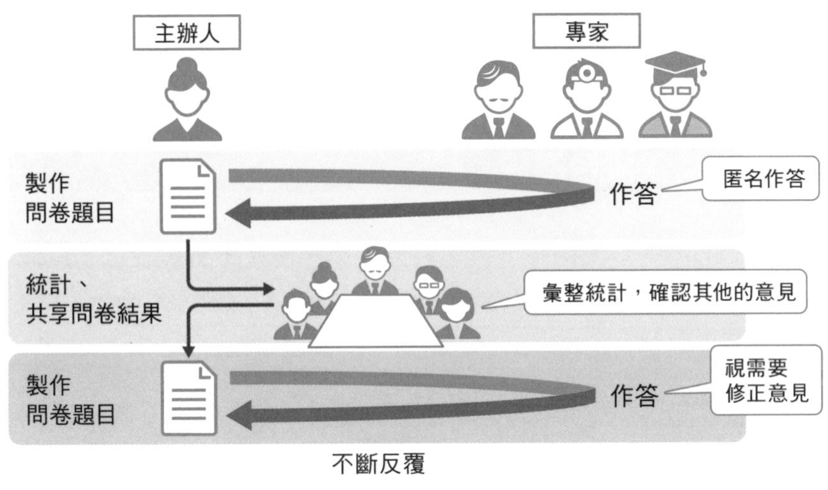


圖 3-32 加權移動平均數和指數平滑法（α=0.2 的情況）

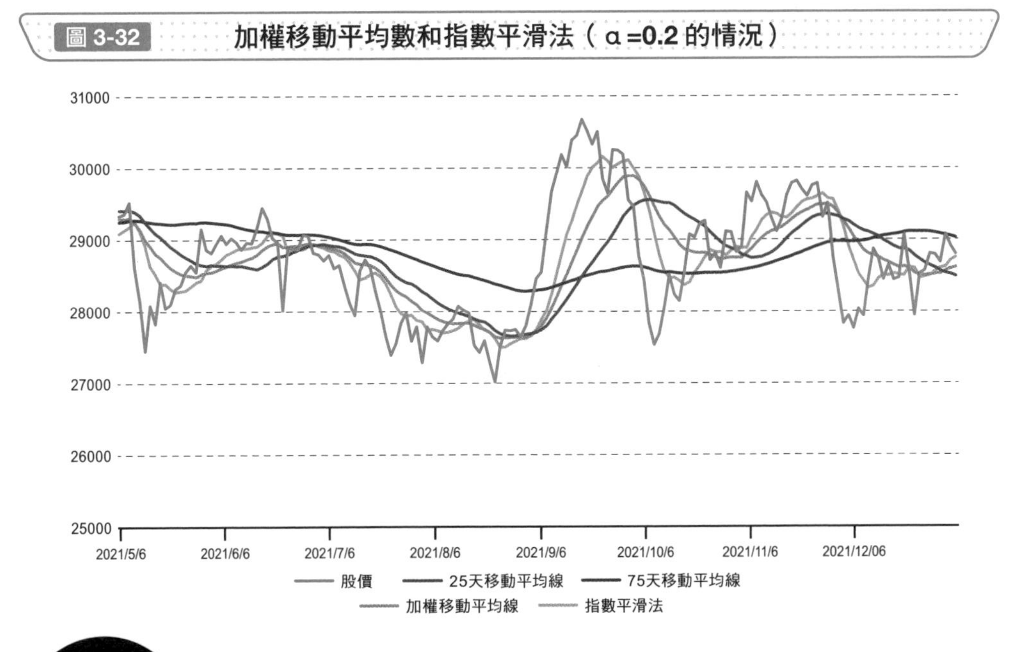


## Point

- 德菲法是對多位專家進行問卷調查，反覆作答、彙整、修正題目，以達成組織共識
- 指數平滑法，可決定注重上次的實際值還是預測值

# 了解各種分析手法

## 以多個座標軸調查資料關係

本章介紹的主成分分析、多元迴歸分析、判別分析，皆是根據多項資訊討論關聯性的分析方法。這些方法可統整稱為**多變量分析**（multivariate analysis）。

不過，這些皆是使用定量變數的手法，主要用來分析身高、體重、氣溫等數值資料。然而，我們身邊周遭也有分析性別、血型等定性變數的資料（圖 3-33）。

## 定性變數的多變量分析

**數量化理論 I 類**是，由定性變數預測定量變數的方法；**數量化理論 II 類**是，由定性變數預測定性變數的方法；**數量化理論 III 類**是，如主成分分析縮減維度的方法。例如，根據性別、血型、有無吸菸、有無運動等資料，數量化理論 I 類是預測生病的容易程度；數量化理論 II 類是預測有無生病。

此時，量化的方式有單純分配數字。然而，如圖 3-34 分配的名目尺度沒有順序上的意義，調換血型的順序會影響分析結果。

有鑑於此，討論性別的時候，男性會分配為 0、女性會分配為 1；討論血型的時候，A 型、B 型、O 型、AB 型會想辦法分別以 0 和 1 表達（圖 3-35），並產出在其他橫列完成後會自動得到結果的橫列。討論血型的時候，若不是 A 型、B 型、O 型，則會自動決定是 AB 型（假設沒有未檢查、不曉得等情況）。

如上量化定性變數後，可跟定量變數一樣，以多元迴歸分析、判別分析等思維來分析。

圖 3-33 多變量分析的種類

| | | 預測 | | 歸納 |
|---|---|---|---|---|
| | | 應變數 | | |
| | | 定量變數 | 定性變數 | |
| 自變數 | 定量變數 | 多元迴歸分析 | 邏輯迴歸分析<br>判別分析 | 主成分分析 |
| | 定性變數 | 數量化理論Ⅰ類 | 數量化理論Ⅱ類 | 數量化理論Ⅲ類 |

圖 3-34 數值資料的轉換（不理想的例子）

| No | 性別 | 血型 |
|---|---|---|
| 1 | 男性 | A型 |
| 2 | 女性 | B型 |
| 3 | 男性 | AB型 |
| 4 | 女性 | O型 |
| 5 | 男性 | B型 |
| 6 | 女性 | A型 |

➡

| No | 性別 | 血型 |
|---|---|---|
| 1 | 0 | 1 |
| 2 | 1 | 2 |
| 3 | 0 | 3 |
| 4 | 1 | 4 |
| 5 | 0 | 2 |
| 6 | 1 | 1 |

圖 3-35 數值資料的轉換

| No | 性別 | 血型 |
|---|---|---|
| 1 | 男性 | A型 |
| 2 | 女性 | B型 |
| 3 | 男性 | AB型 |
| 4 | 女性 | O型 |
| 5 | 男性 | B型 |
| 6 | 女性 | A型 |

➡

| No | 性別 | A型 | B型 | O型 |
|---|---|---|---|---|
| 1 | 0 | 1 | 0 | 0 |
| 2 | 1 | 0 | 1 | 0 |
| 3 | 0 | 0 | 0 | 0 |
| 4 | 1 | 0 | 0 | 1 |
| 5 | 0 | 0 | 1 | 0 |
| 6 | 1 | 1 | 0 | 0 |

**Point**

- 多變量分析主要是根據多項資料分析關聯性
- 透過數量化理論Ⅰ類、數量化理論Ⅱ類、數量化理論Ⅲ類，可多元迴歸分析、判別分析、主成分分析定性變數

## 嘗試看看

### 彙整問卷調查的結果

在第 3 章中，除了多個座標軸的交叉統計外，還介紹了主成分分析等各種分析方法。藉由這些手法，不僅可分析問卷等蒐集的資料，也能夠簡單地向其他人傳達彙整結果。

應對分析（correspondence analysis）是問卷調查時常用的方法，根據交叉統計的問卷結果，以平面描述項目間的關聯性。

例如，使用表格彙整問卷的作答內容。

問卷彙整結果（單位：人）

| 嗜好 | 音樂 | 電影 | 電腦 | 運動 |
|---|---|---|---|---|
| **10歲** | 70 | 35 | 57 | 81 |
| **20歲** | 65 | 45 | 42 | 67 |
| **30歲** | 58 | 54 | 31 | 55 |
| **40歲** | 47 | 35 | 28 | 40 |
| **50歲** | 68 | 40 | 17 | 35 |

應對分析的結果如右圖，可知年齡與嗜好位置相近，代表彼此具有高關聯性。

讀者可進一步了解應對分析的方法。

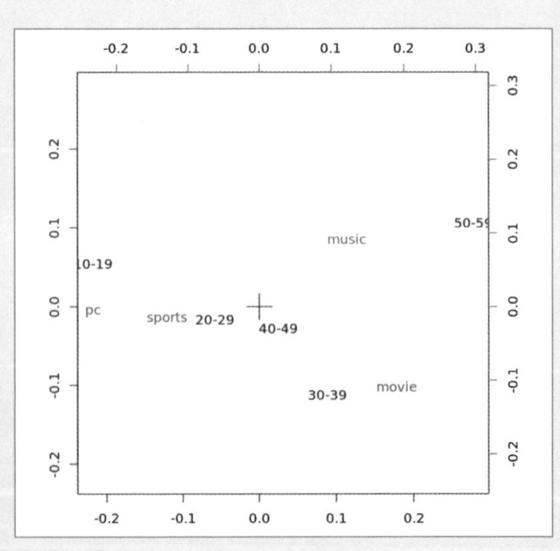

第4章

# 應該知道的統計學知識

~由資料推論答案~

# 統計學的種類

## 掌握資料的特徵

敘述統計學（descriptive statistics）是計算平均數或者變異數、繪製直方圖或者散布圖，**藉由彙整、歸納、視覺化等統計性，掌握觀測資料特徵**（圖 4-1）。

敘述統計學可掌握資料間的關係，也可用於建立假說。然而，對於沒有觀測的資料，或者本來就無法觀測的資料，卻是英雄無用武之地。

擲骰子等可多次嘗試的事物能夠量測、彙整結果，但現實中存在許多無法量測的情況，像是量測需要耗費龐大的時間，或者一經量測該物便失去效用。

例如，為了量測日本人的平均身高，調查所有人的身高過於不切實際。為了調查蠟燭的可燃時間，只要點燃一支蠟燭即可，不需要燃燒所有的蠟燭。

## 由手邊的資料推論整體情況

敘述統計學有許多無法量測的例子，但仍可由有限的資料推論整體情況。例如，若想要知道日本人的平均身高，僅量測 1000 位的身高即可推論整體情況。若想要知道某牌蠟燭的可燃時間，只要調查 100 根同牌的蠟燭就足夠了。

如上所述，推論統計學（inferential statistics）是，**藉由量測從整體抽取的部分資料，推論整體的分布情況**（圖 4-2）

雖然求得的推測結果和實際數值間存有誤差，但可統計性判斷誤差等落於何種程度的範圍內，也能夠當作判別假說正確性的客觀指標。

**圖 4-1　敘述統計學是由手邊的資料掌握情況**

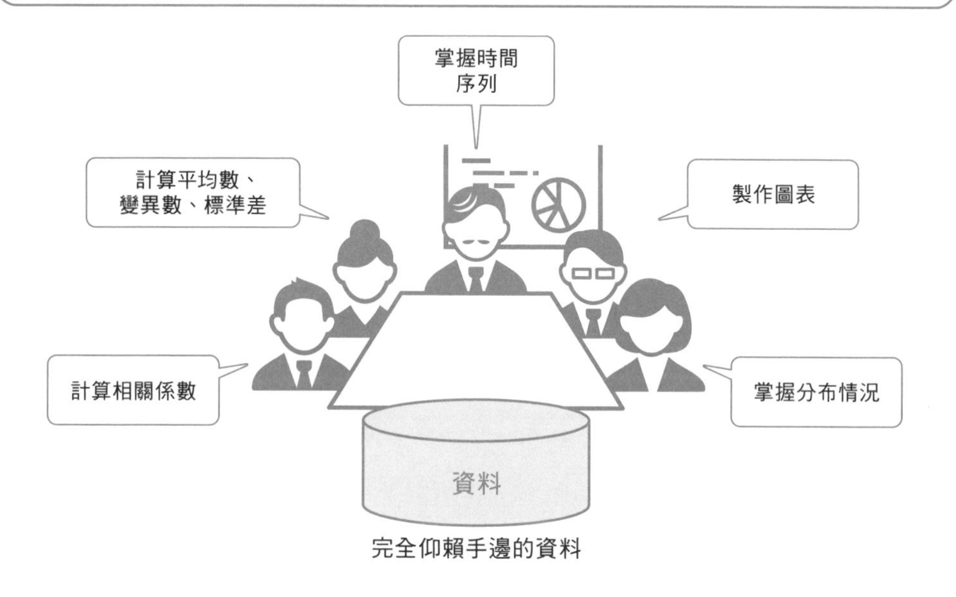


**圖 4-2　推論統計學是由部分資料推論情況**

**Point**

- 敘述統計學可統計性掌握手邊的資料，但無法分析未觀測的資料
- 推論統計學，可由手邊的部分資料掌握整體的分布情況

# » 取出資料

## 了解母群體和樣本的關係

在資料分析的時候，手邊的資料大多是從調查對象抽取一小部分。因此，我們會使用推論統計學，僅以部分資料來分析。

此時，所有調查對象稱為**母群體**；從中抽取的部分資料稱為**樣本**。例如，若目標是計算日本人的平均身高，則所有日本人為母群體；完成量測的日本人為樣本。同理，若目標是調查蠟燭的可燃時間，則所有蠟燭為母群體；其中用來量測的蠟燭為樣本。

取出的樣本數量稱為「樣本大小」、「樣本量」。然後，母群體的平均數稱為母體平均數、變異數稱為母體變異數；樣本的平均數稱為樣本平均數、變異數稱為樣本變異數。

## 無偏頗地抽樣

由母群體抽樣的時候，抽取方法相當重要。例如，在計算日本人的平均身高時，若僅蒐集國中生的身高，則資料明顯偏頗。如果只蒐集男性的身高，或者只蒐集運動選手的身高，資料也會因偏頗而失真。

因此，抽樣應該採取**盡可能沒有偏頗**的方法──**隨機抽樣**（random sampling），重點在於「不預設立場」。年齡層、性別、職業、住所等，盡可能選擇多樣的日本人量測，才能夠求出接近全體日本人的平均身高（圖 4-4）。

在問卷調查的時候，意外地容易疏忽而造成調查對象偏頗，例如電話調查無法訪問沒有電話的人；網路調查無法訪問沒有網路環境的人。根據調查內容的不同，得注意避免發生類似的偏頗情況（圖 4-5）。

圖 4-3 母群體與樣本

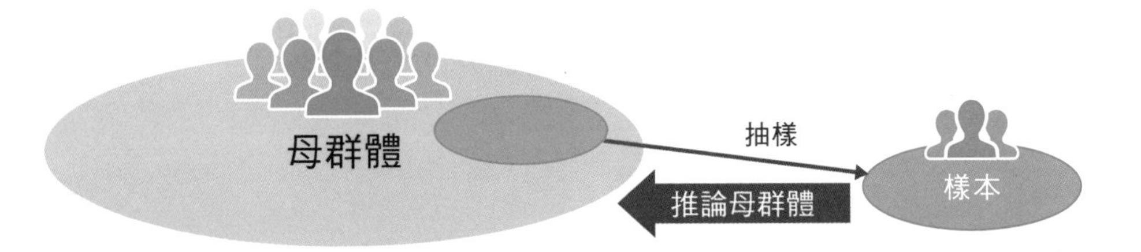


圖 4-4 防止偏頗的隨機抽樣

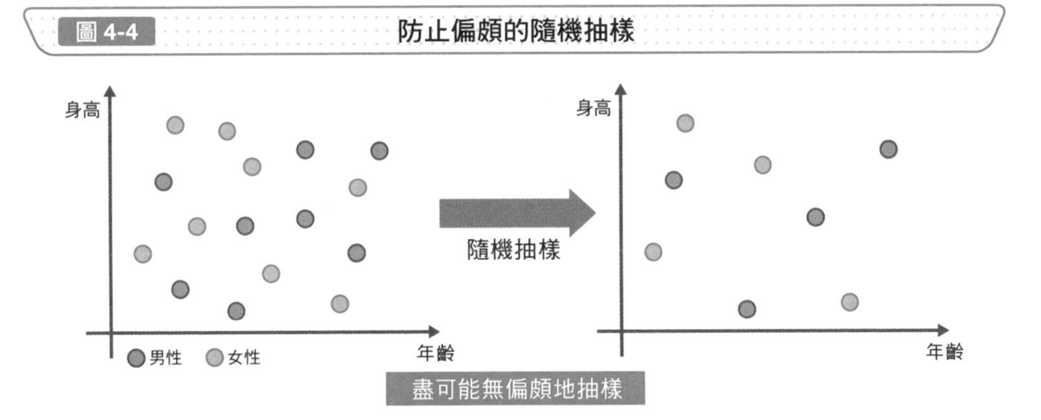


圖 4-5 調查對象有所偏頗的例子

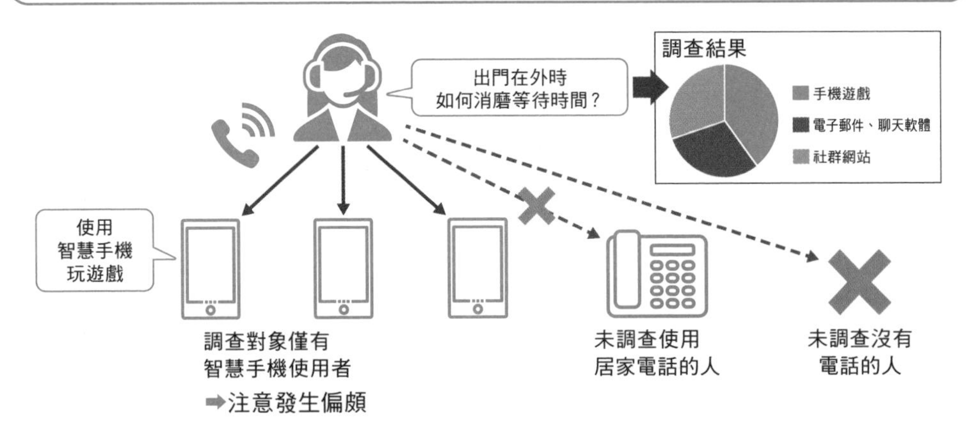


## Point

- 由母群體抽取部分資料當作樣本，再根據樣本推論母群體
- 由母群體抽樣的時候，得注意避免發生偏頗情況

# 以數值表示容易發生的程度

## 統計機率與古典機率

**3-15** 介紹了可實踐擲骰子、抽籤等結果不確定的處理，在電腦使用亂數產生零散數值的方法。接著製作次數分布表，來調查經常出現哪些數值。

例如，擲骰子 100 次後，形成如圖 4-6 的分布情況。此時，不是討論各點數出現的次數，而是計算其所占的整體比例。由圖 4-7 可知，比例的數值介於 0 至 1 之間，且全部加總起來為 1。這種多次嘗試計算比例，依觀測的出現頻率討論的方法，稱為統計機率（statistical probability），而如擲骰子**重複多次的操作稱為試驗，各結果的出現機率一樣稱為「相同的可能性（equal possibility）」**。

由於進行試驗過於麻煩，故通常是使用數學計算數值。以相同的可能性求得的機率，稱為古典機率（classical probability）。一般所說的機率是指古典機率，討論擲骰子時可如圖 4-8 運算。「擲出的點數」等**試驗可能發生的結果稱為事件，事件分配到的數值稱為機率變數**。

## 計算機率的平均數

投擲骰子多次出現的平均點數值，就直覺而言，可知是 1、2、3、4、5、6 的平均數 3.5。骰子各點數出現的機率相同，能夠單純地計算平均數，但我們有可能遇到彩券等中獎機率不同的情況。

這種情況下求得的平均數稱為期望值，將機率變數乘以機率再全部加總起來（圖 4-9）。

圖 4-6 投擲骰子 100 時的點數出現次數

| 點數 | 1 | 2 | 3 | 4 | 5 | 6 |
|---|---|---|---|---|---|---|
| 次數 | 15 | 17 | 16 | 18 | 14 | 20 |

圖 4-7 投擲骰子時的點數出現機率（統計機率）

| 點數 | 1 | 2 | 3 | 4 | 5 | 6 | 總和 |
|---|---|---|---|---|---|---|---|
| 比例 | $\frac{15}{100}$ | $\frac{17}{100}$ | $\frac{16}{100}$ | $\frac{18}{100}$ | $\frac{14}{100}$ | $\frac{20}{100}$ | 1 |

圖 4-8 投擲骰子時的古典機率

| 點數 | 1 | 2 | 3 | 4 | 5 | 6 | 總和 |
|---|---|---|---|---|---|---|---|
| 機率 | $\frac{1}{6}$ | $\frac{1}{6}$ | $\frac{1}{6}$ | $\frac{1}{6}$ | $\frac{1}{6}$ | $\frac{1}{6}$ | 1 |

圖 4-9 表示預期均值的期望值

擲骰子的期望值

$$1\times\frac{1}{6}+2\times\frac{1}{6}+3\times\frac{1}{6}+4\times\frac{1}{6}+5\times\frac{1}{6}+6\times\frac{1}{6}=\frac{21}{6}=3.5$$

彩券的期望值

| 獎項 | 頭獎 | 貳獎 | 參獎 | 銘謝惠顧 |
|---|---|---|---|---|
| 中獎金額 | 10萬日圓 | 1萬日圓 | 1000日圓 | 0日圓 |
| 機率 | $\frac{1}{1000}$ | $\frac{5}{1000}$ | $\frac{50}{1000}$ | $\frac{944}{1000}$ |

$$10萬\times\frac{1}{1000}+1萬\times\frac{5}{1000}+1000\times\frac{50}{1000}+0\times\frac{944}{1000}=\frac{200000}{1000}=200$$

## Point

- 機率分為統計機率和古典機率，無特別註明時一般是指古典機率
- 期望值是機率變數乘以機率的總和

# 多個事件同時發生的機率

## 多個事件的機率

除了計算單一事件外，機率也會用來處理多個事件。例如，投擲 2 顆骰子，討論「第 1 顆骰子擲出偶數、第 2 顆骰子擲出 3 的倍數」的情況。

這種**多個事件同時發生的機率**，稱為聯合機率。一般會假設 $P(A)$ 為事件 $A$ 發生的機率、$P(B)$ 為事件 $B$ 發生的機率、$P(A \cap B)$ 為聯合機率。其中，$A \cap B$ 是事件 $A$ 和 $B$ 的積事件。

投擲 2 顆骰子的時候，即使其中 1 顆擲出偶數，另外 1 顆未必出現偶數。這種**多個事件彼此不影響**的情況，稱為獨立。若事件彼此獨立，則聯合機率為各機率相乘，數學式為 $P(A \cap B)=P(A)\times P(B)$（圖 4-10）。

互斥是容易與獨立混淆的用語，意指事件同時不發生的情況。例如，投擲 1 顆骰子的時候，不會同時出現兩個或者三個點數。

## 以其他結果為前提的機率

條件機率是與聯合機率相似的概念，**在某事件發生的條件下，其他事件發生的機率**，符號記為 $P(B|A)$。$P(B|A)$ 可說是將事件 $A$ 視為整體，事件 $B$ 在此基礎上發生的機率（圖 4-11）。換言之，數學式如下：

$$P(B \mid A)=\frac{P(A \cap B)}{P(A)}$$

移項後可得 $P(A \cap B)=P(A)P(B|A)$，這稱為機率的乘法定理。若事件彼此獨立，則條件機率不受其條件所影響，亦即 $P(A|B)=P(A)$、$P(B|A)=P(B)$。

### 圖 4-10 聯合機率

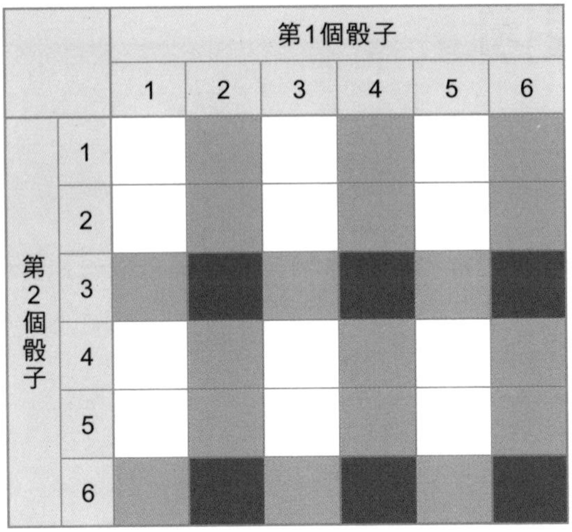

| | | 第1個骰子 | | | | | |
|---|---|---|---|---|---|---|---|
| | | 1 | 2 | 3 | 4 | 5 | 6 |
| 第2個骰子 | 1 | | | | | | |
| | 2 | | | | | | |
| | 3 | | | | | | |
| | 4 | | | | | | |
| | 5 | | | | | | |
| | 6 | | | | | | |

$A$：第1個骰子出現偶數

$B$：第2個骰子出現3的倍數

$$P(A)=\frac{3}{6}=\frac{1}{2}$$

$$P(B)=\frac{2}{6}=\frac{1}{3}$$

$$P(A\cap B)=\frac{6}{36}=\frac{1}{6}$$

↓

$$P(A\cap B)=P(A)\times P(B)$$

### 圖 4-11 條件機率

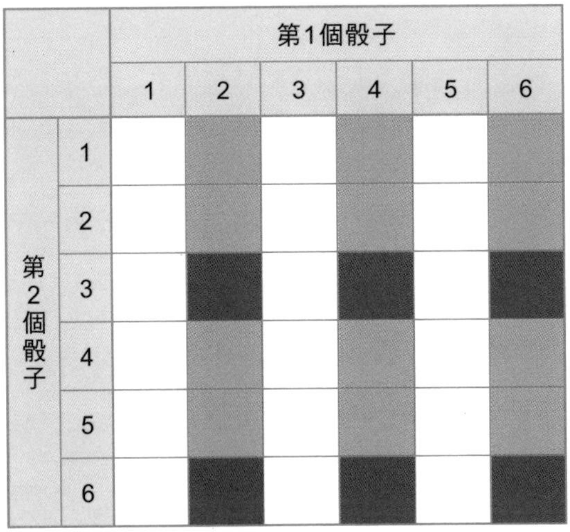

| | | 第1個骰子 | | | | | |
|---|---|---|---|---|---|---|---|
| | | 1 | 2 | 3 | 4 | 5 | 6 |
| 第2個骰子 | 1 | | | | | | |
| | 2 | | | | | | |
| | 3 | | | | | | |
| | 4 | | | | | | |
| | 5 | | | | | | |
| | 6 | | | | | | |

$A$：第1個骰子出現偶數

$B$：第2個骰子出現3的倍數

$$P(A)=\frac{3}{6}=\frac{1}{2}$$

$$P(A\cap B)=\frac{6}{36}=\frac{1}{6}$$

$$P(B|A)=\frac{6}{18}=\frac{1}{3}$$

↓

$$P(B|A)=\frac{P(A\cap B)}{P(A)}$$

**Point**

- 聯合機率是指多個事件同時發生的機率，事件彼此獨立時可直接相乘機率
- 條件機率是指在某事件發生的前提下，發生其他事件的機率

# 根據結果討論原因

## 依新增條件更新機率

在判定垃圾郵件等的時候，**判定準確率可能隨著資訊增加而提高**。以收到的英文郵件為例，試求該郵件是垃圾郵件的機率（圖 4-12）。假設 $A$ 為垃圾郵件、$B$ 為英文郵件，則欲求機率是 $P(A|B)$。

由過去收到的郵件履歷，可知英文郵件和垃圾郵件的比例。這些事前知曉的機率，稱為事前機率。然後，得知新收到的郵件內容為英文，以該條件來判斷是否為垃圾郵件，稱為事後機率。

這種以得知收到英文郵件，更新判定垃圾郵件的機率，稱為貝氏定理。

## 由乘法原理推導

根據機率的乘法原理，交換 $A$ 和 $B$ 可得到下述兩個式子：

$$P(A \cap B) = P(A)P(B \mid A)$$

$$P(A \cap B) = P(B)P(A \mid B)$$

兩個式子的左邊相同，故右邊可用等號整理成 $P(A)P(B \mid A) = P(B)P(A \mid B)$，移項後得到 $P(A \mid B) = \frac{P(B \mid A)P(A)}{P(B)}$。其中，$P(A)$稱為事前機率；$P(A \mid B)$稱為概度（圖4-13）。

概度意為「概似的程度」，由新得到的資料討論「概似性」。換言之，在已有事前資料的基礎上，根據新得到的資料更新機率。

圖 4-12 貝氏定理

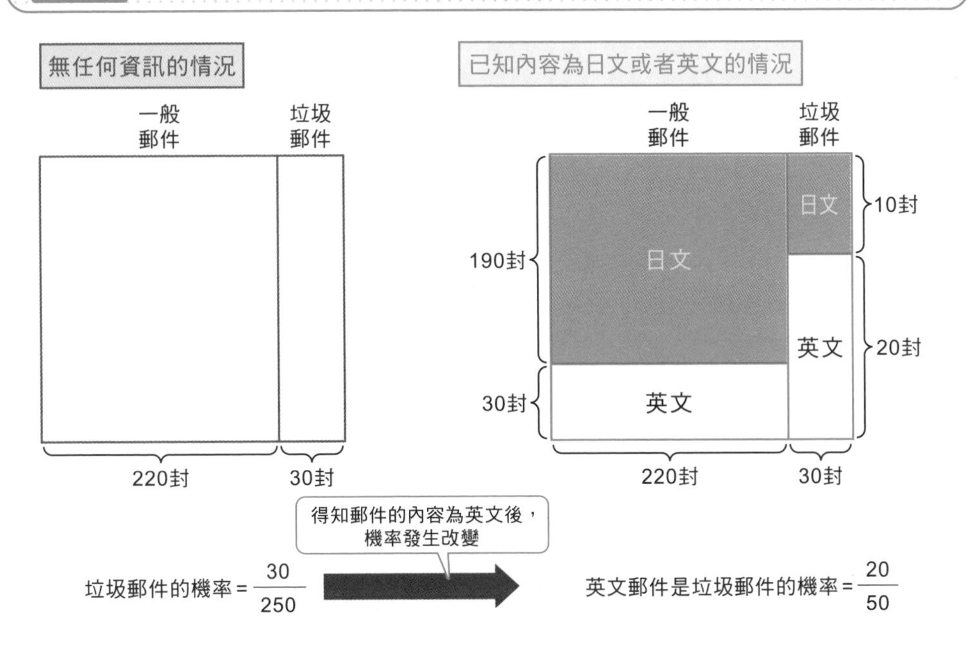


圖 4-13 利用貝氏定理更新

*A*：所選郵件是垃圾郵件
*B*：所選郵件的內容為英文

事後機率　概度　事前機率

$$P(A \mid B) = \frac{P(B \mid A)P(A)}{P(A)}$$

$$P(A \mid B) = \frac{\frac{20}{30} \times \frac{30}{250}}{\frac{50}{250}} = \frac{20}{50}$$

內容為英文的條件提高了判定垃圾郵件的機率

**Point**

- 貝氏定理可追加條件來更新機率
- 貝氏定理可由機率的乘法原理推導求得

# » 了解資料的分布情況

## 離散型機率分布

投擲骰子的時候，各點數的擲出次數最終幾乎一樣。前面古典機率提到的圖4-8，是描述機率變數和其機率的機率分布。

機率分布能夠轉換成不同的形式，比如骰子擲出的點數，可如圖 4-14 均等地排成均勻分布。

然後，計算抽籤出現大吉的次數時，機率分布會因放入的大吉籤數而變。根據放入的大吉機率描述分布，可如圖 4-15 畫成二項分布。

## 連續型機率分布

骰子點數 1 到 6 是斷斷續續的數值，籤筒抽出大吉的次數也僅有整數，不會出現 1.5、3.2 等小數。這種非連續的數值稱為「離散型機率變數」。

另一方面，身高、體重等會取包含小數的連續數值。然而，即使仔細調查身高，也鮮少有人正好符合 170.1cm、170.2cm 等數值，故我們會尋求落於 170～175cm 等範圍（區間）的機率。

調查多數人的身高後，可如圖 4-16 畫出平滑曲線的常態分布（高斯分布），愈接近平均數愈多資料，愈遠離平均數愈少資料。

**常態分布的平均數、中位數、眾數相同，且變異數（標準差）愈大圖形愈平緩，變異數愈小圖形愈陡峭。**

另外，圖形標準化後，可轉為平均數為 0、變異數為 1 的標準常態分布。

圖 4-14　均勻分布（骰子的點數）

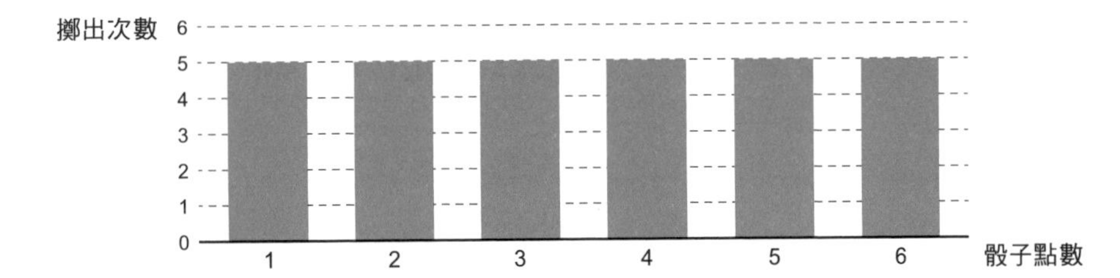


圖 4-15　二項分布（總共抽籤 50 次）

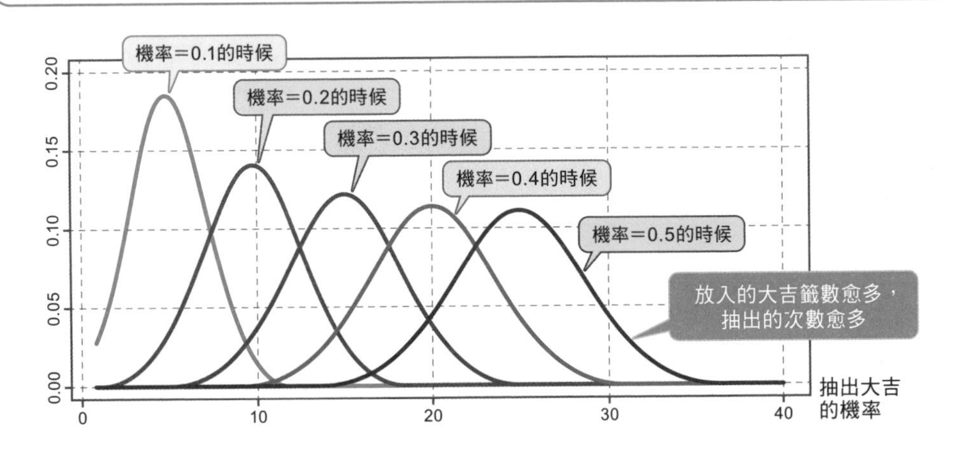


圖 4-16　常態分布的特徵

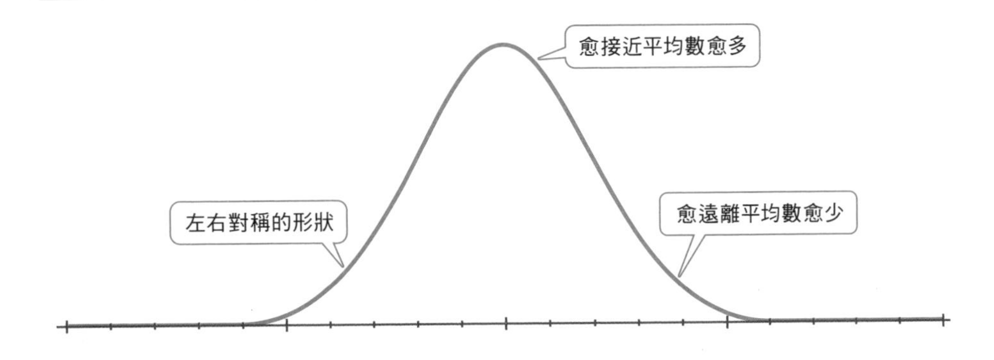


**Point**

- 均勻分布是各數值同樣容易出現的分布情況
- 常態分布是愈接近平均數愈多資料、愈遠離平均數愈少資料的分布情況

# » 資料蒐集得愈多，愈接近實際數值

## 抽樣調查分布情況

了解機率分布後，可簡單求得期望值，但面對未知資料，有時並不曉得分布情況。此時，調查全部資料來確認分布情況，又顯得過於辛苦。

在調查平均數的分布情況，其實有方便的定理——**中央極限定理**：當抽取的樣本數足夠大時，反覆抽樣的平均數分布將不受母體分布影響，會趨近於常態分布（圖 4-17）。

## 抽取的樣本數愈多，其平均數愈接近母體平均數

**無論母體資料的分布情況，中央極限定理皆會成立。**不過，縱使知道樣本平均分布趨近常態分布，卻不曉得母體平均數可能也沒有意義。這裡有另一個重要的法則——**大數法則**。

大量抽取樣本後，樣本平均數會接近母體平均數。例如，當增加投擲骰子的次數，根據大數法則可知，各個點數擲出的機率會趨近 1/6（圖 4-18）。

同理，討論平均身高的時候，計算某學校國二學生的平均身高，可得到接近全國國二學生的平均身高。少數人的資料可能有巨大的誤差，但當人數增加到一定數量後，可高準確度地得到接近全國平均身高的數值。**即使資料量少時存在明顯的誤差，但數量達到某種程度便可提高準確度。**

當然，各個樣本平均數僅是樣本的資料，與每間學校的平均身高不一樣。多數情況會跟母體平均數不同，但可得到母體平均數的近似值。

圖 4-17 不受母體分布影響的中央極限定理

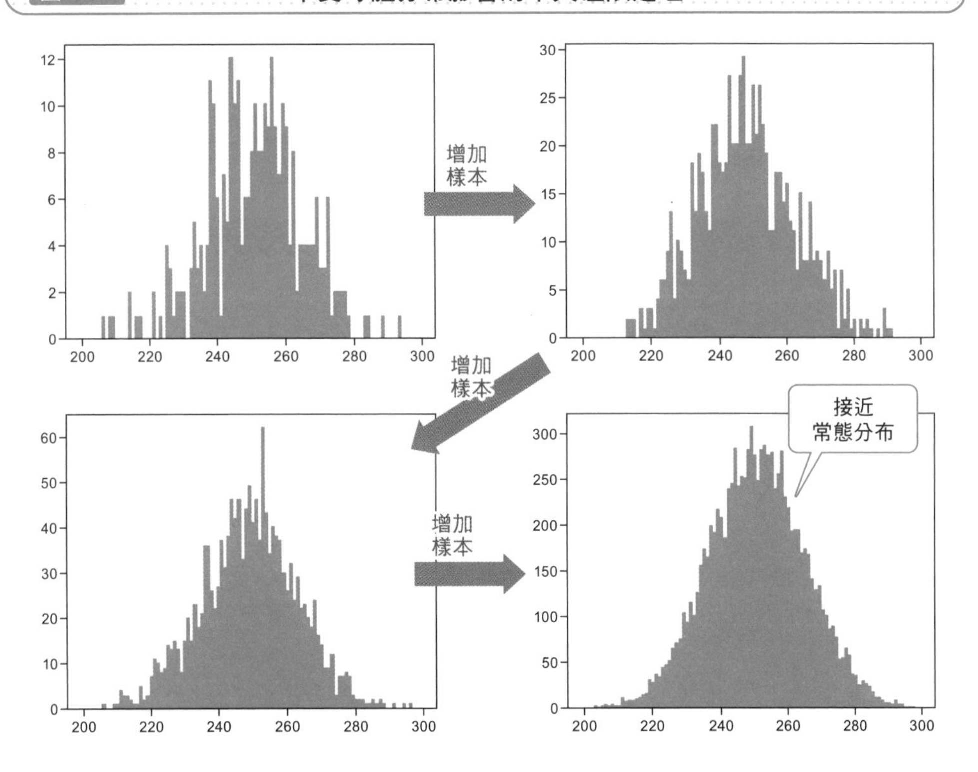


圖 4-18 以大數法則算出母體平均數的近似值

| 擲出點數 | 1 | 2 | 3 | 4 | 5 | 6 |
|---|---|---|---|---|---|---|
| 30次 | 5 | 9 | 6 | 4 | 4 | 2 |
| 比例 | 0.167 | 0.3 | 0.2 | 0.133 | 0.133 | 0.067 |
| 100次 | 14 | 22 | 17 | 16 | 19 | 12 |
| 比例 | 0.14 | 0.22 | 0.17 | 0.16 | 0.19 | 0.12 |
| 300次 | 51 | 55 | 49 | 51 | 45 | 49 |
| 比例 | 0.17 | 0.183 | 0.163 | 0.17 | 0.15 | 0.163 |

**Point**

- 無論母體資料的分布如何，中央極限定理皆會成立
- 根據大數法則抽取大量資料，可得到母體平均數的近似值

# 使用函數描述分布情況

## 連續型機率變數中的機率

在連續型機率變數，介紹了指定範圍來計算落於該區間的機率。此時，我們會使用**機率密度函數**描述機率變數的機率（圖 4-19）。在〈**4-6 了解資料的分布情況**〉中，圖 4-16 的常態分布圖形就是機率密度函數的圖形。

機率密度函數有時也直接稱為「密度函數」、「機率密度」，圖表的縱軸表示相對容易出現的程度。

## 計算在範圍內的機率

在離散型機率分布中，機率是機率變數對應的數值；**在連續型機率分布中，機率是包含機率變數的某範圍面積。**例如，圖 4-19 包含於 $a$ 到 $b$ 範圍的機率，可由積分陰影部分來求得。

由機率總和為 1 可知，在連續型的機率分布中，機率密度函數圖形與 $x$ 軸圍起的部分面積是機率總和，且整體的面積為 1。

**累積分布函數**可描述機率變數 $X$ 的數值小於 x 的機率，有時也直接稱為分布函數。例如，假設機率密度函數為 $y=f\ (t)$，則累積分布函數如下：

$$F(x)=P(X\leq x)=\int_{-\infty}^{x}f(t)dt$$

由於是加總所有小於 $x$ 的機率，累積分布函數會不斷地增加。然後，隨著 $x$ 值變大，加總數值會趨近 1。機率密度函數為圖 4-20 的左圖時，其累積分布函數會是圖 4-20 的右圖。由上式求得機率後，也能夠計算期望值。期望值是機率變數和機率的乘積總和，可如圖 4-21 經由積分求得。

圖 4-19　機率密度函數的圖形

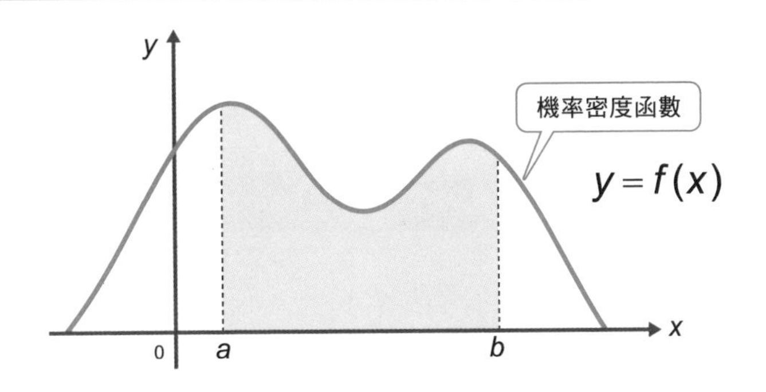


圖 4-20　累積分布函數會不斷地增加

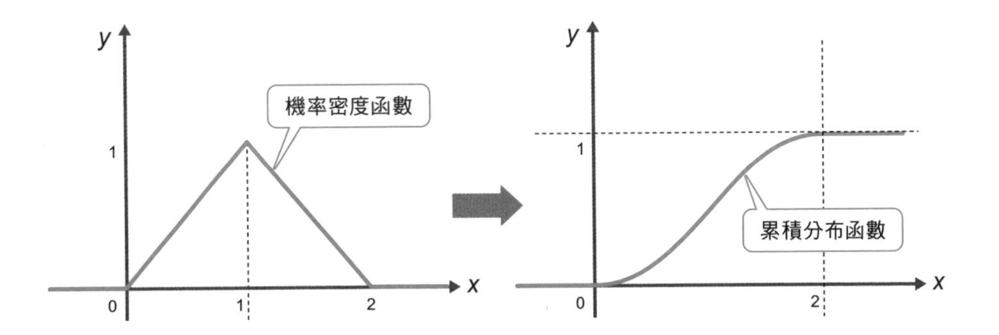


圖 4-21　連續型機率分布的期望值

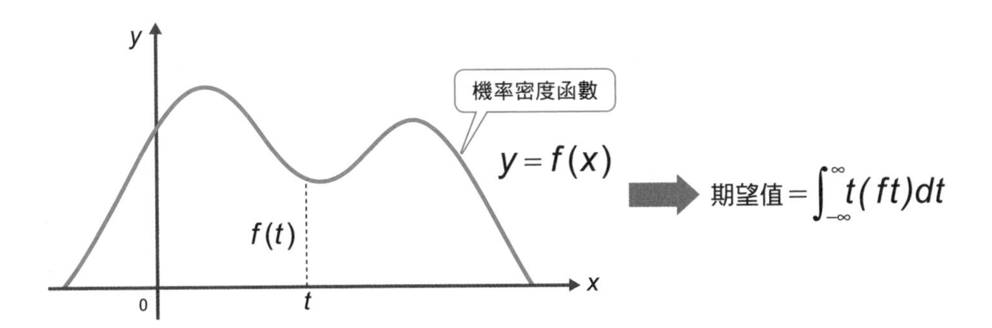


## Point

- 使用函數描述分布情況時，可積分計算連續型機率變數的機率
- 累積分布函數的圖形會不斷地增加

# 由抽樣資料估計原始群體

## 以單一數值估計

根據取出的樣本，討論母體平均數、母體變異數。此時，用來推論的數值稱為不偏估計值（圖 4-22）。

例如，估計母體平均數的時候，由代數法則可知，增加樣本數會讓樣本平均數趨近母體平均數。據此，我們可「將求得的樣本平均數當作母體平均數」，這種以單一數值估計的做法，稱為點估計（point estimation）。

## 以區間估計

點估計是簡單易懂的方法，但卻**難以精準地推論數值**。有鑑於此，我們會採取區間估計（interval estimation）的手法，推論「在某一範圍內包含母體平均數」。

此時，**通常會討論「有 95%的機率落於該範圍內」等**，意指實行 100 次抽樣推測區間的試驗，有 95 次母體平均數落於該區間。例如，100 間國中由各校平均身高區間估計全國平均數，其中有 95 間推算的全國平均數落於該範圍內。

這種區間稱為信賴區間，具有 95%信賴性的區間稱為「95%信賴區間」。若想要更嚴謹地決定範圍，可使用具有 99%信賴性的區間──「99%信賴區間」。在區間估計的時候，需要討論資料的分布情況。由中央極限定理可知，反覆從母群體抽樣的平均數會趨近常態分布。

已知在常態分布中，距平均數 1 個標準差範圍的資料約占 68%；2 個標準差範圍的資料約占 95%；3 個標準差範圍的資料約占 99.7%（圖 4-23）。更正確來說，95%的資料落於 1.96 個標準差範圍內；99%的資料落於 2.58 個標準差範圍內。

## 圖 4-22 用來推論的不偏估計值

樣本

- 樣本平均數
- 樣本變異數
- 樣本標準差

推論

不偏估計值

- 不偏平均數
- 不偏變異數
- 不偏標準差

母群體

- 母體平均數
- 母體變異數
- 母體標準差

## 圖 4-23 常態分布中的資料占比

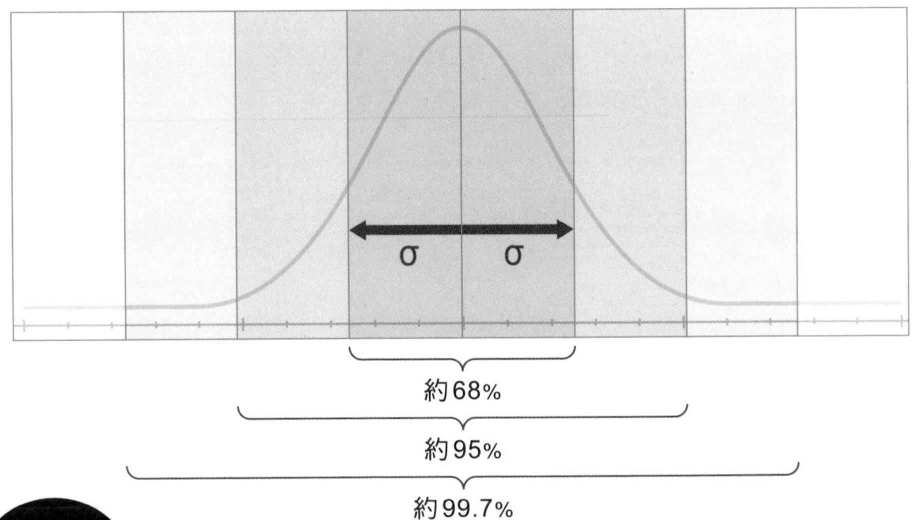


### Point

- 點估計可用單一數值推算母體平均數等
- 區間估計可用區間推算母體平均數等
- 95%信賴區間是指，實行 100 次抽樣推論區間的試驗時，有 95 次母體平均數落於該區間

# 變異數未知時的估計

## 估計變異數

前面由樣本平均數推算母體平均數的方法，過程中會使用到變異數、標準差。此時，**需要的不是樣本的變異數，而是抽取樣本平均數分布的變異數**（圖 4-24）。

我們抽取的通常是「某間國中的平均身高」等單一樣本，並不曉得樣本平均數的分布情況。

有鑑於此，一般是將母體變異數除以樣本數，當作樣本平均數分布的變異數估計值──**標準誤差**。若母體變異數為 $\sigma^2$、樣本數為 $n$，則標準誤差為$\sqrt{\frac{\sigma^2}{n}}$。

不過，在推算數值的時候，往往不曉得母體變異數，需要先推算母體變異數。樣本變異數是使用樣本各資料和樣本平均數的差值，故樣本平均數的變異數會最小（以母體平均數等代替樣本平均數時，差值的平方和會變大）。換言之，若使用其他數值推算母體變異數，會變得比該變異數還要大。

因此計算時，離均差平方和不是除以樣本數 $n$，而是除以 $n$-1 來求**不偏變異數**。其中，$n$-1 稱為**自由度**。若不偏變異數為 $s2$，則標準誤差為 $\sqrt{\frac{s^2}{n}}$。

## 母體變異數未知時的分布情況

母體變異數已知的時候，會以常態分布區間估計母體平均數。然而，若母體變異數未知的話，則會使用 **t 分布**。類似於標準常態分布，$t$ 分布的形狀會因自由度而異。例如，圖 4-25 是自由度為 1、5、10 的 t 分布和標準常態分布的情況。

由於自由度愈大，愈接近標準常態分布，故樣本數超過 30 個時會使用常態分布，而小於 30 個時往往會改用 t 分布。

圖 4-24 一般僅會抽取 1 個樣本

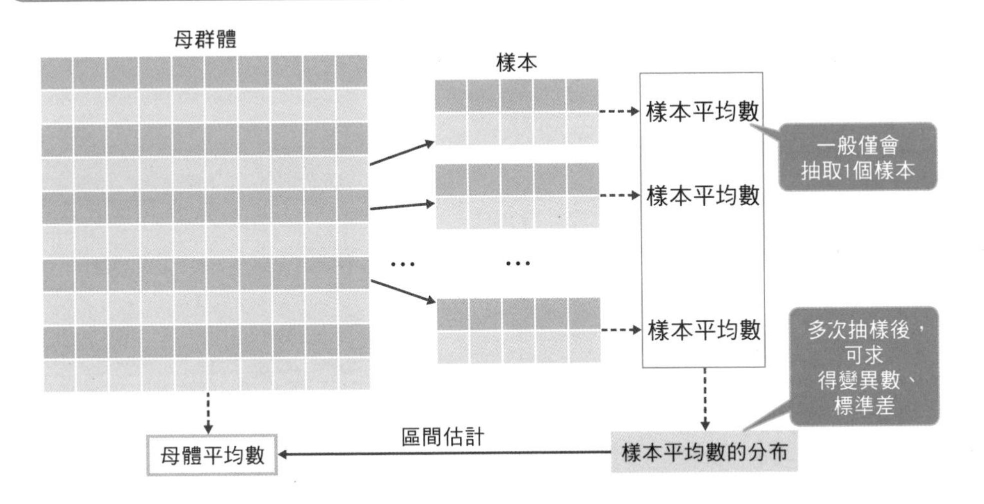


圖 4-25 不同自由度的 *t* 分布與標準常態分布

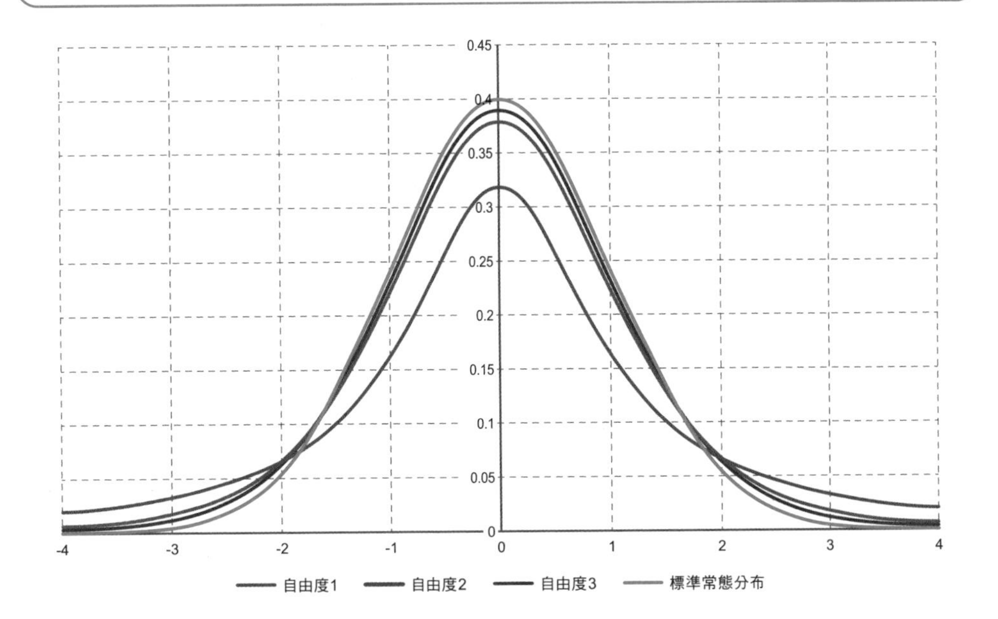


## Point

- 標準誤差是指，樣本平均數分布中的變異數估計值
- 區間估計母體平均數時，母體變異數已知時使用常態分布；母體數未知時改用 $t$ 分布

# 統計性檢定

## 調查是否為偶然

估計是推算抽取樣本的平均數、變異數，來預測母群體的平均數等。然而，覺得母群體本身有問題時，該怎麼進行確認呢？

例如，投擲骰子的時候，懷疑「骰子可能不公正？」檢視多間工廠生產的商品時，懷疑「同款商品好像有差異？」或是「授課後的成績是否提升？」「投藥後的病情是否好轉？」也會想要確認母群體。

統計性驗證這些問題的試驗，稱為檢定（統計性檢定）。**根據抽取的樣本資料，驗證「母群體的平均數、變異數等於某值（或者大於、小於某值）」的假設**，來調查母群體是否發生變化、抽取的樣本是否存在偶然偏差。

## 提出假設

公正骰子擲出某個點數的頻率明顯偏多，這可能是偶然的情況。當懷疑某個點數的出現頻率偏多時，提出否定該事實的反對主張，稱為虛無假設（null hypothesis），而想要檢定的主張「這顆骰子不公正」，稱為對立假設（alternative hypothesis）。虛無假設可換成「對方的主張」；對立假設可換成「自身的主張」。這種提出假設的做法，稱為假說檢定（圖 4-26）。

如圖 4-27 所示，檢定存在許多種類，但都是相同的思維。一開始先提出虛無假設和對立假設，以虛無假設為真進行檢定，若該主張難以發生的話，則判斷「虛無假設錯誤＝對立假說正確」。這個動作稱為拒絕（reject），若未拒絕虛無假說，則可說「接受虛無假說」。

圖 4-26　驗證偏差、變化的檢定

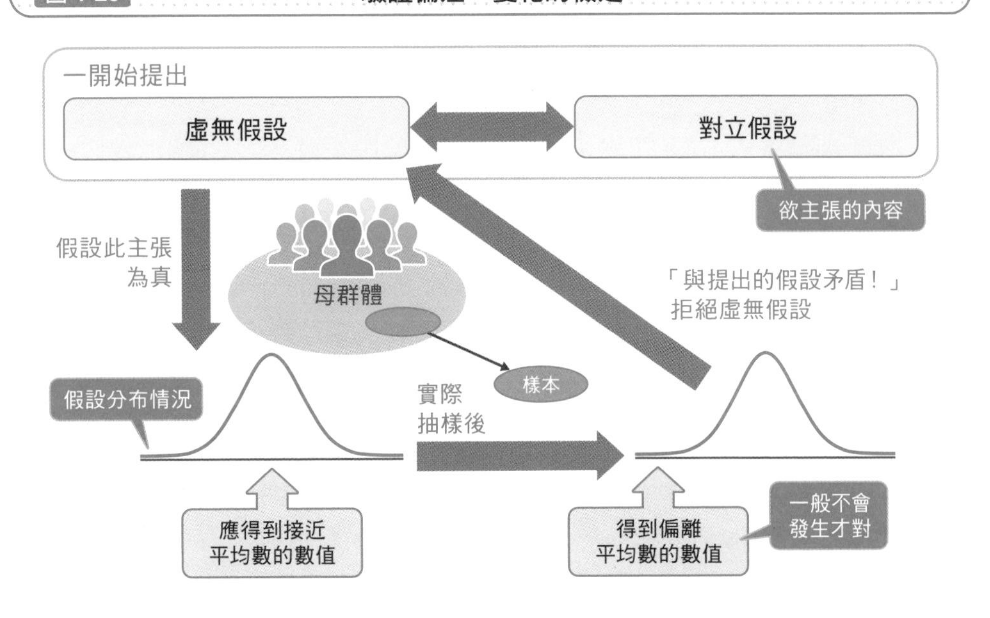


圖 4-27　檢定的種類

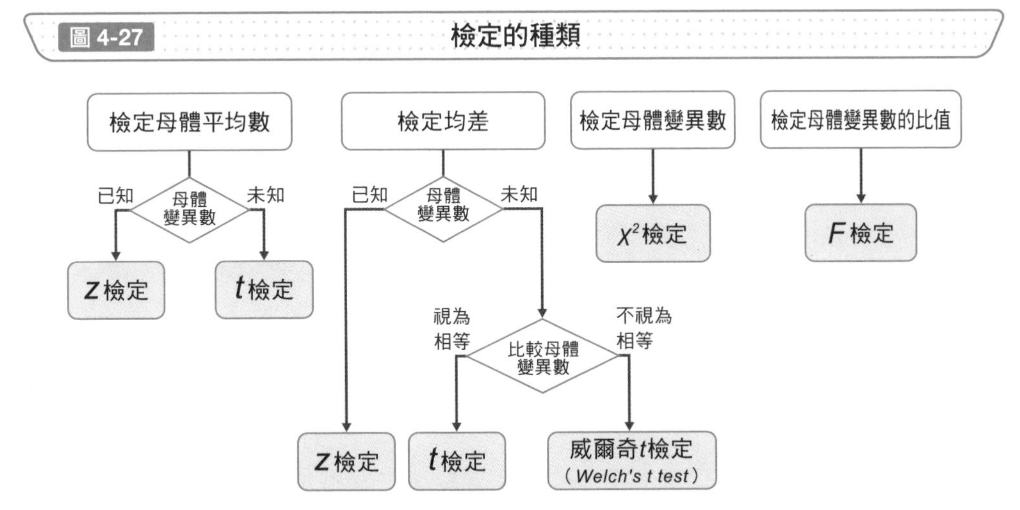


## Point

- 檢定用於調查，抽樣資料偏頗是否為偶然情況
- 先提出虛無假設和對立假設，再以虛無假設為真進行檢定，若該主張難以發生，則判斷虛無假設錯誤

# 決定判斷為真的基準

## 決定拒絕的範圍

在檢定中判斷虛無假設難以發生時，需要討論抽樣資料的分布情況，並計算平均數、變異數等數值。這種用於檢定的數值，稱為檢定統計量（test statistic）。

例如，購買 1 瓶 1 公升裝的牛奶，發現裡頭容量少於 1 公升。此時，情況可能是僅有該瓶未滿 1 公升，其餘未購買的牛奶皆有 1 公升。為了調查是偶然少於 1 公升，還是所有牛奶的容量皆少於 1 公升，於是購買多瓶牛奶，由其平均數討論母群體的平均數，調查買到牛奶少於 1 公升的機率（圖 4-28）。

換言之，**調查由資料算出的檢定統計量，判斷樣本資料難以發生的程度。**這裡需要設定某個範圍，來判斷假設的主張錯誤。

拒絕檢定結果、虛無假設的範圍稱為拒絕域（rejection region），其設定的基準稱為顯著水準或者風險比率（risk ratio）。若顯著水準為 5%，則反覆同一試驗 100 次，僅會發生少於 5 次的罕見情況。顯著水準一般設定為 5%，但攸關人命的重大判斷會設定為 1%；條件較為寬鬆時會設定為 10%。

## 雙側檢定與單側檢定

調查牛奶多於或者少於 1 公升的時候，會假設該統計量為常態分布，並於兩側 5%（左右各 2.5%）的範圍設置拒絕域。此做法稱為雙測檢定（圖 4-29）。

牛奶不會多於 1 公升，僅檢定少於 1 公升，遇到這種單側幾乎為真的情況，可於單側 5%的範圍設置拒絕域。此做法稱為單側檢定。

圖 4-28 顯著水準的設定

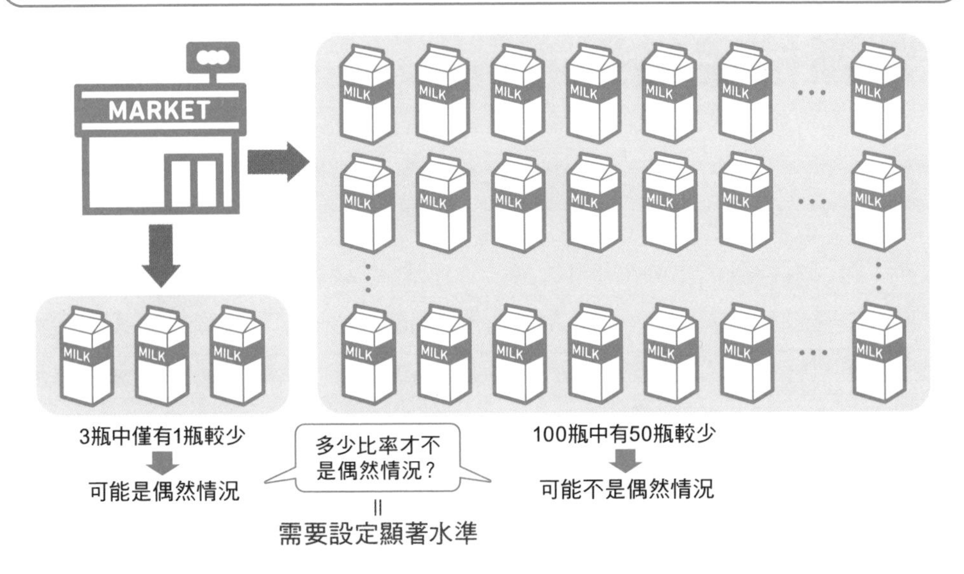


圖 4-29 雙側檢定和單側檢定的拒絕域(標準常態分布、顯著水準 5%的情況)

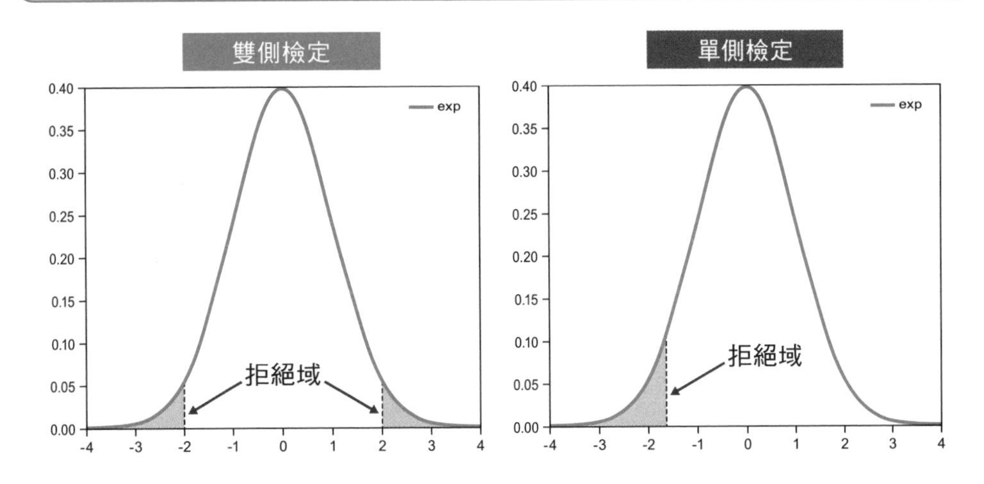


## Point

- 拒絕域為拒絕虛無假設的範圍,取決於顯著水準
- 顯著水準通常設定 5%,但重大判斷時會設定 1%;條件寬鬆時會設定 10%
- 雙側檢測是在分布情況的兩側設置拒絕域;單側檢定是在分布情況的單側設置拒絕域

# 判斷檢定結果

## 觀測到極端值的機率

p 值是，在虛無假設為真的前提下，觀測的數值極端偏離檢定統計量的機率。換言之，若顯著水準設定為 5%，而數值小於 0.05 的話，則可判斷幾乎不是偶然的情況，亦即「有 95%以上的機率存在非偶然的錯誤」，此情況稱為顯著差異（存在錯誤）。

另外，**在實行檢定（抽取樣本）前，得事先決定拒絕域。**若之後出爾反爾：「設定 5%會被拒絕，將範圍改成 10%」，就失去執行檢定的意義（圖 4-30）。

## 了解檢定結果可能有誤

當檢定後拒絕虛無假設，統計學上會承認對立假設。然而，需要注意的是，即使落入拒絕域而否定虛無假設，也不代表採納的對立假設正確無誤。

例如，顯著水準設定 5%，檢定後會遭到拒絕的是發生機率小於 5%的罕見事件，但這到底僅是機率的問題，並非絕對完全正確（圖 4-31）。

在大多數的情況下，從樣本資料導出機率性的結論沒有問題，但**僅由部分資料仍舊有可能導出錯誤的答案**。此情況稱為錯誤，可分成第一類型錯誤（Type Ⅰ Error）和第二類型錯誤（Type Ⅱ Error）。

第一類型錯誤是，不管主張內容正確與否，拒絕虛無假設而採納對立假設，此情況又可稱為檢測錯誤（false detection）。換言之，將正確的主張判斷為是錯誤的（圖 4-32）。

第二類型錯誤是，對立假設正確卻接受虛無假設，此情況又可稱為檢測疏漏（leak detection）。換言之，明明錯誤卻漏掉未檢測出來。

## 圖 4-30　檢定的步驟

**假定接受虛無假設** ➡ **設定拒絕域** ➡ **抽取樣本**

**假定接受虛無假設**
- 假定虛無假設為真
- 在此前提下，決定統計量的分布情況

**設定拒絕域**
- 決定顯著水準
- 採用雙側檢定還是單側檢定

**抽取樣本**
- 以抽取的樣本求統計量
- 若落入拒絕域，則否定虛無假設

## 圖 4-31　檢定結果可能發生錯誤

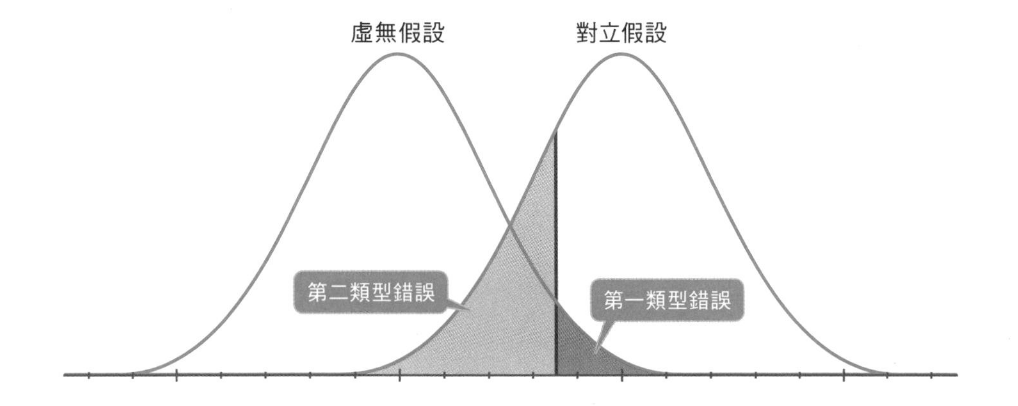


## 圖 4-32　檢定結果的判斷

| | | 檢定結果 | |
|---|---|---|---|
| | | $p$ 值 $\geqq 0.05$ | $p$ 值 $< 0.05$ |
| 實際情況 | 虛無假設為真 | 接受虛無假設（主張未必正確） | 第一類型錯誤（檢測錯誤） |
| | 對立假設為真 | 第二類型錯誤（檢測疏漏） | 拒絕虛無假設（採納對立假設） |

### Point

- 虛無假設為真卻遭到拒絕，稱為第一類型錯誤或者檢測錯誤
- 對立假設為真卻接受虛無假設，稱為第二類型錯誤或者檢測疏漏

# 檢定平均數

## 母體變異數已知時的檢定方式

在檢定牛奶容量是否為 1 公升的時候，可粗略考慮兩種情況。第一種是，生產者**根據過去的資料進行檢定**。此時，需要有過去的母體平均數、母體變異數。然後，再抽取幾個當前的商品，與過去的資料比較來檢測有無變化。

假設由過去 1 年的資料已知，平均數為 1 公升且也知道變異數的值。若母體平均數和母體變異數不變，則樣本平均數應該也是 1 公升。因此，假定母體平均數為 $\mu$，以顯著水準 5%檢定虛無假設 $\mu=1$、對立假設 $\mu<1$。這次想要判斷對立假設是否小於 1 公升，故使用單側檢定。

以圖 4-33 的公式標準化後，母體平均數和樣本平均數的差值會是常態分布，故換成檢定 $z$ 值是否落於拒絕域。此做法稱為 **$z$ 檢定**。

## 母體變異數未知時的檢定方式

另一種是，消費者購買幾個商品進行檢定的情況。因為沒有母體平均數、母體變異數，**得由實際測量的值進行檢定**（圖 4-34）。

假設母體平均數為 $\mu$，以顯著水準 5%檢定虛無假設 $\mu=1$、對立假設 $\mu<1$。這次也是判斷對立假設是否小於 1 公升，故使用單側檢定。

如 $t$ 分布時的介紹，母體變異數未知時，會將其改為不偏變異數當作估計值，呈現自由度為 $n$-1 的 $t$ 分布，而不是常態分布。此時，利用 $z$ 檢定的公式，在標準化母體平均數和樣本平均數差值分布的部分，使用不偏變異數推算的 $t$ 值，檢測是否落入 $n$-1 自由度 $t$ 分布的拒絕域。此做法稱為 **$t$ 檢定**。

圖 4-33 母體變異數已知時使用 z 檢定

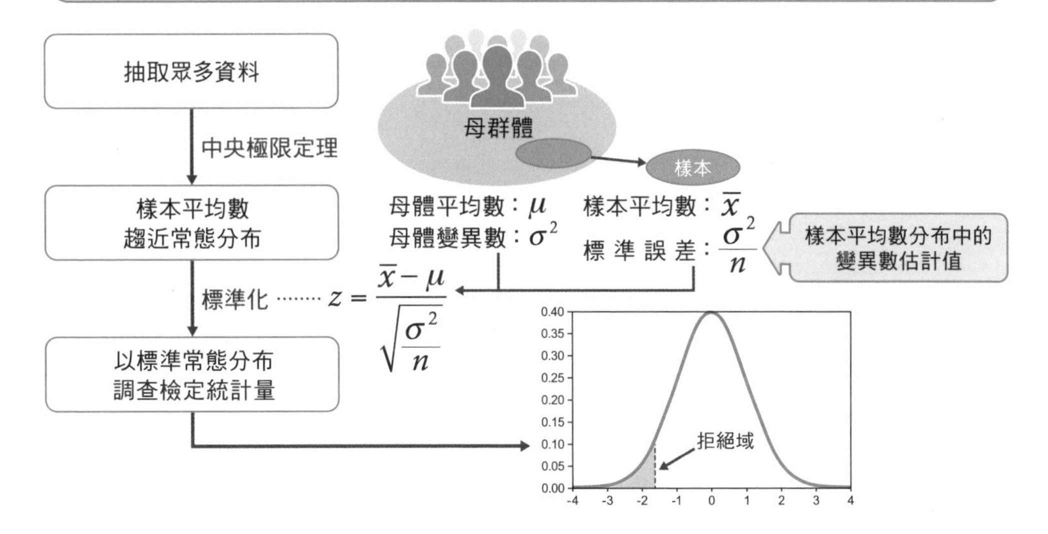


圖 4-34 母體變異數未知時使用 t 檢定

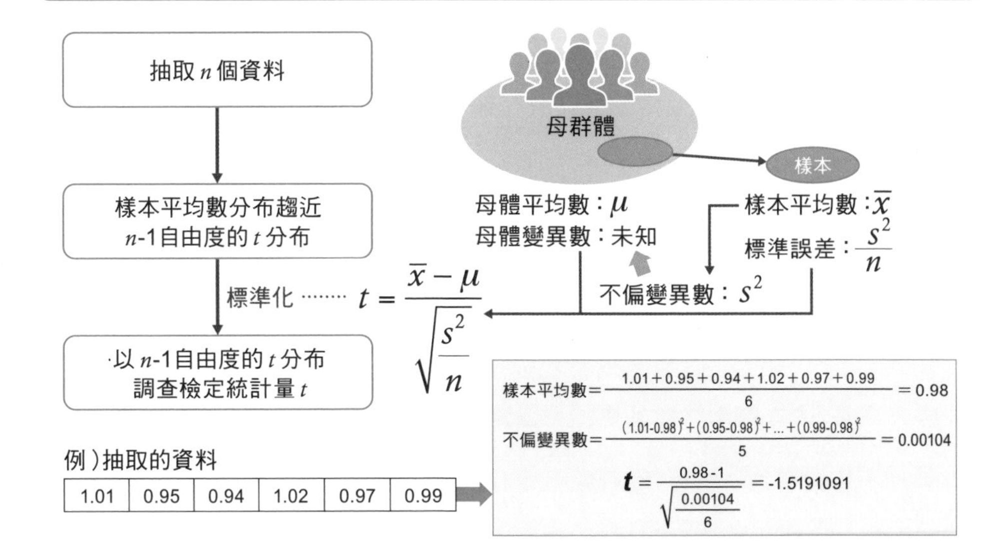


## Point

- $z$ 檢定是在母體變異數已知的情況下，由觀測的樣本平均數檢定母體平均數
- $t$ 檢定是在母體變異數未知的情況下，由觀測的樣本平均數檢定母體平均數

# » 檢定變異數

## 由樣本檢定母體變異數

$z$ 檢定、$t$ 檢定可檢定平均數，但即便平均數相同，也會呈現不同的分布情況。有鑑於此，我們也要**檢定表示離散程度的變異數、標準差**。

例如，假設某間店過去提供商品的耗費時間變異數為 50，以顯著水準 10% 檢定，今天工作人員提供商品的耗費時間變異數有無不同。

在變異數中，已知以圖 4-35 公式求得的檢定統計量，會呈現 $n$-1 自由度的 **$X^2$ 分布**（卡方分布：chi-square distribution）。跟 $t$ 分布一樣，$X^2$ 分布的形狀會因自由度而異，隨著自由度增加趨近常態分布。例如，圖 4-36 是自由度為 3、5、10、20 的 $X^2$ 分布。**$X^2$ 檢定**（卡布檢定），是先提出虛無假設和對立假設，並依顯著水準設定拒絕域，再檢定是否落入該範圍的方法。

## 由樣本檢定母體變異數的差異

有的時候，也會**想要確認多個母群體的變異數差距**。例如，在討論 A 和 B 的設計哪個比較好時，即使評價的平均數相同，變異數也有可能不一樣。此時的統計量，會如圖 4-37 以兩母群體抽樣的不偏變異數計算 $F$ 值。

分母、分子皆做平方，故 $F$ 值不會小於 0。由於是變異數的比值，不需要顧慮樣本數的不同，即使一份資料 20 件，另一份資料是 30 件也沒有問題。

假設各資料數為 $n_A$、$n_B$，$F$ 值呈現 $(n_A\text{-}1, n_B\text{-}1)$ 自由度的 $F$ 分布。**$F$ 檢定**，是先根據 $F$ 分布提出虛無假設和對立假設，再由顯著水準設定拒絕域來檢定是否落入該範圍。

**圖 4-35** $X^2$ 檢定可檢定母體變異數

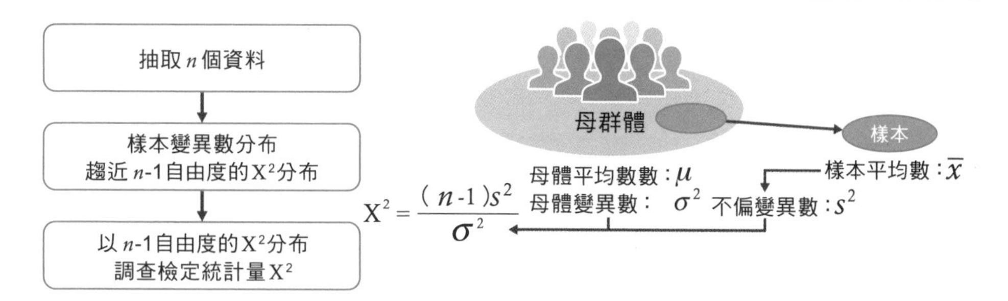


**圖 4-36** $X^2$ 分布因自由度而異

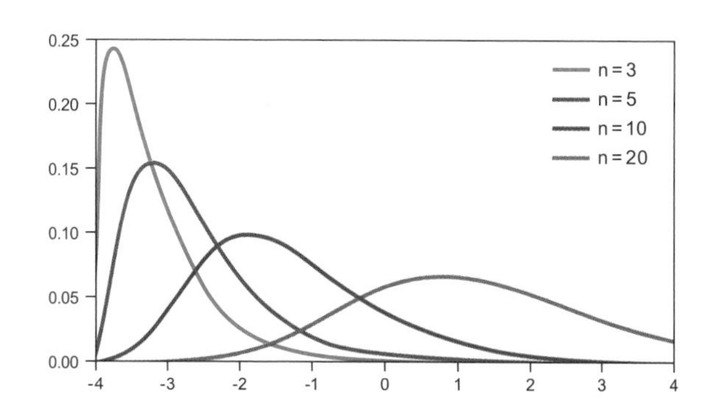


**圖 4-37** $F$ 檢定可檢定母體變異數的差異

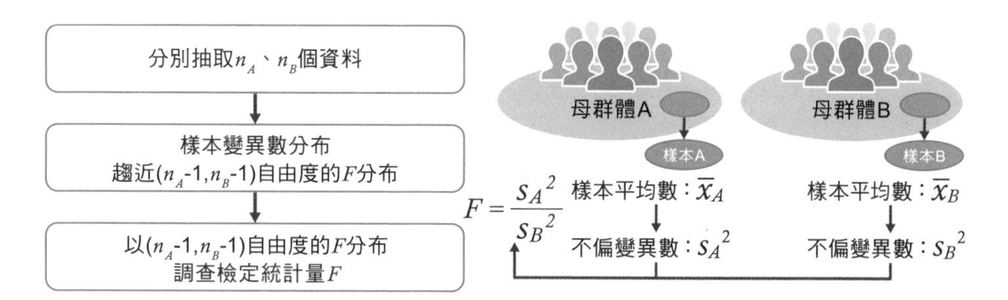


## Point

- $X^2$ 檢定是，使用由樣本計算的不偏變異數檢定母體變異數
- $F$ 檢定是，使用由樣本計算的不偏變異數檢定母體變異數的差異

# 嘗試看看

## 嘗試檢定身邊的食品

第 4 章介紹了檢定牛奶容量是否為 1 公升的方法。在理解這種檢定的步驟時，建議實際動手計算。

請試著實際檢定身邊的食品。例如，嘗試檢測幾瓶 500ml 瓶裝水的重量。

| g | g | g | g | g | g |
|---|---|---|---|---|---|

然後，提出「等於 500g」的虛無假設、「小於 500ml」的對立假設，以顯著水準 5%進行單側檢定。若上述的資料有 6 個，則討論 5 自由度的 $t$ 分布。在調查 5 自由度 $t$ 分布下方 5%的點時，可於 Excel 輸入「＝ T.INV（0.05,5）」。若算得的值小於該數值，則可判斷落入拒絕域。

然後，計算樣本平均數和不偏變異數，Excel 使用「AVERAGE」函數計算平均數；使用「VAR.S」函數計算不偏變異數。

若 A1 到 F1 的 6 個欄位有輸入資料，請在 A2 欄位輸入「＝ AVERAGE（A1:F1）」；B2 欄位輸入「＝ VAR.S（A1:F1）」。然後，C2 欄位輸入初始值「500」。

使用前面提到的下述公式，計算 $t$ 值：

$$t = \frac{\overline{x} - \mu}{\sqrt{\frac{s^2}{n}}}$$

在 D2 欄位輸入「＝（A2-C2）/SQRT（B2/6）」，就會顯示算得的 $t$ 值。請確認該值是否小於上述的下方 5%的點。

第5章

# 需要知道的AI知識

~常用的手法與工作原理~

# » 製作如人類般聰明的電腦

## 何謂聰明的電腦？

「在圍棋、將棋上戰勝人類」等，聰明的電腦頻繁登上新聞版面。這種「如人類般聰明行動的電腦」，稱為**人工智慧**（**AI**：Artificial Intelligence）。

每個人對「聰明」的定義不同。電腦本身可掌握並判斷情況，進而採取行動最為理想，但這樣的 AI 仍有很長的路要走。雖然 AI 目前已經變得相當聰明，但尚未出現如人類般思考的電腦。

**可如人類般思考的 AI，稱為「強 AI」；針對圍棋、將棋、圖像處理等，專門搜尋、推論特定領域的 AI，稱為「弱 AI」**（圖 5-1）。

## 如人類般「聰明」的判斷基準

空調、冰箱等大型家電；智慧音箱、電動刮鬍刀等小型家電，各個領域都開始套用 AI 一詞，但部分商品其實只是搭載了使用者可能覺得「聰明」的功能。

做到什麼程度才可稱為 AI，是相當難以回答的問題。**杜林測試**（Turing test）是一種判斷是否聰明的指標。例如，使用軟體與不曉得對方身分的他人聊天（圖 5-2）。

假設僅可由對話內容獲取對方的情報，當聊天結束後無法區別對方是人類還是電腦，則能夠判斷如人類般聰明。除了聊天軟體外，杜林測試也可當作**各種情況的判斷基準**。若打掃完成後無法判斷是人類清理還是電腦清理，可能就足以稱為 AI。

圖 5-1 強 AI 與弱 AI

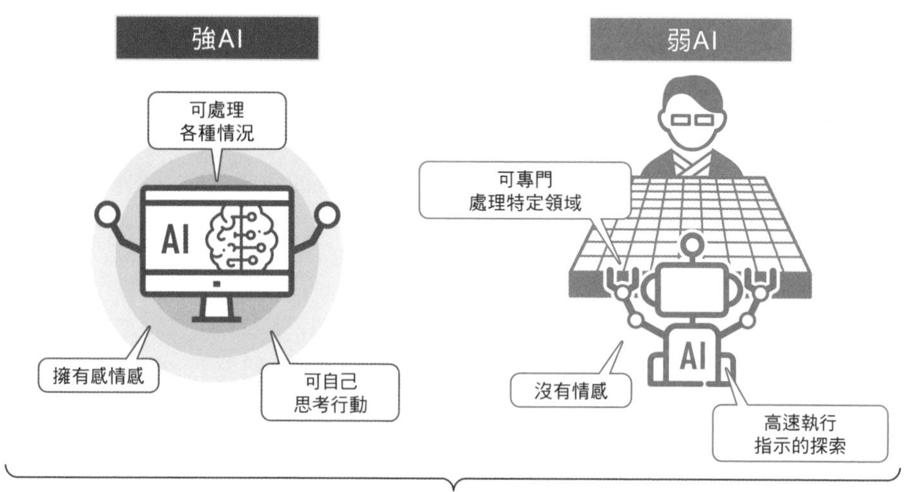


圖 5-2 評估機器聰明程度的杜林測試

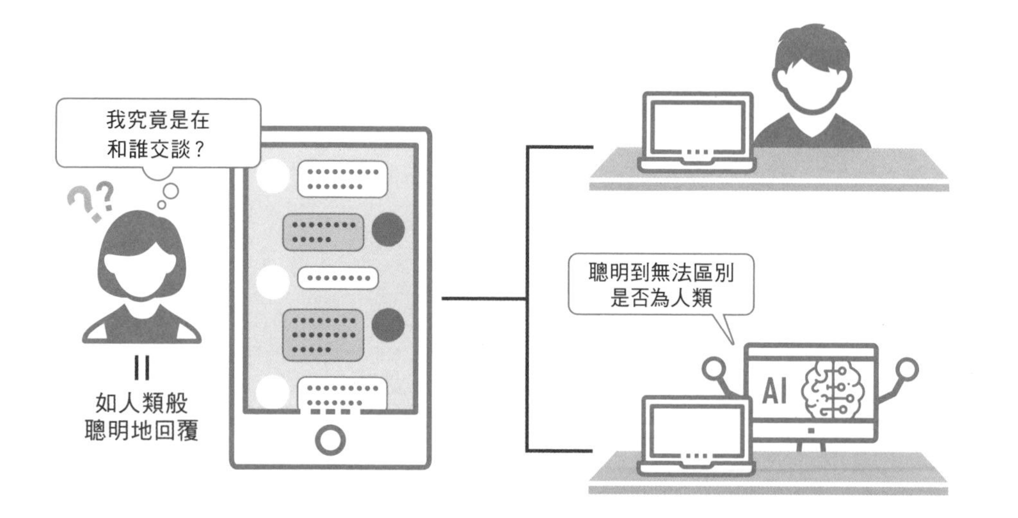


## Point

- 人工智慧（AI）是可如人類般聰明行動的電腦，但仍尚未出現如人類般思考的 AI
- 杜林測試可當作評估 AI 是否聰明的指標

# 實踐人工智慧的方法

## 機器自行學習

機器學習是實踐 AI 的技術之一，如同其名是指機器自行學習，即使人類未告知規則，只要給予資料就可使機器變聰明。

一般的軟體是，人類從資料思索規則來實作程式，再由電腦遵從完成的程式來執行處理。而機器學習是讓電腦從資料中找出規則，雖然學習用的程式是由人類製作，但**歸納出什麼樣的規則，卻是由電腦運算自動求得**（圖 5-3）。

## 機器學習的種類

給予多組輸入和輸出的資料，調整演算法來得到接近理想的結果，這種方法稱為監督式學習。給予眾多正確的資料後，輸入近似值可輸出接近正解的值。

我們身邊也有人類不知正解的問題、難以準備正解的艱難問題。在不曉得正確輸出的狀態下，由給定的輸入資料歸納共通點，並且學習該特徵，這種方法稱為非監督式學習。雖然不曉得歸納方式是否正確，但可將具有相似特徵的資料分成不同群組來輸出（圖 5-4）。

不由人類評斷正確不正確（成功或者失敗），而電腦反覆嘗試再對好結果給予報酬，藉此學習如何最大化該報酬，這種方法稱為增強式學習。人類有時也不曉得圍棋、將棋中某種棋局的正解，但最後終究會知道是贏還是輸，故電腦可藉此進行學習。

圖 5-3 機器學習

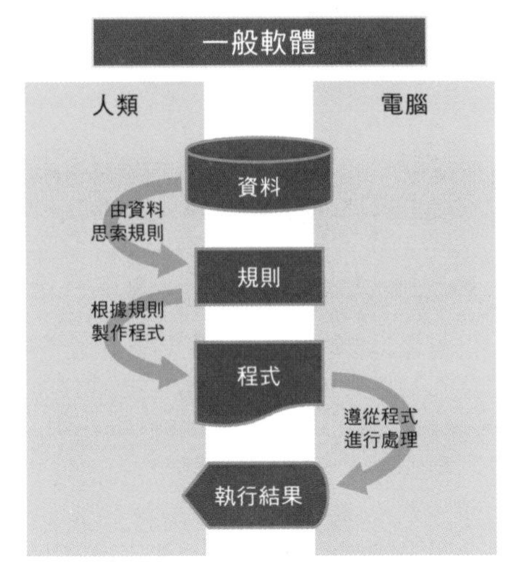


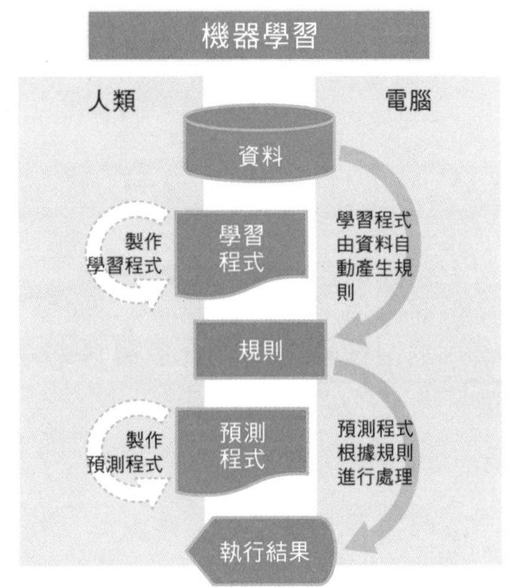


圖 5-4 監督式學習與非監督式學習

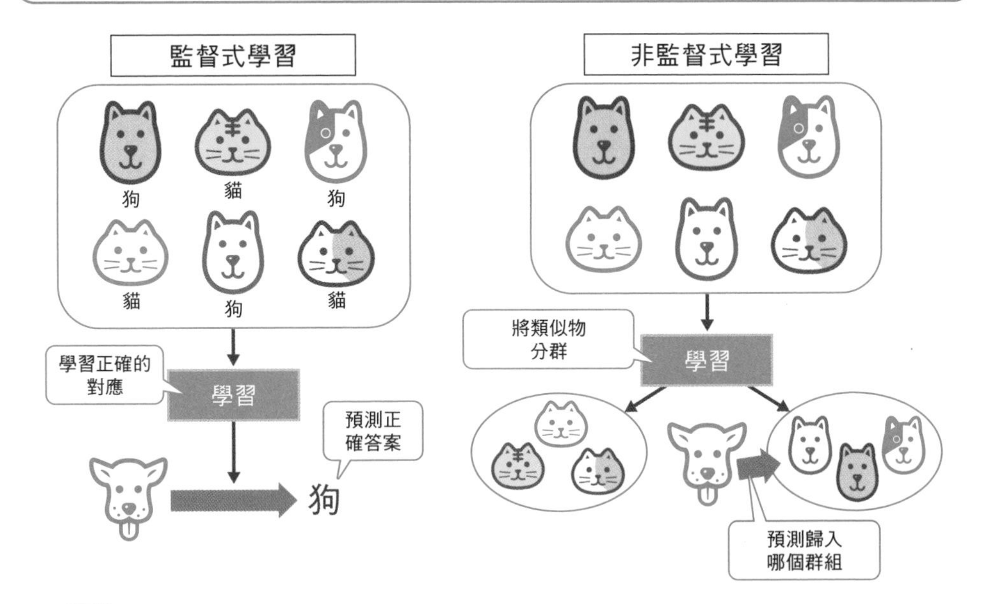


## Point

- 機器學習，是指電腦由人類給予的資料自動學習的技術
- 機器學習可分為監督式學習、非監督式學習、增強式學習

# » 評鑑人工智慧的指標

## 評鑑機器學習模型的指標

在確認機器學習的訓練狀況時，**會想要量化評鑑是否得到理想的結果**。若是監督式學習的話，會準備正確答案當作訓練資料，與該資料比較即可判斷是否得到理想結果。

例如，以機器學習預測 10 件資料，得到如圖 5-5 的預測結果。彙整預測結果的表格稱為混淆矩陣（confusion matrix），表格左上方和右下方是得到正解的件數。由表格可知 10 件中有 7 件正確結果，故 $\frac{7}{10}$ =0.7 可判斷 70%為正解。此比率稱為準確率（accuracy）。

雖然可以準確率進行判斷，但若資料有所偏頗，會遇到難以準確率判斷的情況。例如，假設 100 張貓和狗的圖像中有 95 張是狗的圖像，即使不假思索地全部預測為狗，準確率也會高達 95%。

因此，有時會如圖 5-6 使用精確率（precision）、召回率（recall）等指標。不過，其中一個數值愈高，另一個數值會愈低，彼此呈現消長關係，故有時會使用精確率和召回率的調和平均數──*F* 值。

## 以多組資料有效率地驗證

**同樣的訓練資料會得到相似的結果**，故一般會將資料分成兩個群組，其中一組當作訓練資料，另外一組當作驗證資料。

資料沒有固定的分群比例，有時也會採用交叉驗證，每次執行時交換訓練資料和驗證資料。例如，將資料分成 4 個群組，驗證時將其中 3 組當作訓練資料，剩餘的 1 組當作驗證資料，之後再交換資料反覆操作（圖 5-7）。

## 圖 5-5 混淆矩陣與準確率

| 資料 | A | B | C | D | E | F | G | H | I | J |
|---|---|---|---|---|---|---|---|---|---|---|
| 預測 | 狗 | 狗 | 狗 | 狗 | 狗 | 狗 | 貓 | 貓 | 貓 | 貓 |
| 正解 | 狗 | 狗 | 貓 | 狗 | 狗 | 貓 | 狗 | 貓 | 貓 | 貓 |

混淆矩陣

| | | 結果(正確)資料 | |
|---|---|---|---|
| | | 狗的圖像 | 不是狗的圖像 |
| 預測資料 | 狗的圖像 | 4 | 2 |
| | 不是狗的圖像 | 1 | 3 |

例)預測是狗的圖像，但實際不是狗圖像的件數

$$準確率 = \frac{4+3}{4+2+1+3}$$

預測是狗且實際是狗，以及預測不是狗且實際不是狗的比率

## 圖 5-6 精確率、召回率、*F* 值

| | | 結果(正確)資料 | |
|---|---|---|---|
| | | 狗的圖像 | 不是狗的圖像 |
| 預測資料 | 狗的圖像 | $a$ | $b$ |
| | 不是狗的圖像 | $c$ | $d$ |

$$精確率 = \frac{a}{a+b}$$

預測是狗且實際是狗的比率

$$召回率 = \frac{a}{a+c}$$

狗的圖像中預測是狗的比率

$$F 值 = \frac{2}{\frac{1}{精確率}+\frac{1}{召回率}} = \frac{2 \times 精確率 \times 召回率}{精確率 + 召回率}$$

## 圖 5-7 交叉驗證

| | | | | | |
|---|---|---|---|---|---|
| 第1次 | 訓練資料 | 訓練資料 | 訓練資料 | 驗證資料 | ➡ 評鑑 |
| 第2次 | 訓練資料 | 訓練資料 | 驗證資料 | 訓練資料 | ➡ 評鑑 |
| 第3次 | 訓練資料 | 驗證資料 | 訓練資料 | 訓練資料 | ➡ 評鑑 |
| 第4次 | 驗證資料 | 訓練資料 | 訓練資料 | 訓練資料 | ➡ 評鑑 |

## Point

- 評鑑機器學習的模型時，會以混淆矩陣整理並使用準確率、精確率、召回率、*F* 值等指標
- 為了防止過於順應特定資料，需要使用交叉驗證

# 掌握訓練的進行情況

## 過度訓練特定資料的狀態

在以訓練資料進行學習的階段，能夠獲得較高的準確率。有些人或許會覺得是好結果，但**最佳配適訓練資料的反面，可能無法提升驗證資料的準確率**。

此時，產生如圖 5-8 左上專門針對訓練資料的模型，這種情況稱為過度配適（overfitting）。該模型無法套用一般的資料，且需要耗費時間提升準確率。

過度配適的原因有「參數個數過多」、「訓練資料過少」，相對於訓練資料的數量，模型顯得過於複雜，而造成太過順應訓練資料。

## 訓練成效不佳的狀態

與過度配適相反，不順應訓練資料的狀態，稱為不當配適（underfitting）。其原因有模型過於單純等，不但訓練資料無法獲得高準確率，增加驗證資料也只會擴大誤差。

為了辨別過度配適和不當配適，可關注增加資料件數時的準確率變化。

即使在訓練資料不多時準確率有所變動，隨著件數增加準確率會收斂至某個數值。在驗證資料不多的情況下，迥異於訓練資料的資料會造成準確率低落，增加資料件數可逐步提升準確率，最終趨近於某個數值。

當某種程度收斂至高準確率，**無論訓練資料還是驗證資料，皆得到相似的結果時，就可說模型完成訓練**。若訓練成效不佳的話，訓練資料的準確率低落，驗證資料也會持續低準確率的狀態。相反地，若發生過度配適的話，訓練資料的準確率會遠高於驗證資料的準確率（圖 5-9）。

圖 5-8 太過順應訓練資料的過度配適

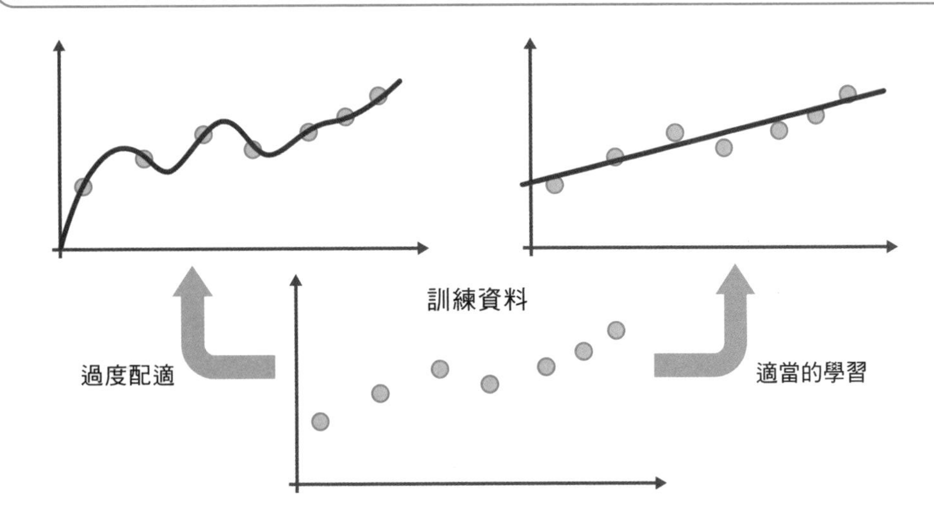


圖 5-9 以準確率的變化來判斷

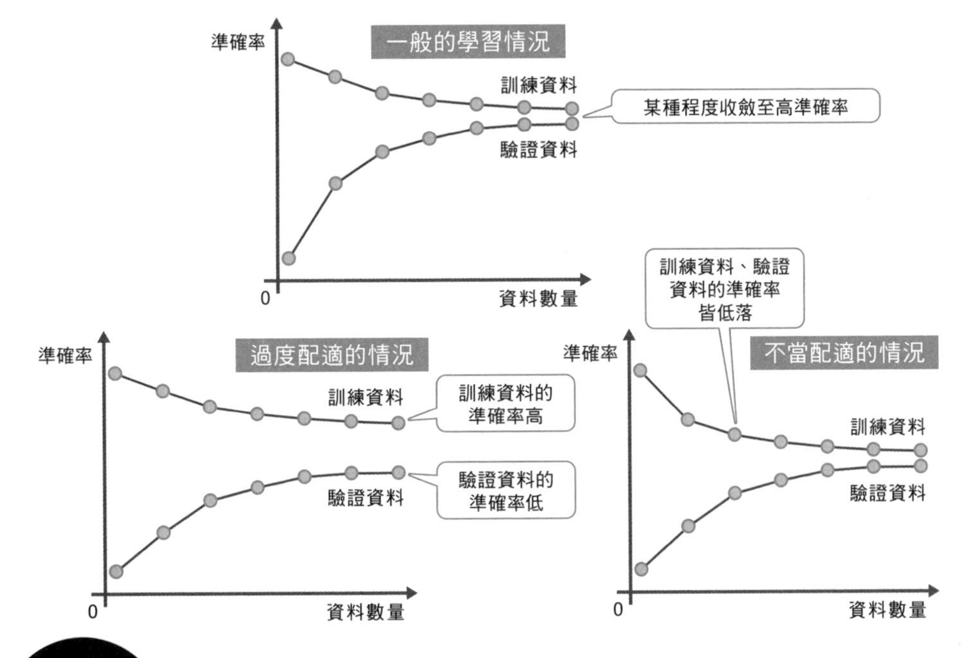


**Point**

- 模型太過順應訓練資料的狀態，稱為過度配適
- 模型不順應訓練資料的狀態，稱為不當配適

# » 仿效大腦的學習方法

## 以神經元傳遞訊號

類神經網路是常用的機器學習方法，使用數學模型模仿人腦的結構——藉由連結的神經細胞（神經元）傳遞訊號。

其階層結構包含輸入層、中間層（隱藏層）、輸出層，輸入層的輸入值會先經由中間層的神經元，再將運算結果傳達至輸出層輸出結果（圖 5-10）。

**機器學習的訓練就是，調整該運算中的「權重」來改變輸出值。**在監督式學習中，以輸入資料和權重求得的輸出與訓練資料之間存在誤差，需要調整權重縮小該誤差（圖 5-11）。針對訓練資料反覆調整後，最後可獲得適當的權重值。

## 反向傳達誤差

損失函數（誤差函數）是，在調整權重的時候，將正解資料和實際輸出的誤差當作輸入資料的函數。縮小損失函數的值，等同於減少誤差趨近正解。

一般來說，我們會使用微分求函數的最小值。以微分求斜率來趨近最小值的方法，可使用下節將介紹的梯度下降法（最陡下降法）、機率梯度下降法等。

在類神經網路中，除了中間層、輸出層之間的權重，也要調整輸入層和中間層之間，以及多個中間層之間的權重。有鑑於此，我們會採用誤差反向傳播法（Error Backpropagation），將正解資料與實際輸出的誤差，由輸出層反向傳至中間層，再由中間層反向傳至輸入層來調整權重（圖 5-12）。

### 圖 5-10 類神經網路與運算

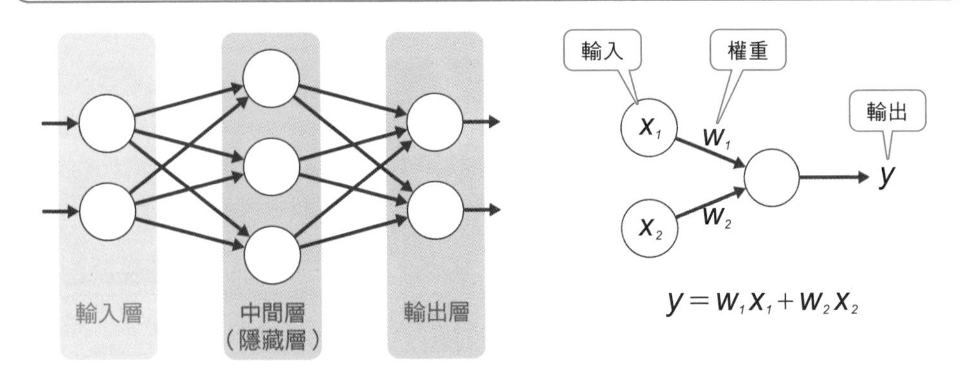


### 圖 5-11 調整權重

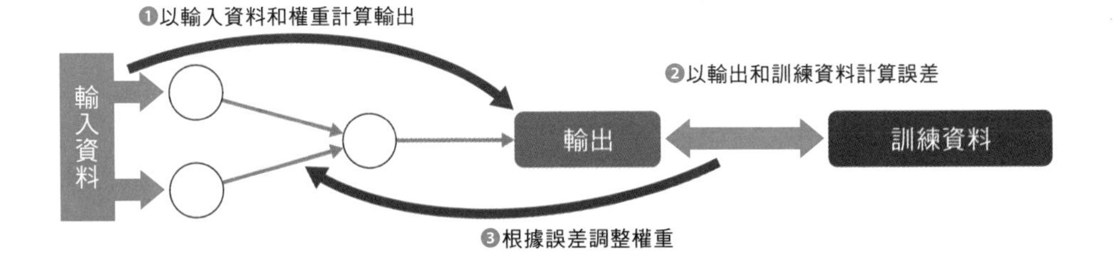


### 圖 5-12 反方向調整權重的誤差反向傳播

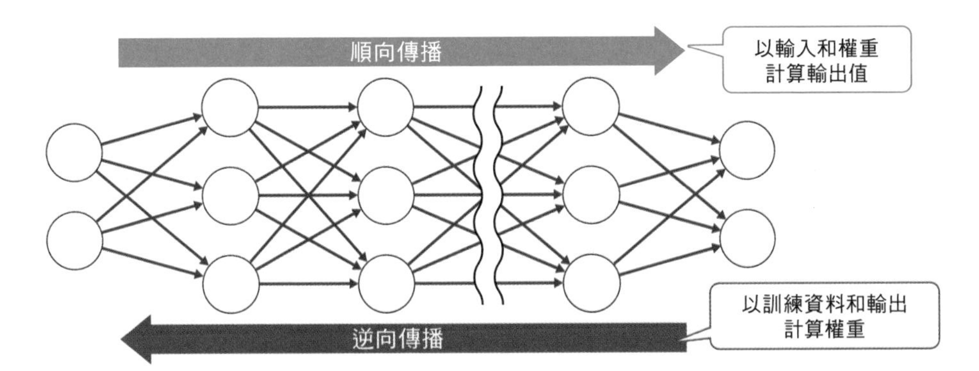


## Point

- 類神經網路是以階層結構傳遞訊號，來運算輸出結果，藉由學習調整該運算中的權重
- 誤差反向傳播法是，由輸出反方向傳遞誤差來調整權重

# » 逐漸接近最佳解

## 由斜率逼近最小值

在類神經網路等的機器學習中，**為了縮小獲得結果的誤差，需要求損失函數的最小值**。若損失函數是二次函數等的單純函數，可由微分簡單求得最小值，但有時也會碰到無法輕易求得的複雜函數。

此時，不由函數計算最小值，而由圖上的點往數值減少的方向移動來尋找，這種方法稱為梯度下降法（圖 5-13）。

以梯度下降法尋找移動方向時，最陡下降法是對所有訓練資料計算誤差，往最小值方向移動的方法。雖然朝最小值筆直前進有其優點，但計算所有資料需要耗費時間。有鑑於此，我們會採取機率梯度下降法，隨機選取幾個訓練資料，往其誤差減少的方向移動。

對如圖 5-14 的複雜函數使用梯度下降法時，可能在到達最小值之前就先收斂至其他數值——局部解。若在此處結束訓練的話，無法得到最佳數值。

## 調整移動的間距

為了避免陷入局部解，移動的幅度需要乘以學習率（學習係數），來決定下一個移動的點。如果學習率的數值偏小，則僅能夠移動狹窄的範圍，一旦陷入局部解後，就無法跳脫出來（圖 5-15）。

有鑑於此，學習率要調整為較大的數值，才有可能跨越局部解。不過，較大的學習率數值，會遇到收斂耗費時間、無法收斂的情況，故**需要嘗試各種數值，確認訓練情況來調整**。

圖 5-13 梯度下降法

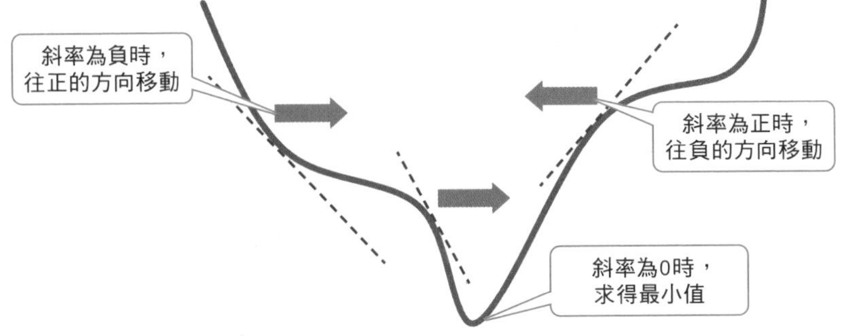


圖 5-14 收斂至局部解

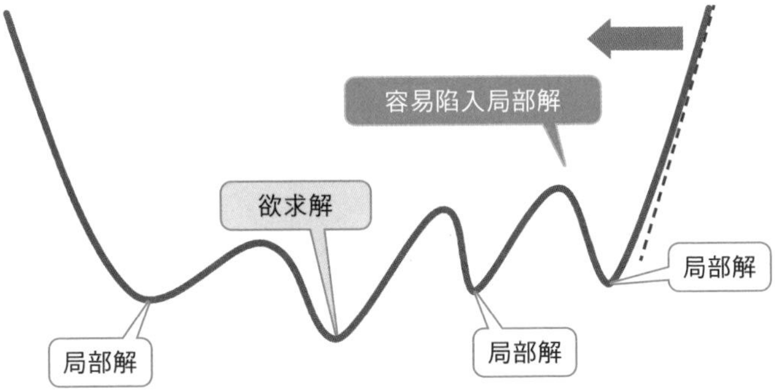

容易陷入局部解
欲求解
局部解
局部解
局部解

圖 5-15 藉由學習率迴避局部解

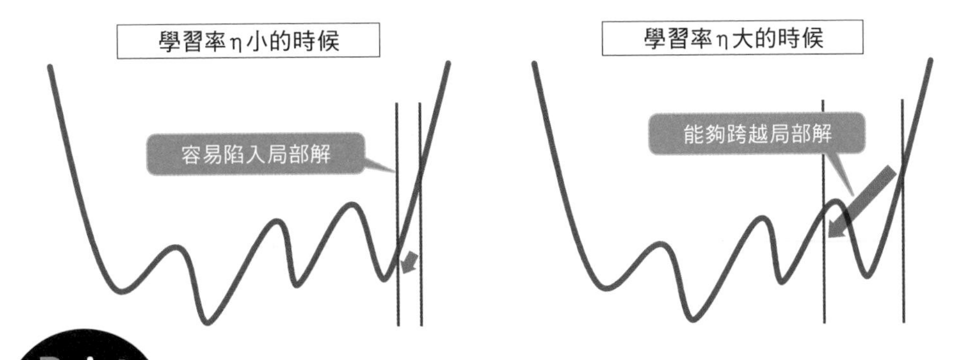


## Point

- 梯度下降法是，往圖形數值減少的方向移動
- 需要使用學習率防止陷入局部解

# » 增加階層並學習大量的資料

## 增加類神經網路的階層

雖然類神經網路的結構單純，但**可藉增加階層表達更複雜的結構，來解決困難的問題**。這種思維稱為**深度學習**（圖 5-16）。

增加階層後需要更多資料來訓練，處理起來比較耗費時間。然而，透過物聯網裝置、感測器、網路媒體內容等，能夠蒐集大量的資料，再加上電腦效能不斷升級，能夠在容許的時間內得到理想結果，使得深度學習愈加受到注目。除了在圍棋、將棋比賽中戰勝人類外，深度學習也已普遍用於圖像處理等。

## 圖像、聲音方面的應用

深度學習並非單純地增加類神經網路的階層。在圖像處理方面，通常是使用 **CNN**（Convolutional Neural Network：卷積類神經網路）。

在照片等圖像中，與周圍點的關係比單一點更具意義，需要反覆如圖 5-17 卷積、池化（pooling）等處理，來掌握圖像的特徵。

例如，卷積不是個別處理圖像的點，而是用來識別特徵（顏色急遽變化等），可強調縱方向、橫方向的邊界。池化是以固定間距由圖像抽取資料，藉由粗糙圖像強化辨識位置的偏移。

在機器翻譯、聲音辨識等需要不斷給予新資料的環境中，會採取適用分析時序資料的 **RNN**（Recurrent Neural Network：遞歸類神經網路）、**LSTM**（Long Short-Term Memory：長短期記憶遞歸類神經網路）等手法（圖 5-18）。

**圖 5-16　深度學習的階層**

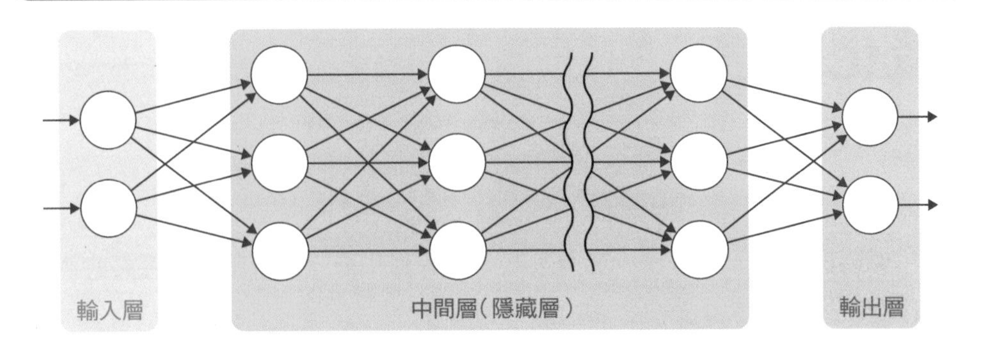


**圖 5-17　CNN 的處理程序**

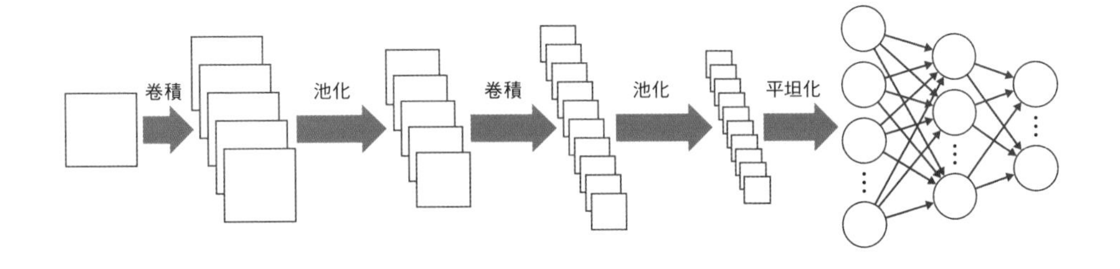


**圖 5-18　RNN 的概要**

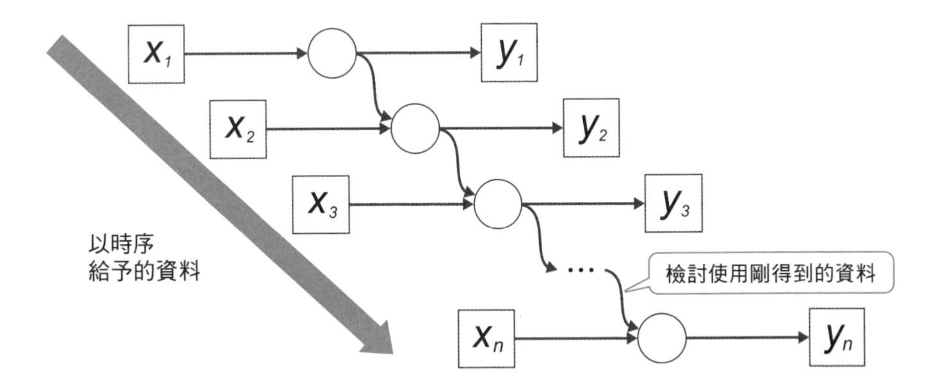


## Point

- 藉由增加類神經網路的階層，深度學習可表達複雜的結構來處理艱難的問題
- 圖像處理一般採用 CNN；機器翻譯、聲音辨識通常採用 RNN 或者 LSTM 等技術

# 量化誤差

## 計算誤差的期望值

以機器學習建立模型的時候，基本上不可能得到 100%的準確率，蒐集的資料也未必正確無誤，**多多少少都會有誤差**。假設實際的值為 $y$、模型的預測值為 $\hat{y}$，則誤差的期望值（平均）為 $E〔(y-\hat{y})^2〕$。此計算稱為均方差（MSE：Mean Squared Error）。

移項公式後可二項分解為 $E〔(y-E〔\hat{y}〕)^2〕+E〔(\hat{y}-E〔\hat{y}〕)^2〕$，第 1 項稱為偏差、第 2 項稱為方差。此做法稱為偏差方差分解（Bias–variance Decomposition）。

偏差是預測值和實際值的差距，因模型的表達能力不足而產生。明明需要複雜的模型，卻因參數不多等造成訓練不順利。當偏差過大的時候，表示模型出現不當配適（圖 5-19）。

方差是指誤差的變異數，雖然能夠順利套用訓練資料，但驗證資料和原始模型間存在誤差。當誤差的變異數過大時，表示模型出現過度配適（圖 5-20）。

雜訊、量測環境差異也會產生誤差，以感測器蒐集、以攝影機拍攝等多少都會有誤差，機器學習時不可訓練這類誤差。

## 消長關係

為了提高準確率，得同時減少偏差和方差，但兩者為消長關係。減少偏差需要複雜的模型，但這樣反而會增加方差。相反地，減少方差需要單純的模型，但這樣反而增加偏差。因此，**理想的模型是偏差和方差彼此均衡**。

圖 5-19 偏差和方差

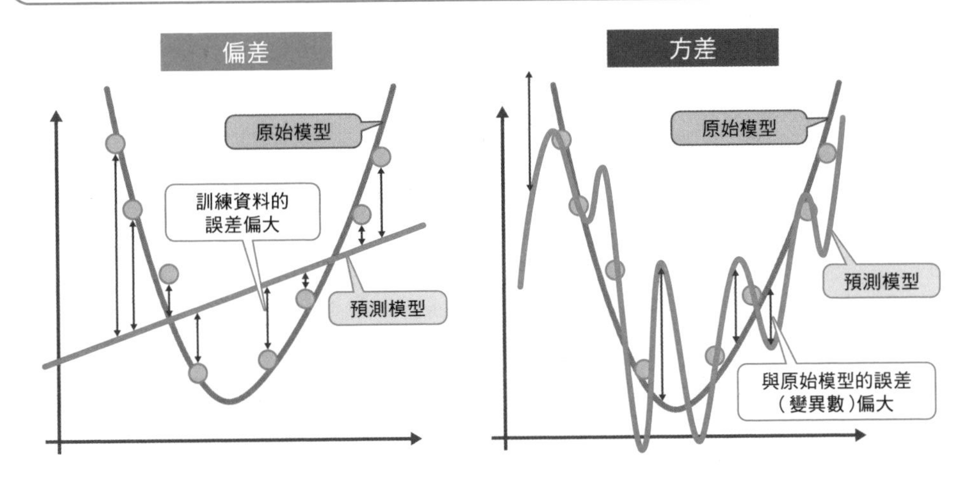


圖 5-20 消長關係

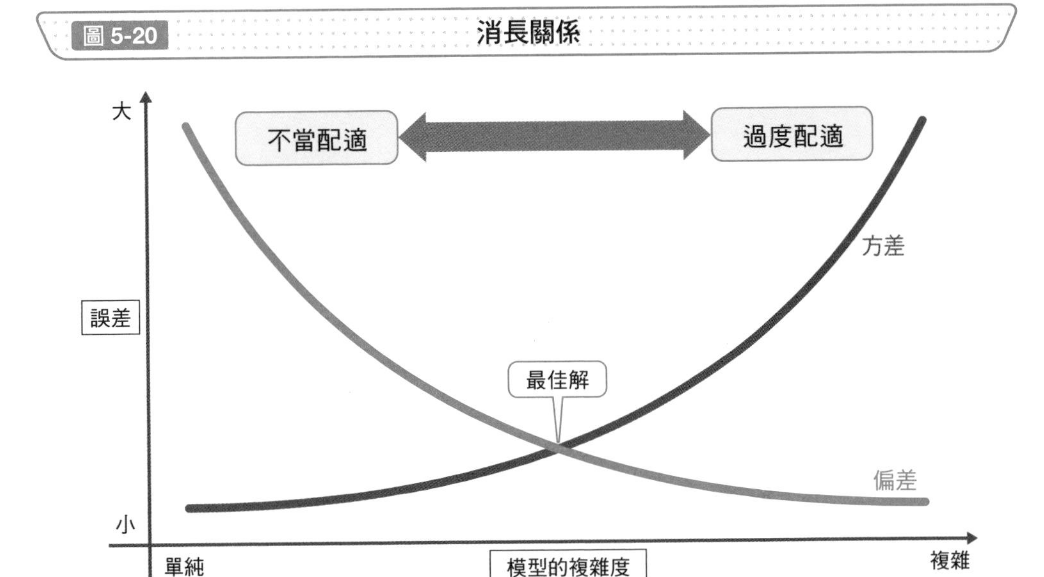


## Point

- 偏差是指預測值和實際值間的差距，過大時表示訓練資料的結果不理想
- 方差是指誤差的變異數，過大時表示驗證資料的結果不理想
- 偏差和方差彼此為消長關係，理想情況是求得兩者均衡的模型

# 提升準確率

## 防止過度配適的對策

如前節的偏差方差分解所述，模型形狀太複雜是過度配適的原因之一。尤其，模型數學式的係數愈大，愈會發生過於配適驗證資料的情況。

在迴歸分析討論 $y=ax+b$ 的模型，當係數 $a$ 過大的時候，$b$ 的值幾乎可以忽略。$y=ax^2+bx+c$ 等係數個數增加時，同樣也有特定係數過大的問題。

若以最小平方法減少誤差，僅需要討論與直線式子的距離即可，但為了防止損失函數的特定係數過大，得採用**正規化**（Regularization）來避免過度配適（圖 5-21）。

## 套索迴歸與脊迴歸

**套索迴歸**（lasso regression；L1 正規化）、**脊迴歸**（ridge regression；L2 正規化）是常見的正規化方式（圖 5-22）。套索迴歸是，最小平方數學式加入曼哈頓距離的正規化項，再計算其絕對值。例如，迴歸式 $y=w_1x+w_2$ 加入正規化項，則損失函數如下：

$$E(w_i)=\frac{1}{2}\sum_{i=1}^{N}(w_i x_1+w_2-y)^2+\lambda(|w_1|+|w_2|)$$

而脊迴歸是，最小平方數學式加入歐幾里德距離的正規化項，再開根號其平方和。例如，迴歸式 $y=w_1x+w_2$ 加入正規化項，則損失函數如下：

$$E(w_i)=\frac{1}{2}\sum_{i=1}^{N}(w_i x+w_2-y)^2+\lambda\left(\sqrt{w_1^{\,2}+w_2^{\,2}}\right)$$

像這樣加入正規化項，不僅可最小化前半部的誤差，還能夠防止後半部的正規化項過大，**有效預防過度配適的情況發生**。

圖 5-21　正規化的思維

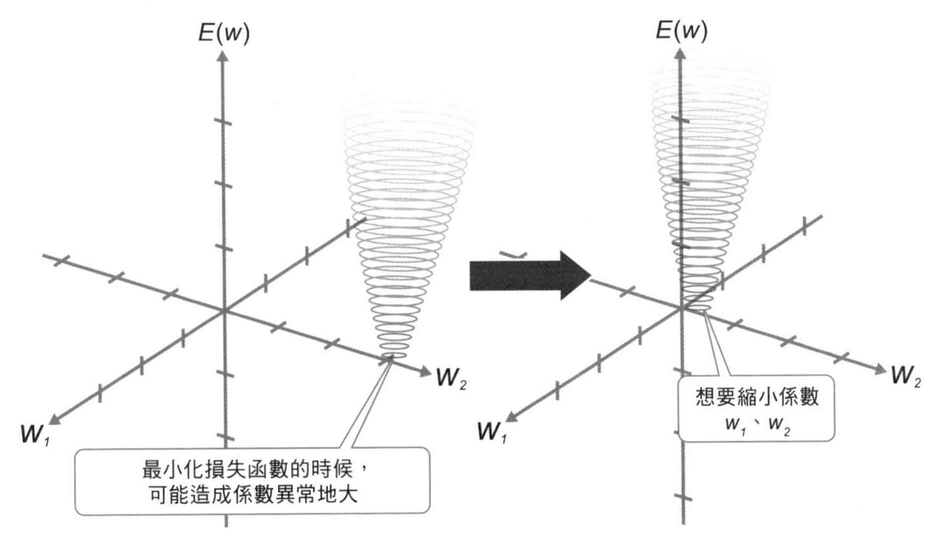


圖 5-22　套索迴歸與脊迴歸

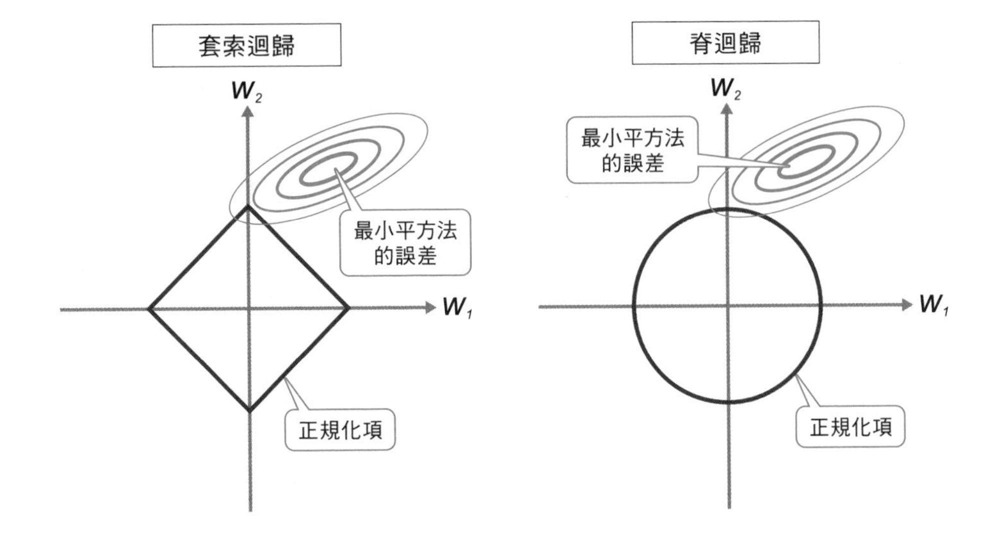


## Point

- 正規化的方法有套索迴歸、脊迴歸
- 由於係數變大會讓損失函數失真，加入正規化項縮小係數，可防止過度配適的情況發生

# » 區分成多個群組

## 非階層式的叢集分析

叢集分析（cluster analysis）分為階層式和非階層式兩種，聚集相似的資料分成多個群組（叢集）。**k- 平均法**（k-means clustering）則是常見的非階層式叢集分析。

一開始先適當分成 k 個叢集，再**反覆計算各個叢集的平均數（重心），來自動區分群組**。在區分資料個數固定的叢集時，k- 平均法是有效的手法。

## 嘗試 k- 平均法

下面實際使用 k- 平均法進行叢集分析。例如，給定如圖 5-23 左表 10 間店鋪的資料，由各間店鋪的銷售數量，可知有些店鋪平日的銷售個數較多；有些店鋪假日的銷售個數較多。這可表達成如圖 5-23 右側的散布圖。

嘗試使用 k- 平均法分成 3 個叢集。首先，對各個資料指派適當的叢集編號（此例為●、▲、■等符號）當作初始值。接著，計算各叢集的平均數（重心），假定該數為叢集的中心（圖 5-24 左圖）。

各點選擇距離中心最近的叢集（與平均數的最短距離），重新分配該叢集的符號。然後，重新計算各個叢集的平均數，假定該數為新叢集的中心。

反覆操作後，被指派的叢集符號會逐漸改變，當各間店鋪的叢集符號不再變化，則表示處理結束。這次例子的處理結果會是圖 5-24 的右圖。

k- 平均法可能遇到資料分布有所偏頗等，因初始值而無法正確叢集分析的情況，此時會使用經過改良的 k-means++ 法。

圖 5-23　銷售個數的資料

| 店鋪 | 平日的銷售個數 | 假日的銷售個數 |
|---|---|---|
| A | 10 | 20 |
| B | 20 | 40 |
| C | 30 | 10 |
| D | 40 | 30 |
| E | 50 | 60 |
| F | 60 | 40 |
| G | 70 | 10 |
| H | 80 | 60 |
| I | 80 | 20 |
| J | 90 | 30 |

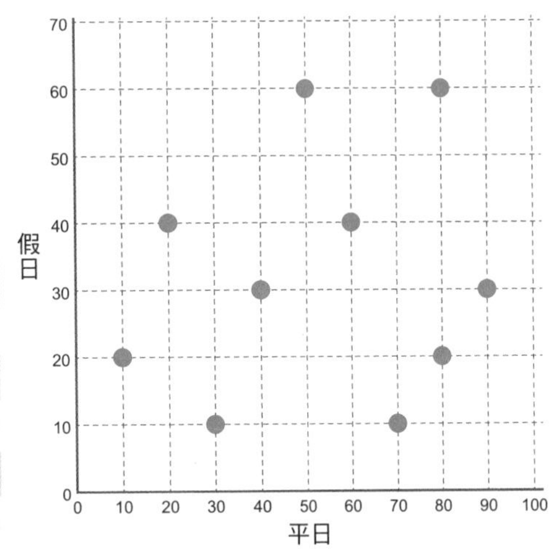


圖 5-24　初始狀態與結束狀態

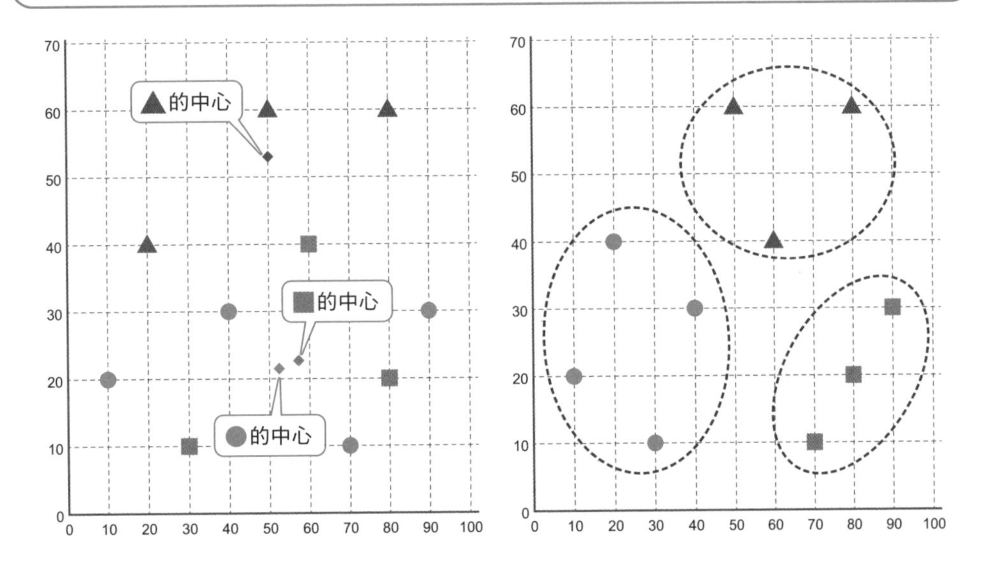


**Point**

- 叢集分析分為階層式和非階層式兩種，聚集相似的資料分成多個群組
- k- 平均法屬於非階層式，一開始先指定叢集數量，再將各個資料分配至其中一個叢集

# 區分成任意個數

## 區分階層任意建立叢集

k- 平均法要事先決定叢集的數量，但有時會碰到無從決定該數量的情況。此時會換成使用**階層式叢集分析**，以圖 5-23 的資料為例，可表達成圖 5-25 樹狀圖的階層式圖形。

起初全部分散開來，再逐步將相似的資料區分群組。反覆作業直到所有資料完成分群，結束後會形成 1 個樹狀圖。由樹狀圖指定橫切的高度，就可分出任意數量的叢集。

## 階層式叢集分析的手法

叢集分析需要判斷資料「相似」的基準。其中，**沃德法**（Ward's method)、**最短距離法**、**最長距離法**，皆是計算兩點距離的方法。

沃德法在結合各個叢集時，會比較結合前後的變異數。先計算各點與結合前各重心的歐幾里得距離，再計算各點與結合後各重心的距離，結合成兩距離差距最小的叢集（圖 5-26）。

最短距離法，是結合時以兩叢集間最相近的資料距離為叢集間距。若叢集當中存在離群值，則可能結合到鄰近該離群值的資料。

最長距離法與最短距離法相反，是以所有叢集要素間最長的距離為叢集間距。此方法也容易受到離群值所影響（圖 5-27）。

由於不同的計算方式會改變叢集結果，**需要根據資料的內容、種類，反覆嘗試使用哪種距離比較理想**。

圖 5-25 如樹狀圖般的階層式叢集分析

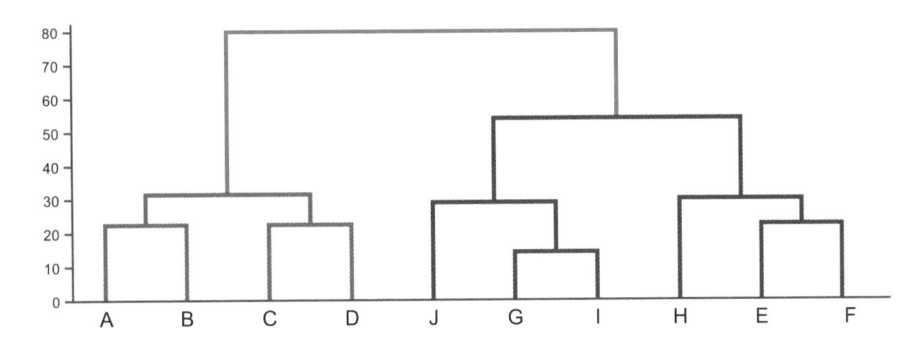


圖 5-26 沃德法的示意圖

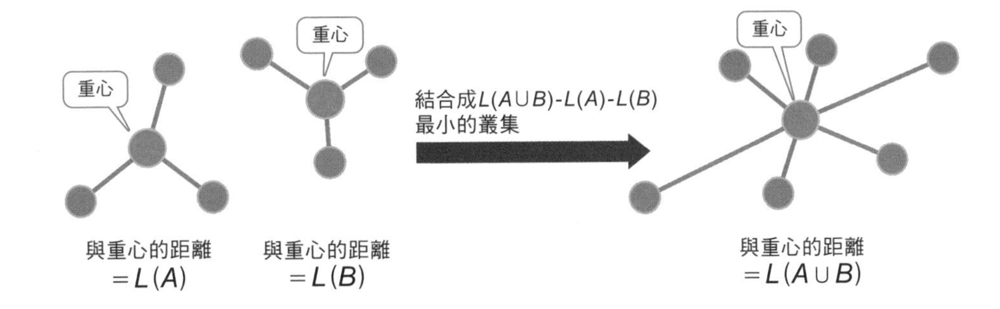


圖 5-27 最短距離法與最長距離法

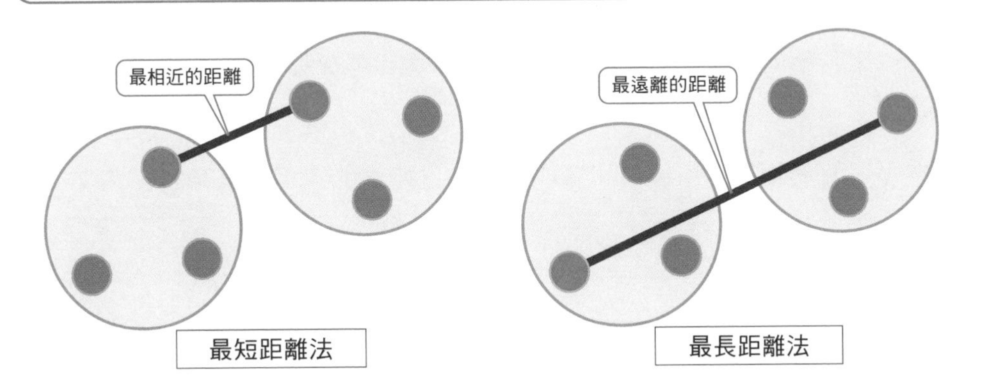


## Point

- 階層式叢集分析，可如樹狀圖般表達不同階層的群組
- 沃德法、最短距離法、最長距離法等，是計算資料間距的方法

# » 以樹狀結構訓練

## 在白紙上思考

決策樹（decision tree）是，如圖 5-28 於樹狀結構的分枝設定條件，判斷是否滿足該條件來解決問題的手法。根據給定的資料，將已設定條件的監督式學習訓練，盡可能規劃小規模（分枝少、深度淺）且可漂亮分割的決策樹架構。

此時，分成多個群組的結構，稱為分類樹；估計特定數值的結構，稱決策樹；而 ID3、C4.5、CART 等則是構成決策樹的具體演算法。

利用決策樹的優點有：能夠處理存在遺漏值的訓練資料；能夠處理數值資料或者分類資料；能夠視覺化表達預測的根據等。

## 不純度與資料獲利

在製作決策樹的時候，縱使得到相同的結果，比起經由眾多複雜條件來判斷，以單純條件來判斷可比較快完成處理。換言之，**盡可能分枝數少、深度淺的決策樹比較理想**。

有鑑於此，我們會採用不純度，量化 1 個節點所含的「相異分類的比例」。若 1 個節點含有諸多分類，則不純度高；若僅含有 1 個分類的話，則不純度低。熵（entropy）、吉尼不純度（Gini impurity）等，是計算不純度的方法。

資訊獲利（information gain）是判斷分枝後不純度變化情況的指標。換言之，資訊獲利是父節點和子節點間不純度的差值，分枝後分配得愈漂亮，則資訊獲利愈大。

**調整分枝條件來尋找資訊獲利大的樹狀結構，就可建立理想的決策樹。**例如，根據吉尼不純度，圖 5-28 決策樹中分枝的資訊獲利，可如圖 5-29 計算求得。

圖 5-28 決策樹的範例

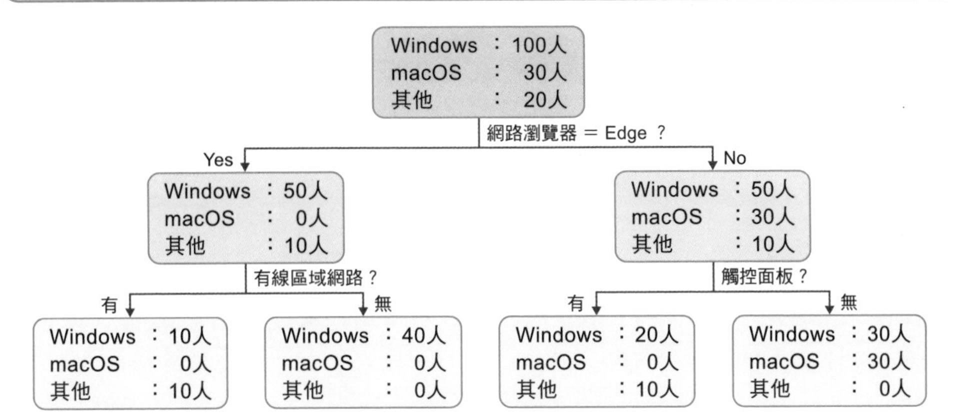


圖 5-29 使用吉尼不純度計算資訊獲利

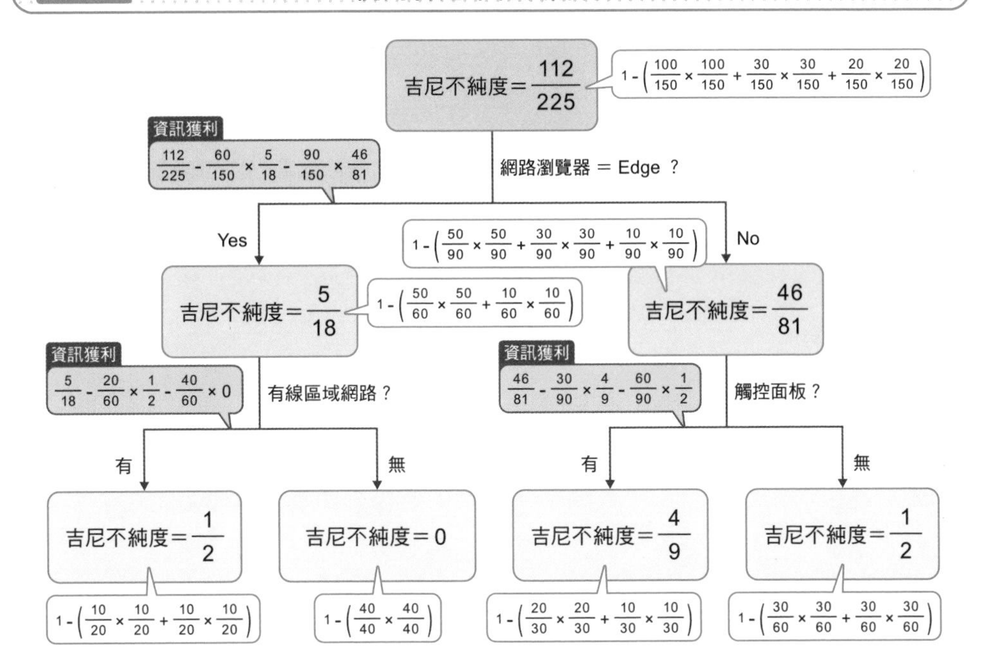


## Point

- 決策樹是分成多個群組的分類樹、估計特定數值的迴歸樹
- 計算不純度、資訊獲利等評鑑數值，可判斷決策樹的好壞

# 以複數 AI 採取多數決

## 以多數決做決定

分類、預測時可使用單純決策樹，但需要思考如何提高準確率。其中，**隨機森林**（Random Forest）是，使用多個決策樹進行各種訓練來推論答案，再由得到的答案以多數決做決定的方法（圖 5-30）。

分類時使用單純的多數決；預測時計算平均數，**即便是準確率低的決策樹，也可由多數決、平均數得到整體均衡的理想結果。**雖然學習方法單純，但比起訓練單一決策樹來推論，能夠得到更好的結果。

## 製作比多數決更好的模型

像這樣結合多個機器學習模型，再由多數決等建立更好的模型，這種方法稱為**集成式學習**（Ensemble Learning）。隨機森林也是集成式學習的一種。

由眾多樣本重複抽取資料、分別做成訓練集，再由多個訓練集以多數決做決定，這種方法稱為**裝袋演算法**（Bagging）。隨機森林是結合裝袋法和決策樹的手法。

裝袋演算法是各自獨立執行、能夠平行處理，而**提升演算法**（Boosting）是，使用其他決策樹等的推論結果，調整成接近正確結果的方法（圖 5-31）。雖然提升演算法不能夠平行處理，但可能得到更高準確率的結果。

另外，專門研究提高準確率的時候，這類集成式學習非常方便，但實務上的處理可能過於耗時。相較於採用多數決等方法，改良模型的性價比可能比較高，**需要根據業務內容來檢討**。

圖 5-30 以多數決做決定的隨機森林

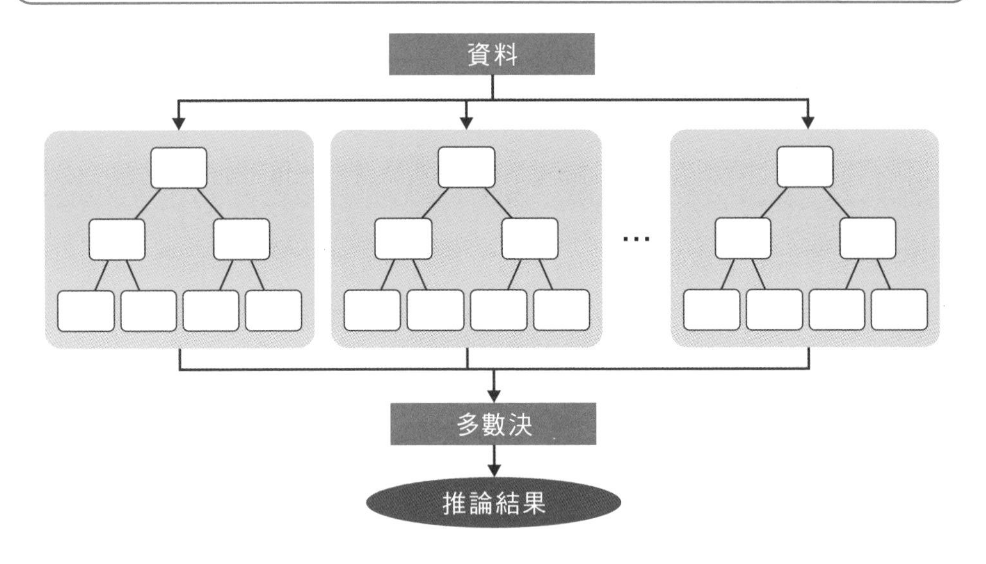


圖 5-31 高準確率的提升演算法

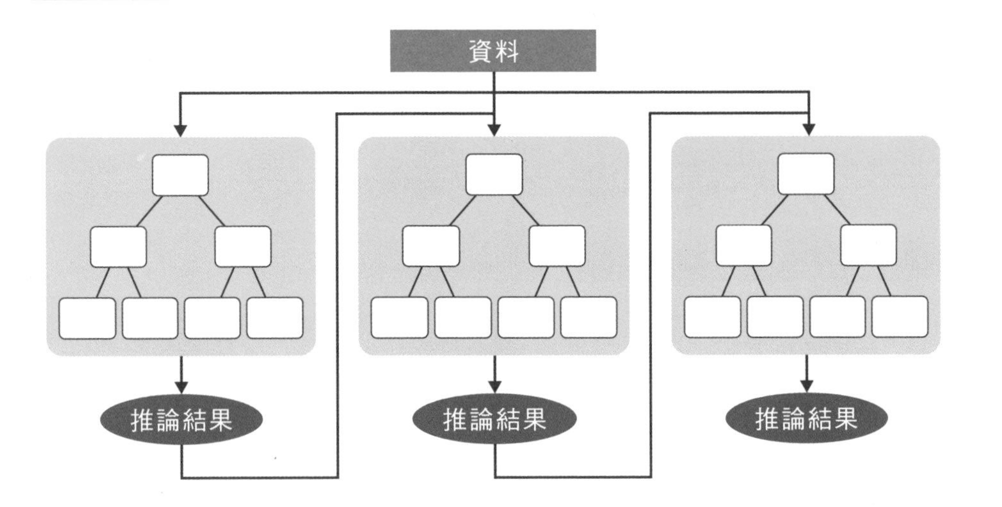


## Point

- 隨機森林是根據多個決策樹推論的答案，以多數決做決定來得到理想的結果
- 提升演算法是使用並調整其他學習模型，有可能獲得更高的準確率

# 評鑑規則的指標

## 支持度與信賴度

**〈1-17 購買此商品的顧客也同時購買〉**介紹的購物籃分析法，可用來找出「同時購買的商品」的組合。此時，**支持度**（support）、**信賴度**（confidence）、**增益率**（lift）是常用的評鑑指標。

支持度，是所有顧客（消費者）當中，同時購買商品 A 和商品 B 的顧客比例。換言之，支持度愈高，可說該商品組合是該店舖的主力商品。

信賴度，是購買商品 A 的顧客當中，也購買商品 B 的顧客比例。例如，在分析某間書店上下冊書籍的銷售情況時，支持度是所有消費者中，同時購買上下冊的顧客比例；信賴度是購買上冊的消費者中，也購買下冊書籍的顧客比例。

信賴度的數值愈大，可檢討將商品 A 和商品 B 擺在一塊。不過，**多數人皆會同時購入的商品，其信賴度自然也會偏高。**以便利商店來說，若 A 是便當、B 是塑膠袋，就無法避免信賴度偏高的情況。

## 比較消費者的增益率

增益率，是比較「單獨購買商品 B 的顧客」和「購買商品 A 的消費者中，也購買商品 B 的顧客」的數值。「單獨購買商品 B 的顧客」的比例又可稱為期望信賴度（expected confidence），而增益率是期望信賴度和信賴的比值。

增益率表達了購買商品 A 的行為，可增進（lift）多少購買商品 B 的行為比例。一般而言，當增益率大於 1 的時候，代表比起單獨購買商品 B，顧客會同時購買商品 A。換言之，相較於信賴度，增益率的大小更可判斷是否將商品 A 和商品 B 擺在一塊（圖 5-33）。

**圖 5-32** 購物籃分析的評鑑指標

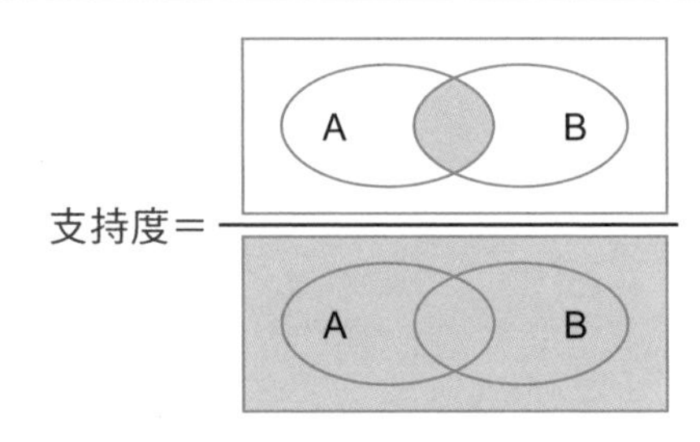


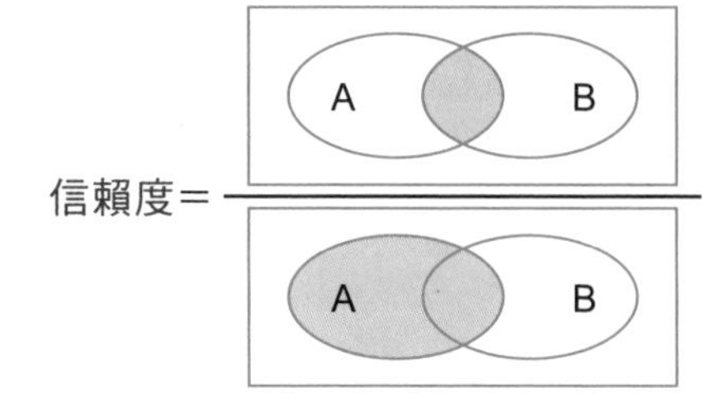


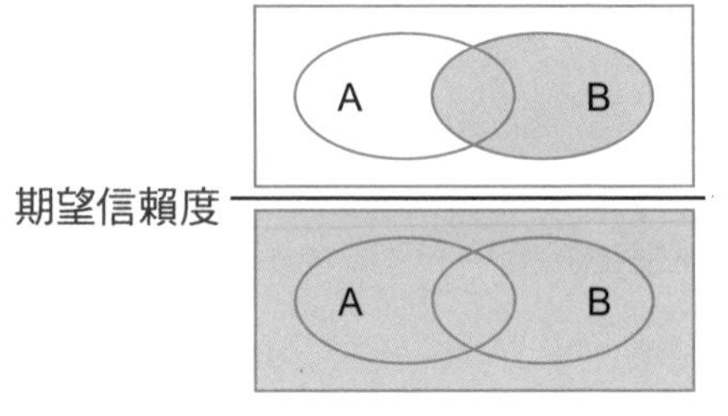


$$增益率＝\frac{信賴度}{期望信賴度}$$

**圖 5-33** 信賴度與增益率的比較

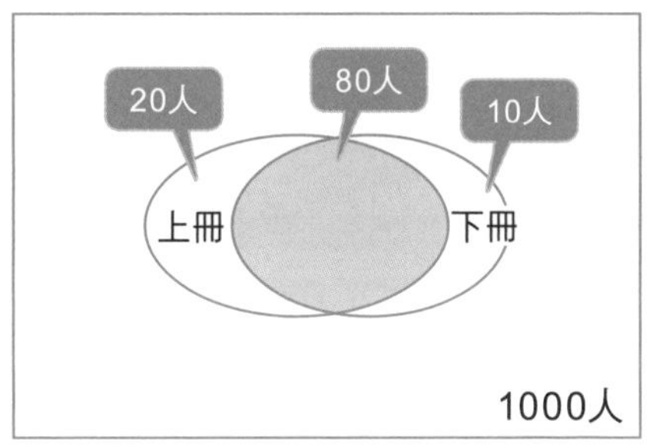


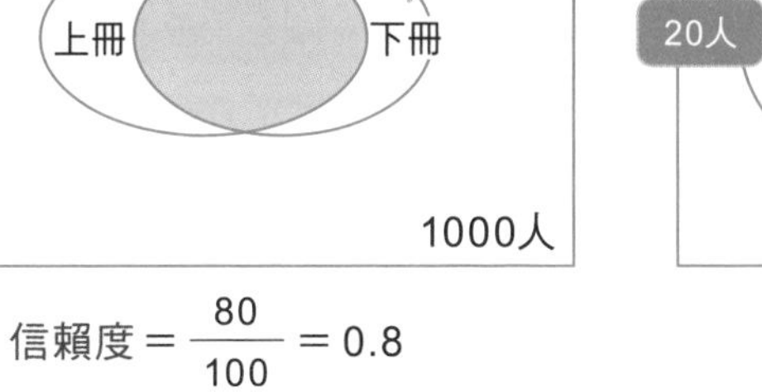


$$信賴度＝\frac{80}{100}＝0.8$$

$$增益率＝\frac{\frac{80}{100}}{\frac{90}{1000}}＝8.9$$

$$信賴度＝\frac{80}{100}＝0.8$$

$$增益率＝\frac{\frac{80}{100}}{\frac{780}{1000}}＝0.1$$

**Point**

- 購物籃分析會使用支持度、信賴度、增益率等指標
- 信賴度、增益率可用於判斷商品是否應擺在一起販售

# 最大化與邊界的間距

## 建立盡可能彼此遠離的邊界

在叢集分析等分群資料的時候，存在許多不同的邊界畫法。例如，想將座標平面分成兩個群組，可如圖 5-34 畫出好幾條線。

僅想要分群輸入的資料時，哪條邊界都沒有問題，但若也想要盡可能高準確率地分類訓練資料以外的未知資料，則**邊界要盡量遠離各點**。

以界線分群的時候，**支援向量機**（support vector machine）可最大化邊界與鄰近資料的距離。這種思維稱為間距最大化。

然後，若是二維平面的話，可用直線、曲線分離邊界；若是三維空間的話，可用平面、曲面分離邊界。更高維度的空間，則用**超平面**（hyperplane）分離邊界。

## 硬間距與軟間距

理想情況是可漂亮地分離邊界，但實際資料或多或少含有雜訊、錯誤，往往難以漂亮地分群。換言之，**需要某種程度的妥協**。

以清楚劃分兩個群組為前提來設定間距，這種手法稱為**硬間距**（hard-margin）。在含有雜訊等的資料，若未清楚區分可能發生不當配適，也會發生因未分離而無法求解的情況（圖 5-35 左）。

有鑑於此，即使沒有完全區分所有資料，分群時容許某種程度的錯誤，此方法稱為**軟間距**（soft-margin）。如此一來，不僅可完成單純的模型，也能夠預防不當配適（圖 5-35 右）。

圖 5-34 座標平面上的界線

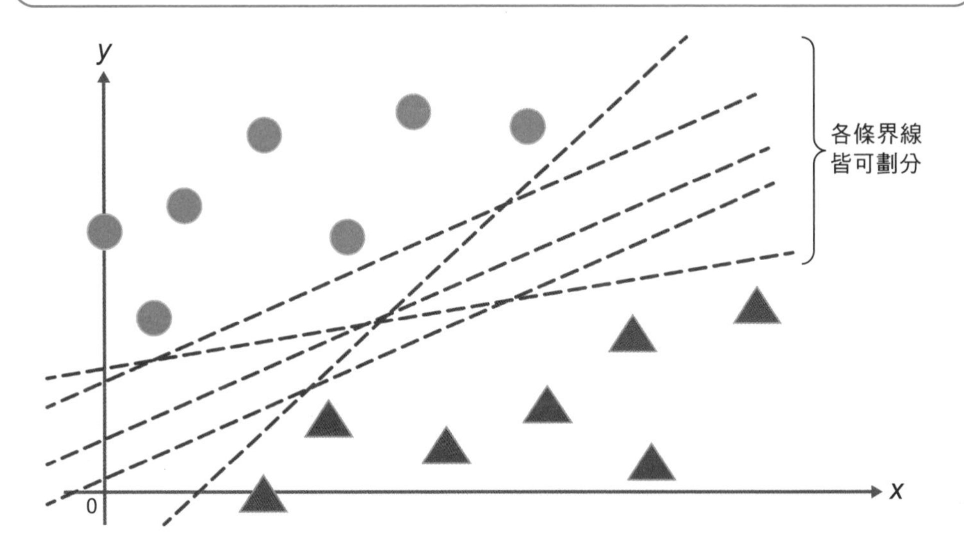


圖 5-35 硬間距與軟間距

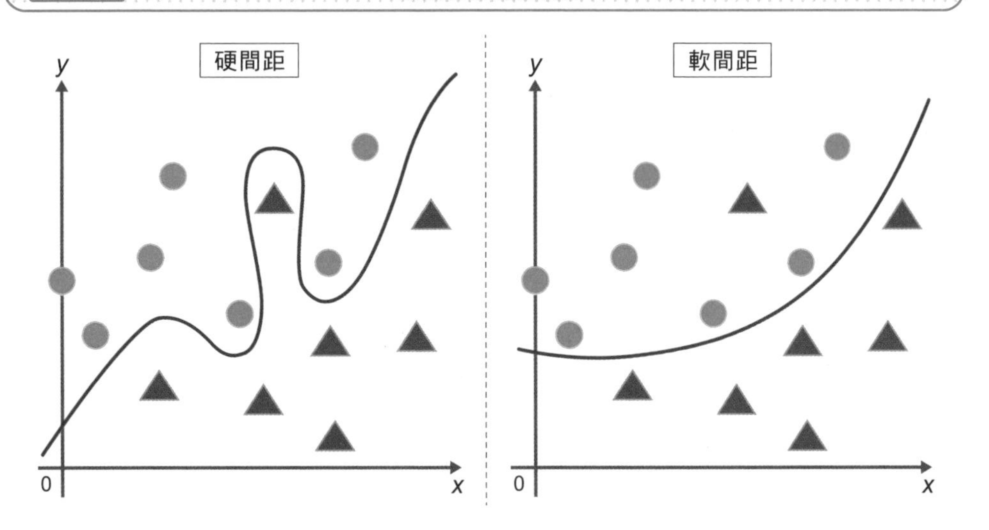


## Point

- 以界線分群的時候，支援向量機可最大化邊界與鄰近資料的距離
- 分離資料的思維可分為硬間距和軟間距

# 自動執行機器學習

## 將部分的機器學習自動化

在商業上使用機器學習的時候，要先設定套用的領域、問題，再搭配各項處理作業，如蒐集並加工資料、設計模型、學習評估並運用訓練資料等。各項作業需要專門的知識，不僅耗時且成本也高。若這些作業能夠稍微自動化，分析人員除了能夠減輕負擔外，亦可專心於本來的業務。

因此，衍生出盡可能自動化機器學習的思維──**AutoML**。當然，設定問題、蒐集資料等，雖然仍有僅人類能夠負責的部分，但**加工資料、設計模型、學習訓練資料等部分，可某種程度地自動化**（圖 5-36）。

尤其，逐步改變模型參數提高準確率，電腦的 AutoML 可比人類更有效率地反覆調整。

## 可解釋 AI 的處理內容

經由類神經網路、深度學習，**即使可得到理想的訓練結果，人類往往不太了解其參數的意義**。為何高準確率可得到好的結果？若不曉得其中的理由，也就無法向顧客、上司説明，若沒辦法獲得認同的話，也難以運用於商業前線吧。決策樹能夠某種程度地説明其條件、參數的意義，但藉由 AutoML 自動處理，最終會困擾為何得到該結果。

有鑑於此，**可解釋的人工智慧**（explainable artificial intelligence）的技術受到注目，人們紛紛研究各種方法，如可視化大幅影響模型推論的特徵量、讓其他模型學習人類的解釋等（圖 5-37）。

圖 5-36 自動化部分實踐機器學習的步驟

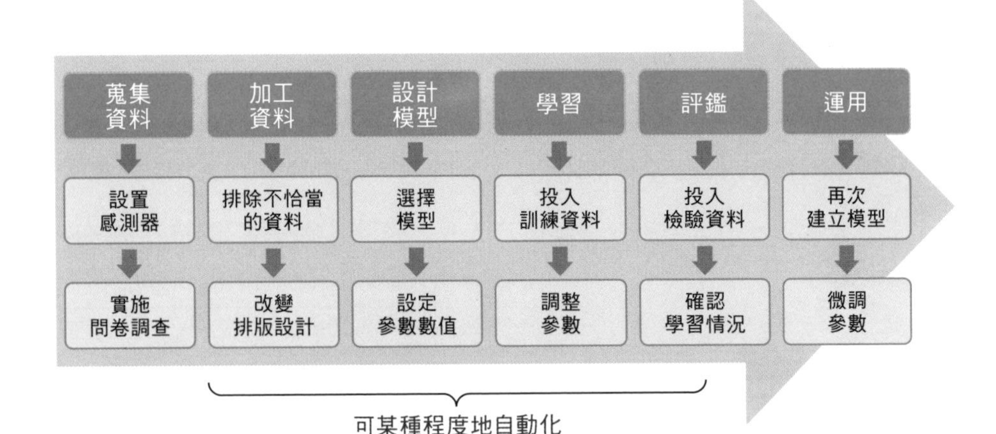

圖 5-37 可解釋背後原因的人工智慧

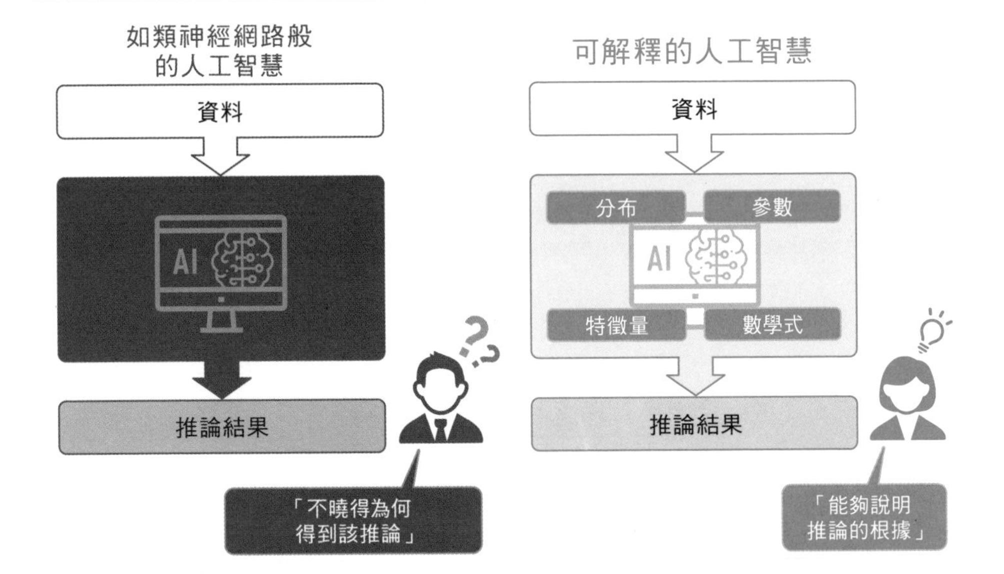


Point

- AutoML 能夠自動化部分機器學習的步驟，可能減少人類的作業
- 因能夠幫助人類了解模型的推論根據，可解釋的人工智慧受到注目

# 結合各種手法找出解決方法

## 結合數學模型

我們往往無法以單一手法解決身邊周遭的問題，**必須結合各種不同的方法有根據且有理論地推導**。

若問題是查看材料庫存決定生產的商品與數量，則可如圖 5-38 使用數學式和圖表解決問題。雖然這種程度可用人工作業解決，但實際上仍會執行程式來運算。

若問題是超市收銀台的結帳隊伍，為了順暢地完成結帳，得結合等候理論、機率分布、叉子型排隊等思維。

如上結合線性規劃、等候理論、賽局理論等多個數學模型，解決社會問題的行為，稱為作業研究（OR：Operations Research）。

## 解決社會問題的數學最佳化

數學最佳化（Mathematical Optimization）是作業研究的核心內容，其問題稱為數學規劃問題。數學規劃問題是，在滿足制約條件的解中，討論怎麼達成整體最佳化，求出最小（或者最大）目標函數的問題。解決這類問題的方法，稱為數學規劃法（圖 5-39）。

在不確定的狀況下變化，往往不會如同理想的模型運作。例如，即使制定完美的生產計畫，需求會因天候、活動等而變動。雖然能夠某種程度地推測需求，但估計值過大會造成供給過剩；估計值過小會導致供給不足。

這種**要考慮不確定要素來決策的情況**，會使用加入機率參數的機率規劃法。

## 圖 5-38 由多個條件求最佳解（線性規劃）

食譜與售價

| 商品 | 小麥粉 | 牛奶 | 售價 |
| --- | --- | --- | --- |
| 可麗餅 | 100g | 200g | 500 |
| 鬆餅 | 150g | 150g | 400 |

假設材料的庫存如下，試問可麗餅和鬆餅應各作幾份，才能夠得到最大的銷售額？

• 小麥粉：9kg • 牛奶：12kg

可麗餅x份、鬆餅y份

條件 $100x + 150y \leq 9000$
$200x + 150y \leq 12000$
$x$、$y$ 為包含 0 的自然數

欲最大化的式子 $500x + 400y = ?$

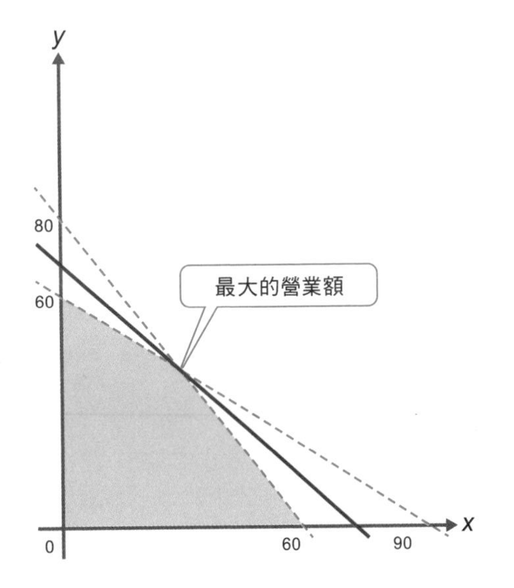


## 圖 5-39 以數學最佳化尋求最佳解

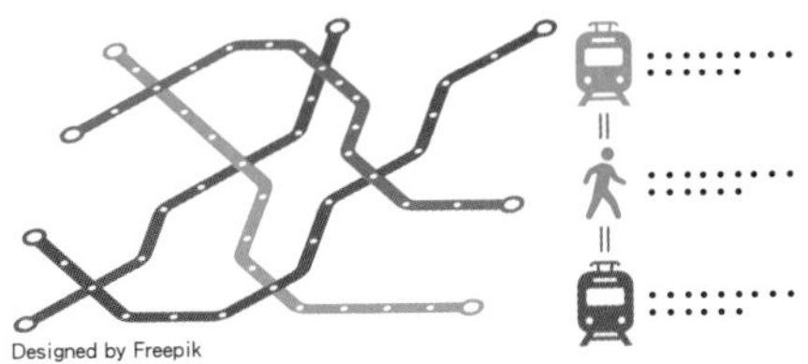


由路線圖尋求最短路徑
（最小化抵達時間）

將行李塞進背包
（最大化重量）

根據兼職內容分配工作
（最小化生產時間）

劃分學校的班級
（最小化關係不好的對數）

## Point

- 作業研究是結合多項手法解決問題
- 數學最佳化是求解數學規劃問題，在滿足制約條件的解中，求出最小（或者最大）目標函數

## 嘗試看看

### 搜尋最新論文

第 5 章介紹了機器學習等幾個人工智慧的手法，但 AI 科技日新月異，陸續有新的技術問世，必須閱讀最新的論文才能夠掌握知識。

有鑑於此，下面介紹怎麼使用「Google Scholar（https://scholar.google.com.tw）」尋找論文。

訪問 Google Scholar 後，如一般的 Goolge 首頁，在搜尋欄位輸入想要查詢的關鍵字。例如，若想要了解增強式學習，則試著輸入「增強式學習」、「Reinforcement Learning」。

然後，在顯示的畫面自訂時間，或者點擊引用源頭的連結，就可不斷調查新的論文。請讀者務必試著搜尋感興趣的文章。

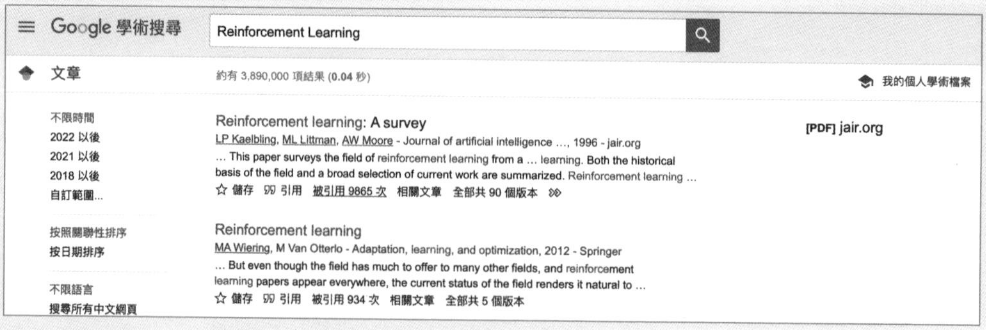

第6章

# 資訊安全與隱私問題

## ～資訊社會今後的走向～

# » 有道德地使用資料

## 講究倫理和道德的資訊社會

在資訊社會中，資訊倫理是不危害或者侵犯他人的應遵守事項。法律上有明文禁止「不可從事的作為」，而倫理上則有「應該採取的行動」(圖 6-1)。

關於資訊倫理的四個原則，Richard Severson 提出了「尊重智慧財產權」、「尊重隱私權」、「揭示公正的資訊」、「不造成他人危害」，雖然部分內容與法律重疊，但各項原則並不具備強制性。

資料道德是跟資訊倫理相似的用詞，近似於平時所說的「道德」，描述在資訊社會活動時的妥當思維、態度，如「不給他人添麻煩」、「不造成他人不愉快」等。

## 資料處理人員所需的倫理觀

資料倫理是處理資料時的用詞。蒐集、處理資料可為企業帶來各種好處，但利用方式錯誤可能造成他人不愉快。

例如，側寫剖繪（profiling ）是指犯罪調查上科學地分析人物特徵，進而鎖定犯人。在預測顧客的購物行動時，也可使用相同的手法。

瀏覽網站時常可看到根據閱覽履歷的廣告訊息，但過度的追蹤與預測，會讓使用者擔心隱私問題。

若智慧音箱除了語音控制外，也錄音、分析平時的對話，會因感到不安而停止使用吧。**即使技術上能夠實踐，仍要顧慮資料分析方面的倫理觀**（圖 6-2）。

圖 6-1　倫理、法律、道德與常識的關係

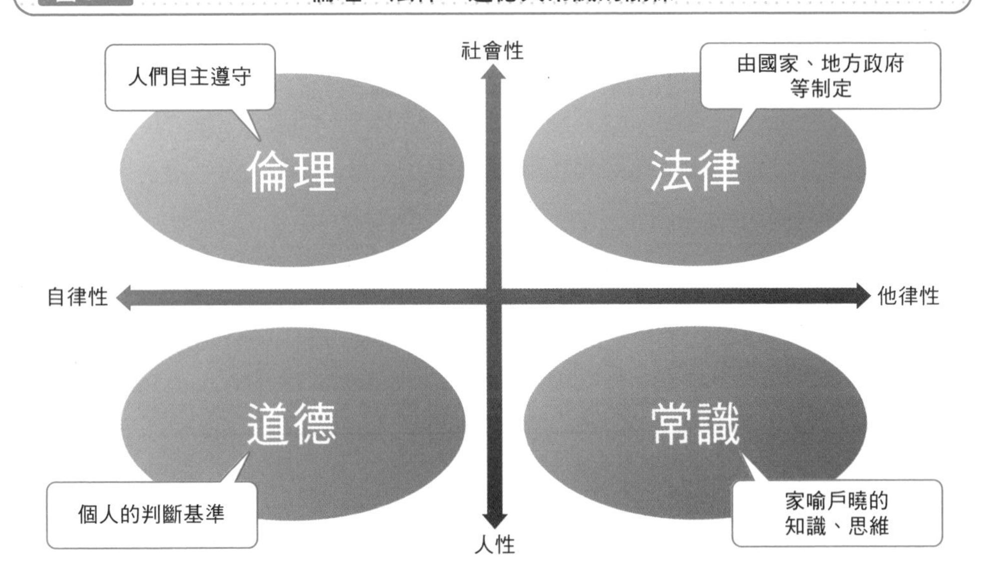


圖 6-2　資料邏輯的示意圖

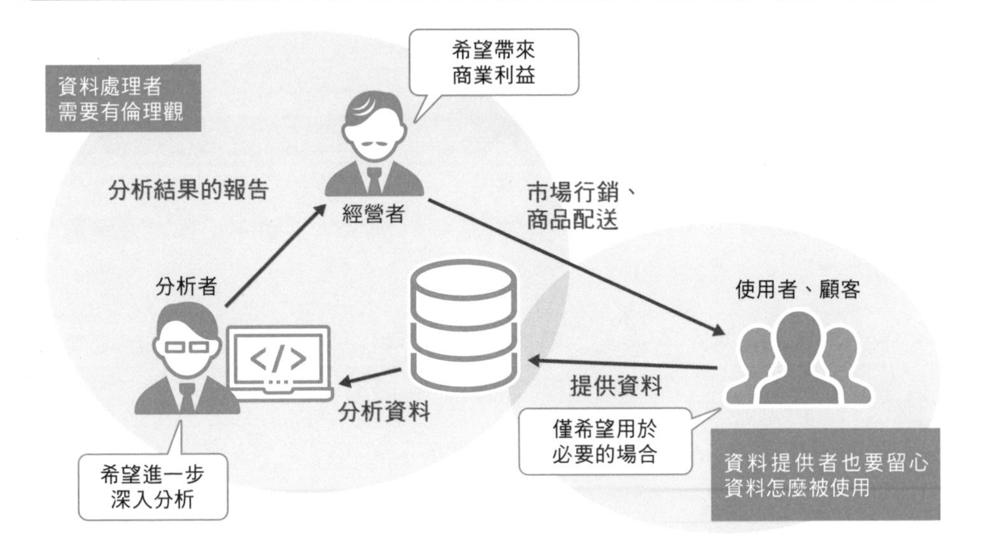


**Point**

- 在資訊社會中，需要大家自律地遵守資訊倫理、資訊道德等
- 資料處理者需要有資料倫理等倫理觀

# 搖擺不定的資料信賴性

## 統計資料遭刻意改寫的風險

調查公司、政府會公布各種統計資料，雖然經由定期蒐集、整合統計的結果能夠掌握社會的變化，但這些資料可能遭到刻意竄改，遇到統計造假（Inaccurate statistics）的情況（圖 6-3）。

即使資料本身遭到竄改、統計方式被任意變更，資料使用者也無法判斷統計資料的正當性。

政府預算也會利用統計資料，若其數值不值得信賴的話，影響的範圍會非常廣泛。**統計造假被揭露後，將會失去人們對統計資料的信賴，重創國家、民間企業的事業計畫。**

## 技術者應有的倫理

除了不正當的操作外，也有可能掩蓋統計造假等情事，以防不當作為被揭露。為了避免被追究責任，更進一步犯下違法行為。

為了預防這類情事發生，技術人員要自覺其技術對社會、環境所造成的影響，抱持高度倫理觀從事業務。這種思維稱為技術人員倫理。

例如，國家技術員倫理綱領有「公共利益優先」的敘述（圖 6-4）:「當公共利益與其他利害關係者發生衝突時，優先守護公共的安全、健康等利益」。此處的「公共」是指一般社會大眾，比起自家公司的利益、股東利益等，應更加優先注重社會利益。技術人員不應允許為公司利益而捏造資料，必須留意如何確保公共利益。

圖 6-3 統計造假的例子

| 發現年月 | 管轄 | 資料內容 |
| --- | --- | --- |
| 2021年12月 | 國土交通省 | 建設工程承包動態統計 |
| 2019年2月 | 總務省 | 零售物價統計（大阪府） |
| 2019年1月 | 厚生勞動省 | 租金結構基本統計 |
| 2018年12月 | 厚生勞動省 | 各月出勤統計 |
| 2016年12月 | 經濟產業省 | 纖維物流統計 |
| 2015年6月 | 總務省 | 零售物價統計（高知縣） |

圖 6-4 公共利益優先的技術人員倫理

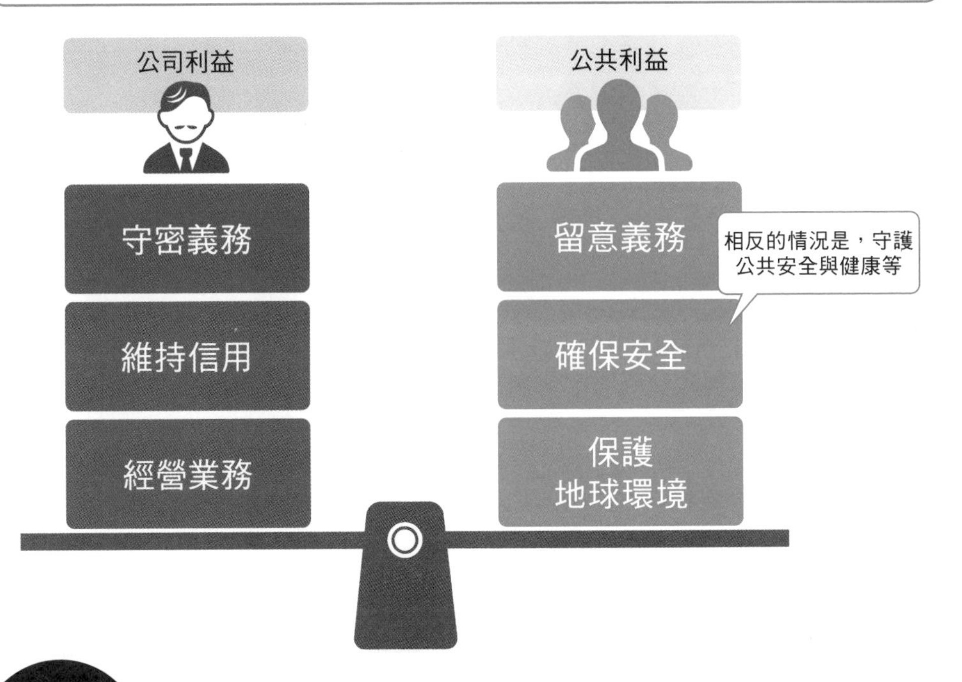


**Point**

- 若發生統計造假的情況，該調查結果將會失去信用，重創國家、民間企業的事業計畫等
- 當公司利益與公共利益發生衝突時，技術人員應該抱持高度倫理觀從事業務

# » 因錯誤認識而失真的準確率

## 對資料的成見

因資料蒐集人員或者資料分析人員的偏見、成見、錯誤理解等，造成蒐集的資料有所偏頗的情況，稱為**資料偏誤**（圖 6-5）。

例如，欲求國二學生的平均身高時，蒐集某間國中二年級生的資料，就可以相當高的準確率求得全國的平均身高。然而，蒐集同間國中二年級生的交通費平均數，卻可能發生與全國平均數相去甚遠的情況。

因為由市中心和市郊區住家前往學校的距離不同，就讀補習班的頻率也有可能不一樣，私立學校和公立學校當然也存在差異。交通費的資料有異於身高的資料。**在蒐集資料的時候，必須注意資料的偏差。**

## 由偏差資料產生的演算法

因學習偏差資料，造成機器學習等的訓練結果出現偏頗，這種狀態稱為**演算法偏差**（圖 6-6）。

例如，對僅學習男性資料的 AI 輸入女性的相關資料，可能輸出與預期迥異的推論結果。不僅限於性別，國籍差異、年齡差異、職業差異等，各種領域皆會發生類似的情況。同樣地，對僅學習動物資料的 AI 輸入植物資料，不可能得到理想的結果。

如同在研究所等環境完備的狀態學習的 AI，無法用於存在大量雜訊的商業前線，**僅使用手邊資料讓 AI 學習的話，往往無法切合實際情況**。我們需要盡可能在實際運用環境取得資料，並使用與現場相同規格的電腦執行處理。

圖 6-5 因成見產生的資料偏差

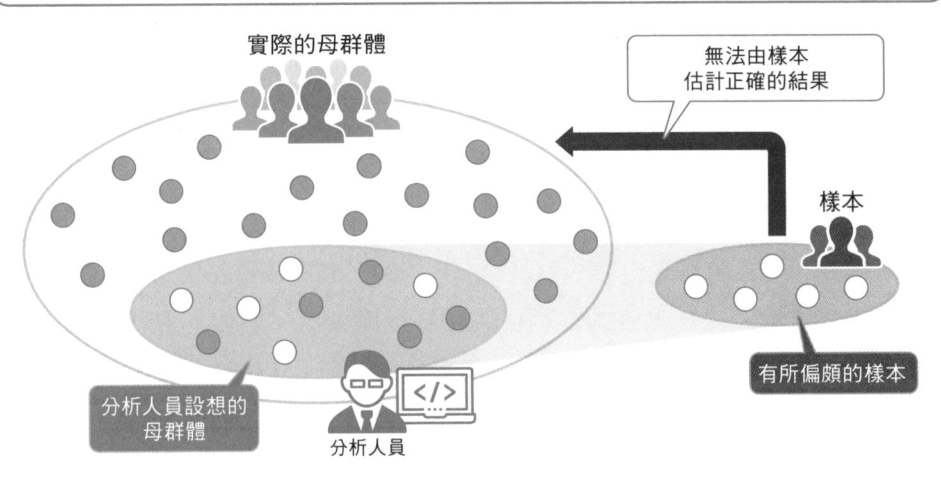


圖 6-6 「偏差」造成演算法偏誤

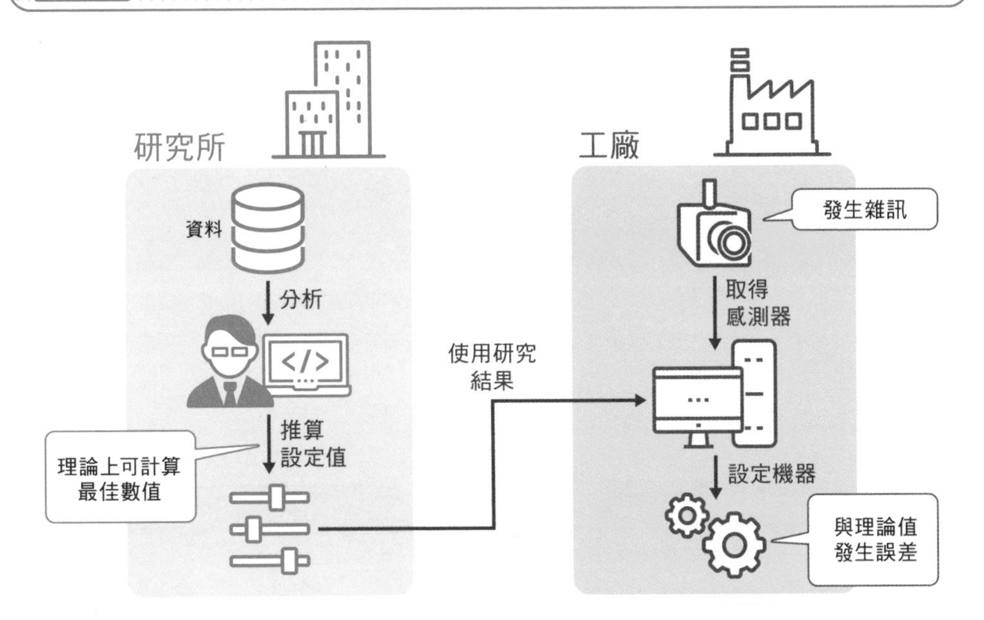


## Point

- 資料偏誤，可能造成分析所得的結果錯誤
- 演算法偏誤，會造成建立的演算法失真

# 日本的個人資料運用

## 個人資料保護法的演變

對企業來說，個人資料是重要「財產」，但對個人來說，不希望自己的資料遭到任意使用。有鑑於此，政府制定了個人資料保護法，保護個人資料受到妥當運用。該法律於日本 2003 年 5 月公布、2005 年 4 月正式實行，當中也定義「個人資料」一詞 ※1。

2015 年 9 月的修改（2017 年 5 月實行）除了釐清個人資料的定義，也包含改正運用方面等的內容。具體來說，個人資料的定義增加「包含個人識別符號」、「必須顧慮個人資料」等描述。這是特別考量「人種」、「信念」、「病歷」等而增訂的內容 ※2。

2020 年 6 月的修正（2022 年 4 月實行）追加「個人相關資料」的內容，向第三方提供個人相關資料時，視情況必須取得當事人同意（圖 6-7）。

另外，法律還擴大了當事人的請求權，可要求停止利用個人資料。業者端也增加責任義務，當發生個人資料外洩等意外，有義務通報個人資料保護委員會並且告知當事人（圖 6-8）。

## 隱私標章的意義

**使用者難以看見企業如何管理個人資料。**有鑑於此，政府推出了隱私標章，頒布給具備妥當保護個人資料體制的業者。

獲得認證的業者可於名片、介紹手冊、網站等使用標章，讓使用者安心地託付個人資料。然後，對消費者而言，隱私標章也可促進保護個人資料的認知。

※1　台灣全國法規資料庫的個資法可詳見：https://reurl.cc/EGoVdA

※2　民國 104 年台灣個資法修正條文對照可詳見：https://reurl.cc/RvzYaZ

## 圖 6-7 個人資料與個人相關資料的關係

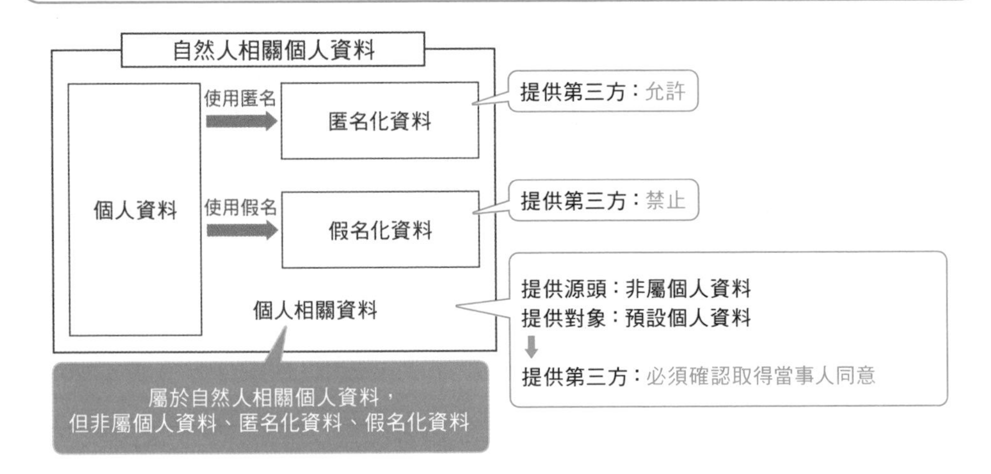


## 圖 6-8 日本個人資料保護法的修正（2022 年 4 月實行）

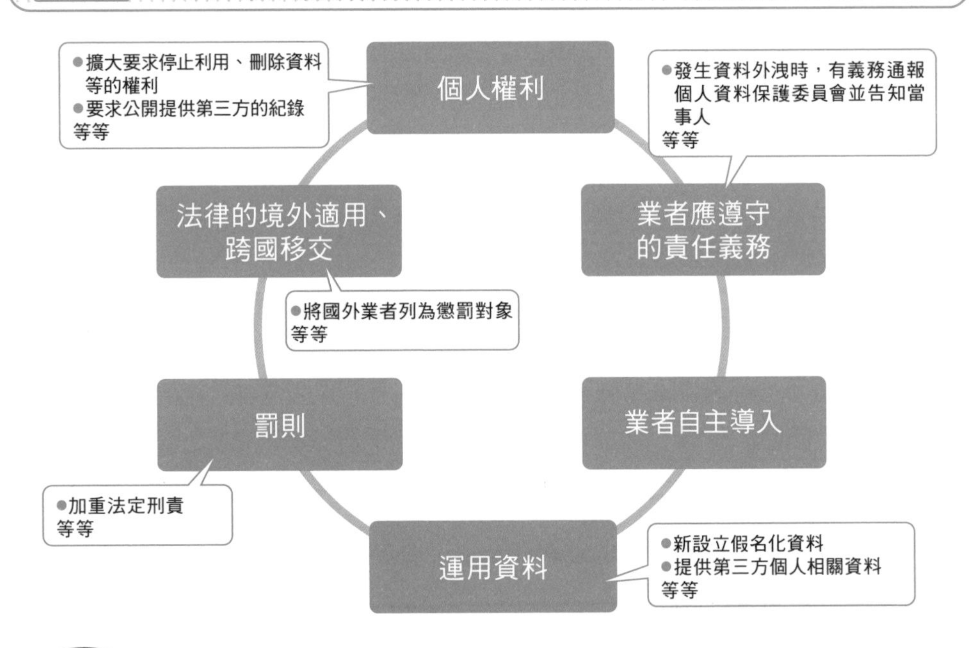


## Point

- 日本在 2022 年 4 月實行的個人資料保護法中，修正並追加了個人相關資料的內容
- 受頒隱私標章的業者，具備妥當保護個人資料的體制

# » 各國的個人資料運用

## 世界各地的個人資料管理

**GDPR** 相當於 EU（歐盟）的個人資料保護法，中文可譯為「一般資料保護規定（General Data Protection Regulation）」。除了在歐盟經商的企業受到約束外，**即使活動據點設於如日本等歐盟境外國家，歐盟居民註冊的網路服務，業者也得依該規定來處理個人資料**（圖 6-9）。

為了「可控制並強化保護」各自的個人資料，歐盟人民皆有權知道自己的資料遭受侵害，且能夠視情況要求排除該侵害。

違反該規定將會遭裁鉅額罰款，即便是輕微侵害權利，最重可裁罰企業（年度）全球營業額的 2%或者 1,000 歐元中較高者，明顯侵害權利時，可加重裁罰兩倍的金額。

## 由 CCPA 到 CPRA

其他有名的法律，還有美國加利福尼亞州保護居民個人資料的 **CCPA**，中文可譯為「加州消費者隱私保護法（California Consumer Privacy Act）」※3。即便是日本提供的網路服務，也得注意加州居民會員的個人資料運用。

例如，**想要分析 Cookie、IP 位址等資料時，由於該資料也有可能識別個人，運用時需要當作個人資料來處理。**

相對於日本個資法、GDPR 保護可識別個人的資訊，CCPA 的保護對象包括可識別家庭的資訊，並有權拒絕向第三方公開、販售蒐集的資料。

世界各地都愈來愈重視保護隱私權（圖 6-10）。

※3　2023年1月1日起變更為《加州隱私權法》（California Privacy Rights Act，以下簡稱CPRA）

圖 6-9 **GDPR 與 CCPA**

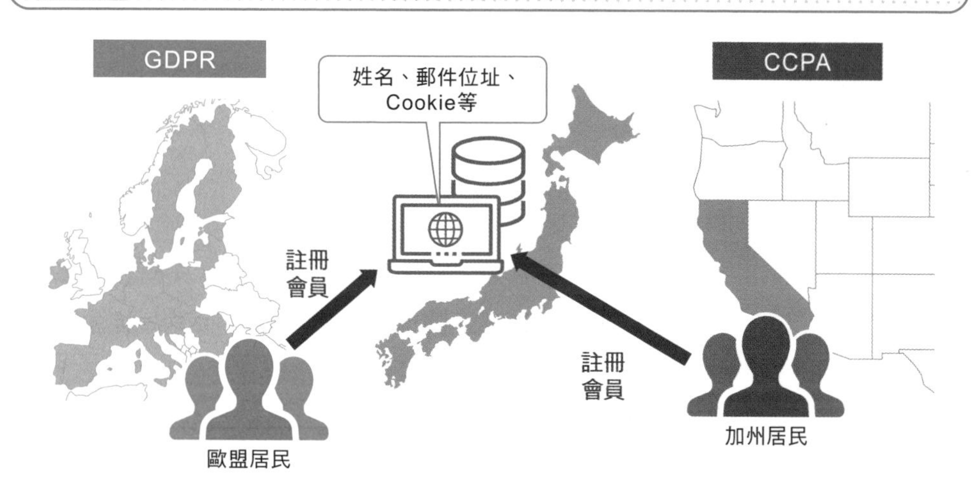


圖 6-10 **世界各國強化隱私權保護的例子**

| 國家、地區 | 內容 | 制定（修正） |
| --- | --- | --- |
| 日本 | 個人資料保護法 | 2022年4月實行 |
| 歐盟 | GDPR | 2018年5月實行 |
| 加利福尼亞州 | CCPA | 2020年1月實行 |
|  | CPRA | 2023年1月實行 |
| 維吉尼亞州 | VCDPA | 2023年1月實行 |
| 中國 | CSL、DSL、PIPL | 2021年11月實行 |
| 巴西 | LGPD | 2020年8月實行 |
| 新加坡 | PDPA | 2021年2月實行 |
| 泰國 | PDPA | 2022年6月實行 |

**Point**

- GDPR 是歐盟為保護個人資料所制定的法規
- CCPA 是加利福尼亞州為保護居民個人資料所制定的法規，管制對象包含可識別家庭的資訊

# 運用個人資料

## 匿名化與假名化

企業在製作消費者所需的商品時，並不需要詳盡的個人資料，往往有統計資料、匿名資料便足夠了。**分析時會將個人資料加工成無法識別特定個人、無法還原細節的內容**。

假名化資料和匿名化資料是加工個人資料例子，雖然皆運用於個人資料分析等，但利用範圍、處理方式不一樣。

假名化是加工成需對照其他資料，才有辦法識別個人的處理（圖 6-11）。假名化資料需要明確公開利用目的，雖然可用於組織內部的資料分析，但限制提供假名化資料給第三方。

而匿名化是加工成無法識別特定當事人、無法恢復原始資訊的處理。製作並提供匿名化資料給第三方時，會公布包含該匿名化資料的個人項目。

若僅是加工成統計資料的話，則不需要公布項目細節。

## 加工成無法識別當事人

製作匿名化資訊的時候，必須消去包含個人資訊的敘述、刪除所有的個人識別符號等，來達成無法識別當事人的目的。此時，採取的手法有 k- 匿名化。

這是轉換成具有 k 件以上同屬性資料的手法 ※4。例如，將圖 6-12 左表格的資料轉換成圖 6-12 右表格的資料，就無法辨別資料中的人物資訊。

※4　k 一般會是3件以上。

圖 6-11 無法單獨識別當事人的假名化

| 姓名 | 郵件位址 | 年齡 | 回答1 | 回答2 |
|---|---|---|---|---|
| 山田太郎 | t_yamada@example.com | 31 | 非常優異 | 優異 |
| 鈴木花子 | h_suzuki@example.co.jp | 28 | 優異 | 普通 |
| 佐藤三郎 | s_sato@example.org | 45 | 非常優異 | 普通 |
| … | … | … | … | … |

| 顧客ID | 位址ID | 年齡 | 回答1 | 回答2 |
|---|---|---|---|---|
| 87371 | 382998 | 31 | 5 | 4 |
| 42895 | 420135 | 28 | 4 | 3 |
| 50968 | 671109 | 45 | 5 | 3 |
| … | … | … | … | … |

用於資料分析

使用假名的資料

| 顧客ID | 姓名 | 位址ID | 郵件位址 |
|---|---|---|---|
| … | … | … | … |
| 42895 | 鈴木花子 | 382998 | t_yamada@example.com |
| … | … | … | … |
| 50968 | 佐藤三郎 | 420135 | h_suzuki@example.co.jp |
| … | … | … | … |
| 87831 | 山田太郎 | 671109 | s_sato@example.org |
| … | … | … | … |

保密可識別當事人的資訊

圖 6-12 **k- 匿名化無法識別當事人**

| 住址 | 性別 | 年齡 | … |
|---|---|---|---|
| 東京都文京區後樂1丁目3-61 | 男 | 32 | … |
| 東京都文京區春日1丁目16-21 | 男 | 39 | … |
| 東京都文京區本鄉7丁目3-1 | 男 | 33 | … |
| 東京都墨田區押上1丁目1-2 | 女 | 45 | … |
| 東京都墨田區橫綱1丁目3-28 | 女 | 41 | … |
| 東京都墨田區吾妻橋1丁目23-20 | 女 | 44 | … |
| 東京都台東區淺草2丁目28-1 | 男 | 28 | … |
| 東京都台東區淺草2丁目3-1 | 男 | 22 | … |
| 東京都台東區東上野4丁目5-6 | 男 | 25 | … |
| 千葉縣浦安市舞濱1-1 | 女 | 30 | … |
| … | … | … | … |

| 住址 | 性別 | 年齡 | … |
|---|---|---|---|
| 東京都文京區 | 男 | 30歲 | … |
| 東京都文京區 | 男 | 30歲 | … |
| 東京都文京區 | 男 | 30歲 | … |
| 東京都墨田區 | 女 | 40歲 | … |
| 東京都墨田區 | 女 | 40歲 | … |
| 東京都墨田區 | 女 | 40歲 | … |
| 東京都台東區 | 男 | 20歲 | … |
| 東京都台東區 | 男 | 20歲 | … |
| 東京都台東區 | 男 | 20歲 | … |
| 千葉縣浦安市 | 女 | 30歲 | … |
| … | … | … | … |

無法識別當事人



## Point

- 假名化，是將資料加工成不與其他資料對照便，則無法識別當事人
- 匿名化，是將資料加工成無法識別當事人、無法恢復成原始資訊
- k- 匿名化，是將資料轉換成具有 k 件以上同屬性資料

# 資料流通與運用

## 日本政府推廣資料運用

日本總務省發布的平成 29 年版《資通訊白皮書》，收錄了「資料主導的經濟與社會變革」專文。除了制定官民資料運用促進基本法、全面修正個人資料保護法等，也積極投入結合 AI、物聯網的大數據運用（圖 6-13）。

後來在令和 2 年版的《資通訊白皮書》提到了「資料主導的社會」一詞，認為 2030 年代數位經濟與社會的展望，將轉為由資料主導的超智能社會。

以物聯網蒐集現實世界的資料，再累積至虛擬空間，**藉由將 AI 的分析結果傳回現實世界，同時解決經濟發展與社會課題**，邁向以大量資料高度融合虛擬世界與現實世界的「Society 5.0」（圖 6-14）。

## 活用有價值資料的機制

在資料主導的經濟、資料主導的社會中，個人相關資料的運用備受矚目。其中，資訊銀行是管理各家業者蒐集的資訊，向其他業者提供個人行為履歷、購買履歷等（圖 6-15）。

此時，資訊銀行得在當事人的同意範圍內，選擇資料的提供對象、利用目的，而接收資訊的業者也得於該範圍內運用。

光是如此，可能會覺得好像只有業者得利，但如同將金錢存於銀行產生利息，**提供資訊對個人、社會也會帶來好處**。

此時，當事人按照自身意願儲存個人資料的機制，稱為個人資料商店（PDS，Personal Data Store）。

圖 6-13 有關資料流通與運用的法律定位

網路安全基本法

強化資料流通上的網路安全（平成26年制定）

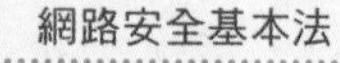


為了安全地流通私人資料，創設可匿名化加工，並以安全形式自由運用個人資訊的制度（平成27年修正）

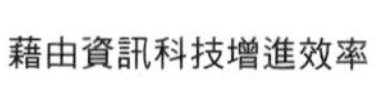

生成、流通、共享、運用的資料量大幅度增長

官民資料運用促進基本法

資料來源：日本總務省《平成29年版資通訊白皮書》（網址：https://www.soumu.go.jp/johotsusintokei/whitepaper/ja/h29/pdf/29honpen.pdf），改自P.64〈有關資料流通與運用的法律定位〉

圖 6-14 目標實踐 Society 5.0

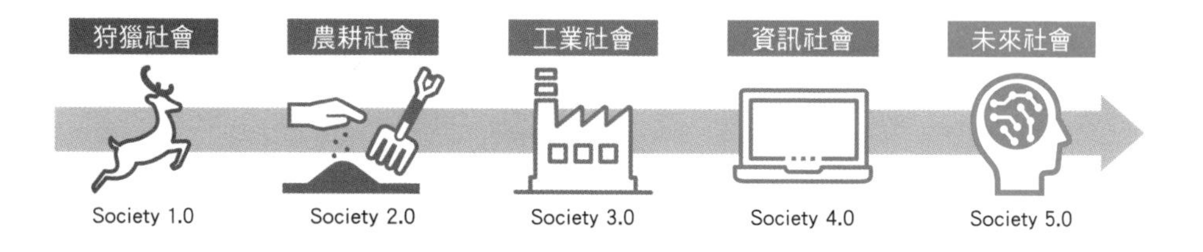


圖 6-15 負責管理與提供資料的資訊銀行

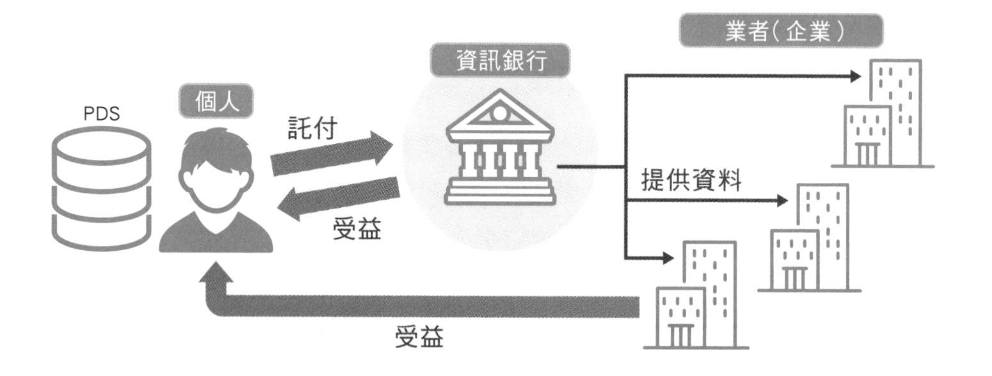


## Point

- 以資料解決經濟發展和社會課題的社會，稱為資料主導的社會
- 將個人的行為履歷、購買履歷等寄託資訊銀行，可從業者、銀行獲得某些好處

# 決定資料的處理規則

## 由組織決定統一的安全規則

資訊安全政策是組織在資訊安全方面的基本思維，一般如圖 6-16 由「基本方針」、「對策基準」、「實施步驟」所構成。其中，基本方針和對策基準又可另稱為隱私權政策。

藉由制定資訊安全政策的文件，可讓組織成員確認共通規則來達成共識。

資訊安全政策並非僅制定一次就結束，當組織的周遭環境發生變化，處理的資料種類、產生的相關風險也會有所不同。因此，**需要定期重新審視資訊安全政策**。

## 公布個人資料的蒐集思維

企業在處理顧客個人資料等的時候，得將個人資料保護的相關思維建檔成隱私權政策。在實行問卷調查、註冊網站會員等，蒐集使用者的個人資料時，需要當事人同意其利用目的、管理體制（圖 6-17）。

然後，處理蒐集到的個人資訊時，得在該隱私權政策所記載的範圍內使用。即使想要分析蒐集到的資料，若隱私權政策中未記載「統計使用者資訊」、「建立統計資料」等項目，打從一開始就不允許用來分析。

因此，需要事前釐清蒐的資料種類、使用方式，**就製作的內容必須取得提供者的同意**。

圖 6-16 何謂資訊安全政策？

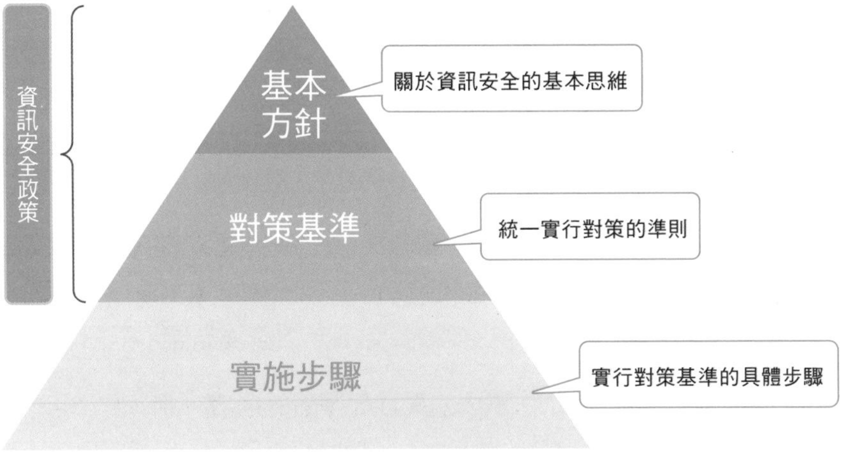

資訊安全政策

基本方針 — 關於資訊安全的基本思維

對策基準 — 統一實行對策的準則

實施步驟 — 實行對策基準的具體步驟

圖 6-17 蒐集個人資料所需的隱私權政策

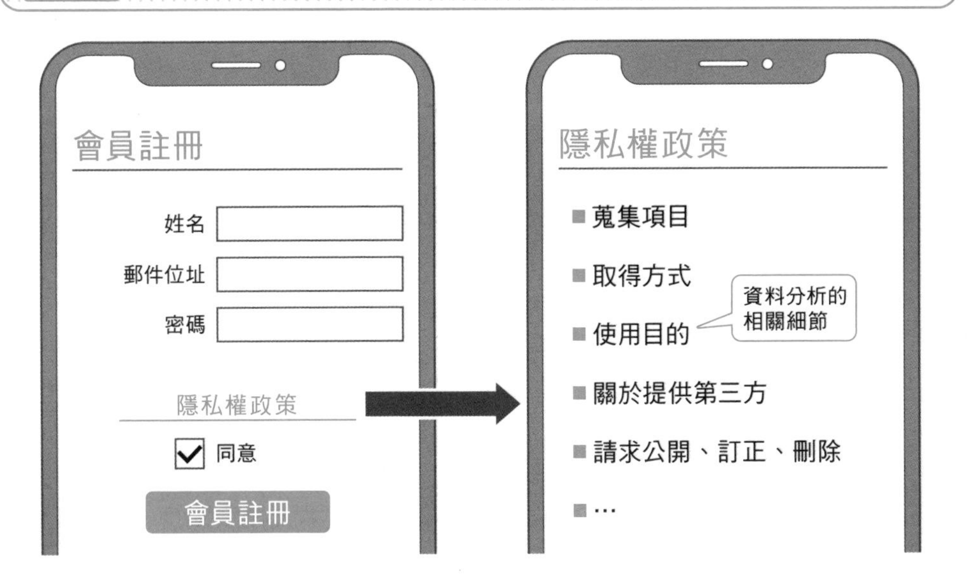


## Point

- 各企業處理的資料種類、內容、相關風險不同，得按組織單位制定資訊安全政策
- 在蒐集個人資料的時候，需要當事人同意隱私權政策

# » 公開蒐集資料的理由

## 明示使用目的

根據日本的個人資料保護法：「在處理個人資料之際，個人資料運用業者得盡可能明示其使用的目的（下稱「使用目的」）」、「若個人資料運用業者未事先取得當事人同意，個人資料的處理不可超出前項規定所示的必要範圍」。

換言之，在隱私權政策中，使用目的**必須明示具體的內容**。例如，「用於事業活動」、「用於行銷活動」等內容欠缺具體性，需要另外記述「寄送商品」、「列印收件人姓名」等。

若想要進行資料分析的統計處理，使用目的得包含「製作統計資訊」等描述（圖6-18）。

## 選擇加入與選擇退出

**Opt-in**（選擇加入）是，事先取得同意郵寄廣告的機制；而 **Opt-out**（選擇退出）是，未經事先取得同意便郵寄廣告，經當事人拒絕後再取消的機制（圖6-19）。

根據個人資料保護法，在未經當事人的同意，原則上禁止將個人資料提供給第三方。此時，Opt-out 是經由特定的手續，可未取得當事人同意將個人資料提供給第三方的情況，而 Opt-in 是事前取得當事人同意的情況。

Opt-out 得整頓當事人可選擇拒絕的環境，做到即使已將個人資料提供給第三方，一經當事人申請便能夠立即停止。以 Opt-out 提供給第三方需要設定嚴格的條件，且敏感性個人資料不可經由 Opt-out 提供。

圖 6-18　資料分析的使用目的分類

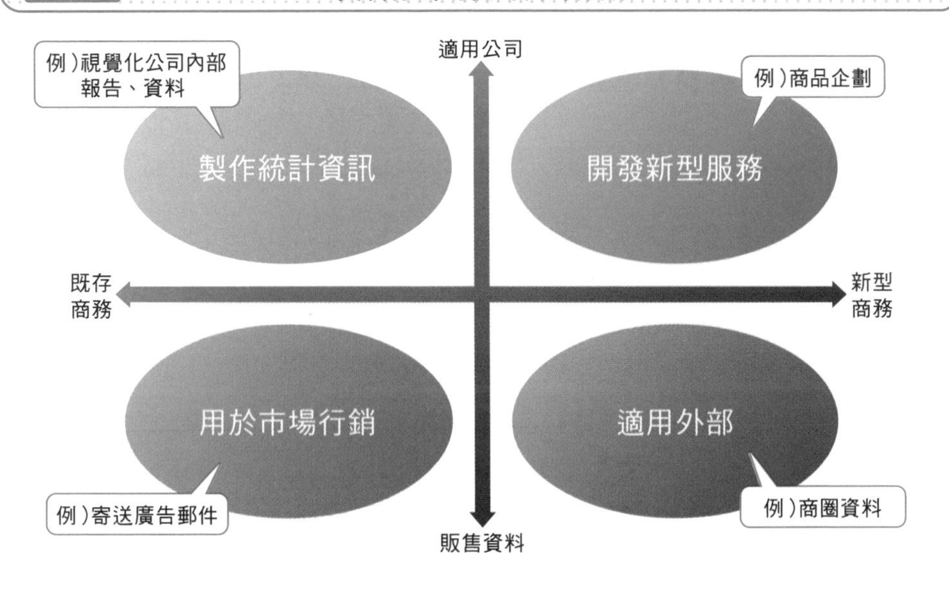


圖 6-19　選擇加入與選擇退出（電子郵件的情況）

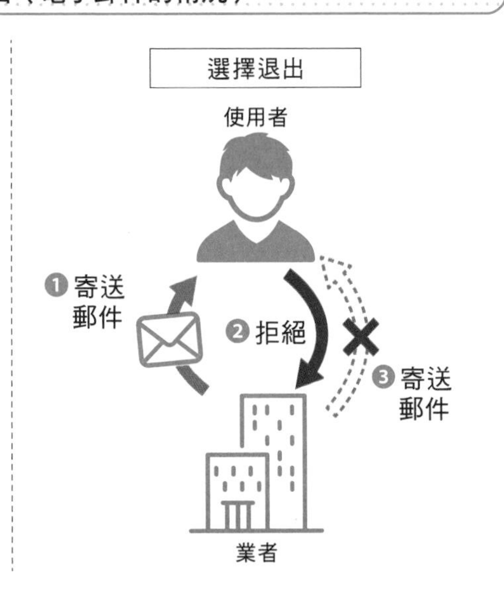


## Point

- 個人資料的使用目的，必須明示其具體內容
- Opt-out 是未事前得取得同意，當事人不期望時可選擇拒絕；Opt-in 必須事前取得同意

# 資料本身的權利

## 保護智慧財產權

經由創作活動等，人們能夠不斷產出新的點子、文件、產品，但若遭到任意複製可就令人頭疼了。有鑑於此，國家特別制定智慧財產權，保護這類擁有財產價值的事物。

如圖 6-20 所示，智慧財產權有許多種類。在運用資料的時候，尤其需要留意專利權、商標權、著作權。

本節會專注討論著作權。網際網路、書籍與社會上存在許多文章，不可擅自複製他人撰寫的內容，當作自己的文章來發表。這不僅限於文章，音樂、圖片、程式等皆是保護對象。

完成創作後便會自動產生著作權，不需要特別提出申請。換言之，**創作物誕生的當下即擁有著作權，擅自利用將會侵犯他人權利**。

## 資料中的著作權

資料本身通常不具備創作性，經由某些項目整理成資料庫，才會產生著作權。換言之，即使是對外公開的資料，整理該資料的人員可能主張其著作權。

不過，如果用於分析大量資料、機器學習，根據日本著作權法第三十條之四（不以享受著作所表達之思想或感情為目的之利用），可能就不在保護對象的範圍內（圖 6-21）。

此時，需要留意整理、加工資料的地點，若在日本國內的伺服器等操作，則適用日本的著作權法，但若是使用國外的伺服器，則情況可能有所不同。

圖 6-20 智慧財產權的種類

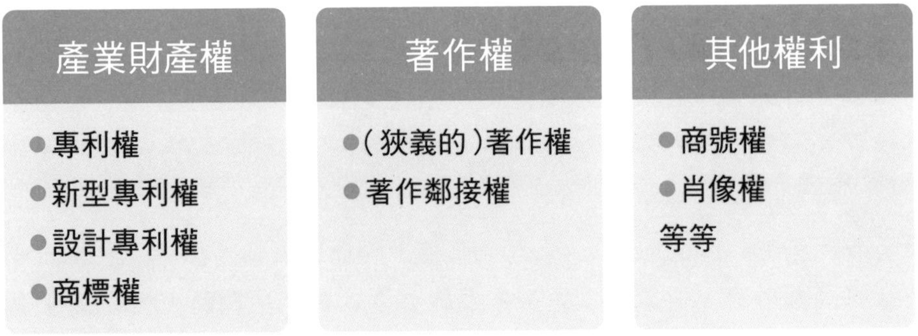

| 產業財產權 | 著作權 | 其他權利 |
| --- | --- | --- |
| ● 專利權<br>● 新型專利權<br>● 設計專利權<br>● 商標權 | ●（狹義的）著作權<br>● 著作鄰接權 | ● 商號權<br>● 肖像權<br>等等 |

圖 6-21 日本著作權法「第三十條之四」的內容

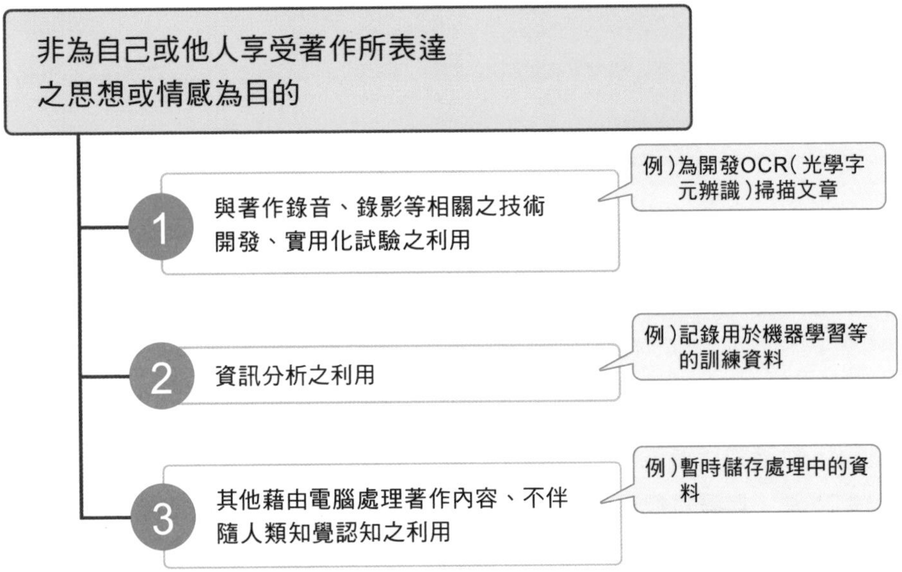

非為自己或他人享受著作所表達之思想或情感為目的

1. 與著作錄音、錄影等相關之技術開發、實用化試驗之利用
   例）為開發OCR（光學字元辨識）掃描文章
2. 資訊分析之利用
   例）記錄用於機器學習等的訓練資料
3. 其他藉由電腦處理著作內容、不伴隨人類知覺認知之利用
   例）暫時儲存處理中的資料

## Point

- 運用資料的時候，得留意專利權、商標權、著作權等智慧財產權
- 著作完成的當下自動產生著作權
- 完成資料整理的資料庫具備著作權，但用於機器學習等的時候，可能不在保護對象的範圍內

# » 自動取得外部資料

## 從網頁擷取想要的資料

若分析時手邊缺少必要的資料，會想到直接上網擷取網站內容。網站是以 HTML 語言編撰頁面內容，故得從該語言中擷取必要的資訊。此時，**網路搜刮**（web scraping）可排除多餘的資訊，僅擷取想要的部分內容。

例如，圖 6-22 的網頁使用標籤 `<table>`，以表格形式整理資料。僅從中抽取資料、轉換成 CSV 格式的時候，必須去除標籤改用逗號來劃分。

## 瀏覽多個網頁

我們有的時候不是從單一網頁，而是由多個網頁獲取資料。例如，若每頁顯示 20 件可依序閱覽的搜尋結果，則需要逐一加載網頁內容。

此時，**網路爬行**（web crawling）可依序沿循多個網頁，瀏覽不同網站的內容（圖 6-23）。藉由電腦的高速處理，逐一加載大量網頁來蒐集資料。

另一方面，短時間連續訪問網頁，會增加網路伺服器的負擔。即使以人類處理的速度沒有問題，**當程式爬行超出處理能力，有可能造成伺服器當機**。

因此，爬行端需要調整加載間隔。例如，每隔數秒訪問 1 次等，調整程式加載的間隔來蒐集資料。

**圖 6-22** 網路搜刮的機制

https://example.com/search

| 名次 | 隊伍 | 獲勝 | 戰敗 |
|---|---|---|---|
| 1 | 巨人 | 30 | 20 |
| 2 | 阪神 | 27 | 23 |
| 3 | 廣島 | 25 | 25 |
| … | … | … | … |

搜刮處理

執行結果（CSV）

```
名次，隊伍，獲勝，戰敗
1, 巨人 ,30,20
2, 阪神 ,27,23
3, 廣島 ,25,25
…
```

```
<html>
<body>
    <table>
        <thead>
            <tr><th> 名次 </th><th> 隊伍 </th><th> 獲勝 </th><th> 戰敗 </th></tr>
        </thead>
        <tbody>
            <tr><td>1</td><td> 巨人</td><td>30</td><td>20</td></tr>
            <tr><td>2</td><td> 阪神 </td><td>27</td><td>23</td></tr>
            <tr><td>3</td><td> 廣島 </td><td>25</td><td>25</td></tr>
            …
        </tbody>
    </table>
</body>
</html>
```

**圖 6-23** 網路爬行的機制

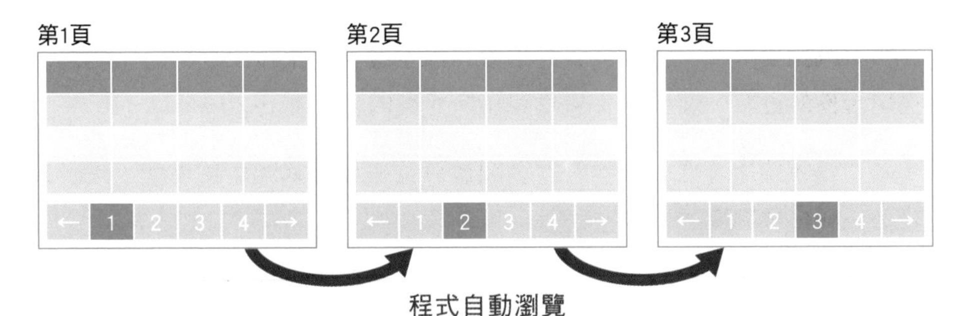


## Point

- 網路搜刮可僅擷取網頁中必要的內容
- 網路爬行可依序瀏覽多個網頁，但要調整加載間隔，避免增加網路伺服器的負擔

# 管理儲存資料的存取

## 僅給予最低權限

分析時需要加載對象資料，但**並非所有人皆可存取全數資料**。一般會使用「最低權限」，僅給予最低限度的權限，使其無法加載業務以外的內容。這種限制稱為存取控制（圖 6-24）。

這不僅限於電腦，網路、資料庫也是同樣的情況。即使需要存取也不會設定成隨時皆可訪問，**理想的運用是暫時給予特定領域的權限，作業結束後將該權限返還管理人員**。

藉由建立向上司、管理人員申請，獲得批准才可存取資料庫的流程，縱使發生資料外洩、覆寫修改等問題，也可追究原因並將影響降到最低。

## 使用備份進行資料分析的風險

蒐集完分析時所需的資料、驗證完建立的模型等，會因為某些理由而需要備份。備份通常是為預防故障、操作錯誤等事故，除了儲存用來復原資料外，也可當作具有高重現性的資料，重現過去某時間點的完整內容（圖 6-25）。

然而，採取這種使用方式，資料管理者和資料使用者的認知可能不同，用於其他目的也會造成林林總總的問題。

例如，未個別設定備份資料的訪問權限，結果造成存取控制失靈。然後，錯誤操作也有遺失備份資料的風險。兩種情況都可說是本末倒置，應當檢討備份資料以外的方法。

圖 6-24　預防事故的存取控制

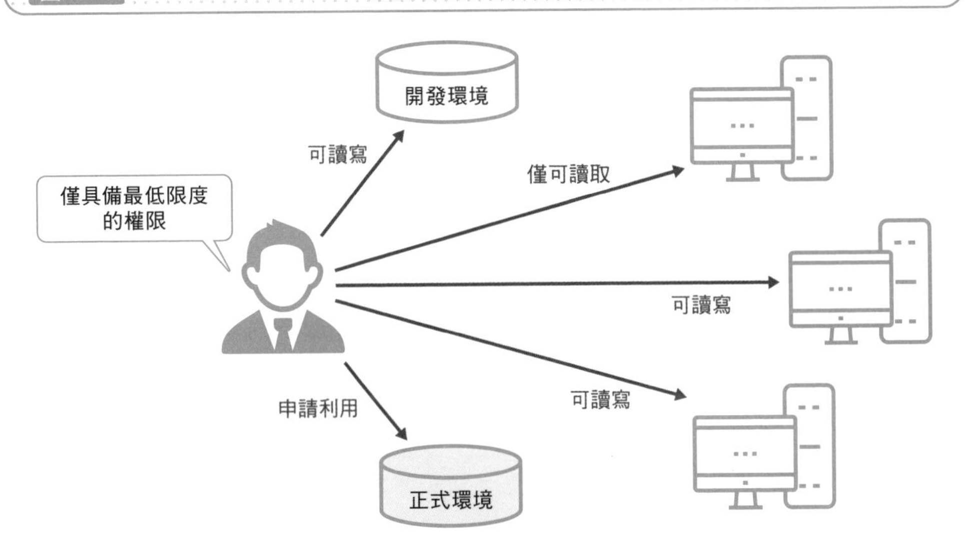


圖 6-25　使用備份資料

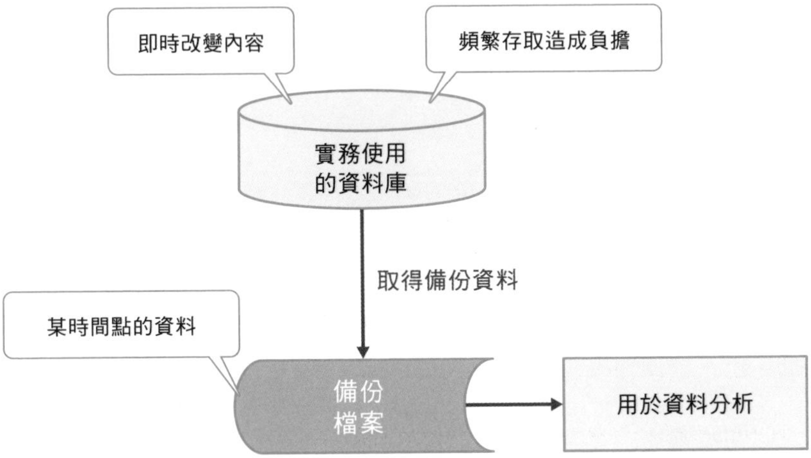

即時改變內容

頻繁存取造成負擔

實務使用
的資料庫

取得備份資料

某時間點的資料

備份
檔案

用於資料分析

## Point

- 存取控制，是限制使用者僅可訪問必要的資料
- 備份檔案重現某時間點的完整內容，雖然方便資料分析卻有違原本目的，應當檢討其他方法

# 防止由內部帶出資料

## 定期實行稽核

新聞經常報導資料外洩事件，但從統計上來看實際的被害情況，**錯誤操作、管理疏失、由內部帶出資料等的件數，遠遠多於遭受外部攻擊的件數**。外部攻擊難以調查重要資訊的存放位置，但若是由內部帶出資料的話，在平時的業務中就可掌握哪些是重要資訊。

然後，分析人員會接觸到大量資料，當中包含許多其他公司想要的數據，如營業額、庫存、個人訊息、信用卡資訊等。若能夠將資料帶出去外面，往往可賣到不錯的價錢。

在眾多誘因下，為了防止資料外洩，需要祭出各種技術性對策、制定規則、監視日誌等。同時定期地**稽核**資訊資產的管理情況等，確認是否有妥當地管理。

## 防止資料外洩

為了防止資料外洩，諸多企業徹底實施技術性對策，如設定存取權限、禁止對外共享檔案、禁止使用 USB 隨身碟等。這類對策是監視「使用者」，藉由限制使用者的行動，防止違法攜出資料。

最近，人們開始關注「資料本身」的監視機制——**DLP**（Data Loss Prevention，資料外洩防護）。例如，以資料中的關鍵字為設定條件，當有人複製含有該關鍵字的檔案，便發出警告（圖 6-27）。或者，事前登錄名為 Fingerprint（指紋）的檔案特徵，來判斷是否有人操作相關檔案、資料夾。

圖 6-26　藉由稽核防止資料外洩

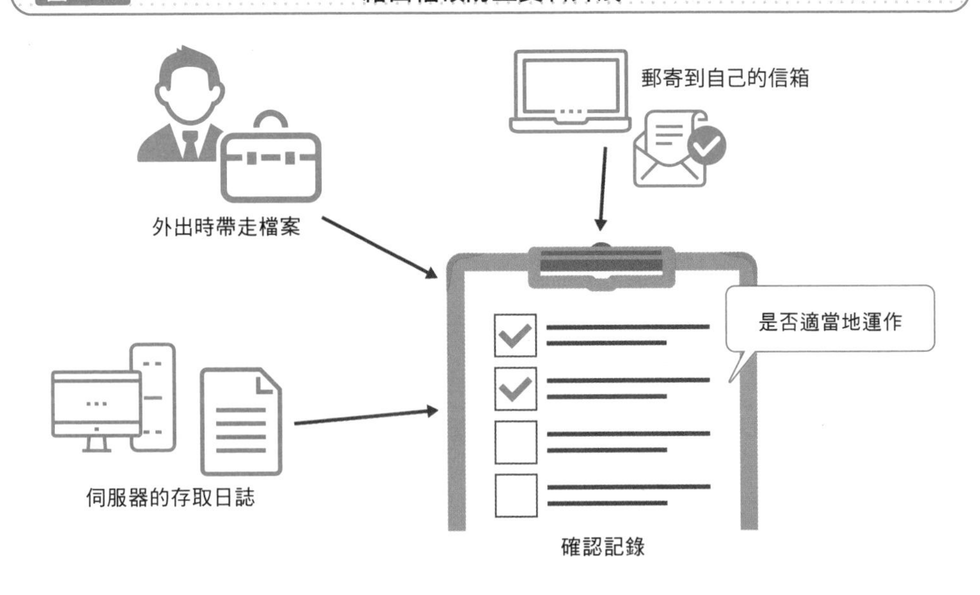


圖 6-27　稽核資料的 DLP

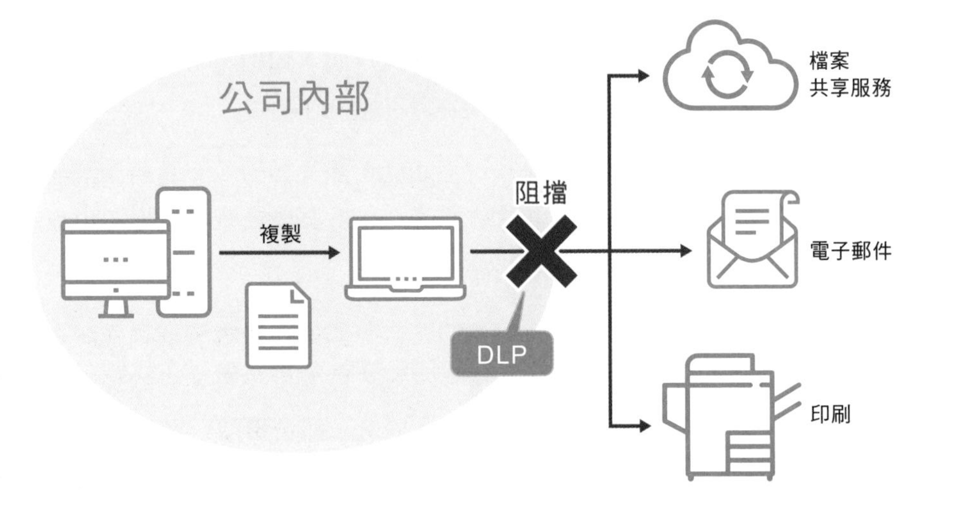


**Point**

- 為了確認是否正確管理資訊資產，需要定期地實施稽核
- 使用 DLP 等監視技術，以防資料外洩

# » 每次都得到相同的結果

## 重現性與冪等性

重現性是多次進行某項操作，皆得到相同的結果。將實驗結果發表為論文的時候，若其他人在相同的條件下實驗，無法得到相同的結果，該論文會失去說服力。

冪等性（idempotence）是與重現性相似的數學用詞，指完成某項作業後，反覆多少次相同的操作皆得到一樣的結果。

## 追求冪等性的例子

假設完成了資料庫表格與加載資料，並將該程式碼分發給多位人員（圖 6-28）。只要執行該程式碼，理應任誰皆可製作相同的資料庫，但部分人員可能因儲存空間不足，造成資料的加載處理異常結束。

刪除其他檔案，確保儲存空間後再次執行程式碼，卻又發生已有資料庫的表格，無法另外重新建立（圖 6-29）。在這種情況下，光是再次執行程式碼，也無法建構相同的環境，這就是不具冪等性的狀態。

然而，只要在程式碼中加入刪除既存表格的操作，即便中途遇到儲存空間不足的情況，僅需再次執行就可重現相同的環境。當然，原本就沒有遇到錯誤警告，順利建立表格的人員，同樣的程式碼無論執行多少次，都會重現一模一樣的環境。

最近，從基礎建設的架構到機器學習的處理，資料分析橫跨的業務領域愈發廣泛，**不僅需要具備重現性，同時也要求維持冪等性**。

有鑑於此，IaC（Infrastructure as Code）等手法逐漸受到重視，不另外準備操作說明書，而是直接將步驟寫進原始碼當中。

圖 6-28 **登錄表格的例子**

SQL碼

```
/* 建立表格 */
CREATE TABLE users (id INT, name VARCHAR(30));

/* 使用者註冊 */
INSERT INTO users (id, name) VALUES (1, ' 山田太郎'),
                                    (2, '鈴木花子 '),
                                    (3, '佐藤三郎 ');
```

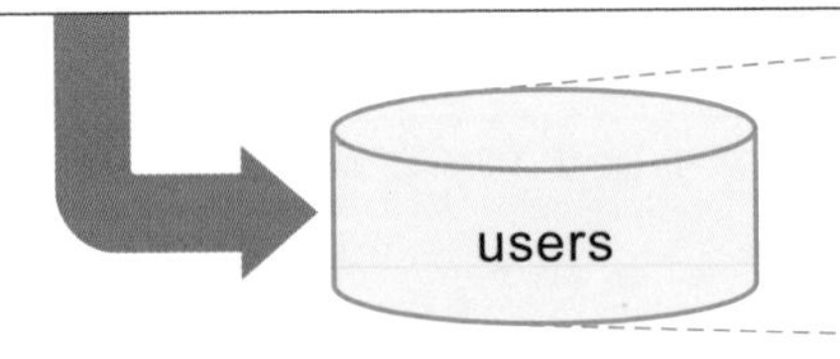


| id | name |
|---|---|
| 1 | 山田太郎 |
| 2 | 鈴木花子 |
| 3 | 佐藤三郎 |

圖 6-29 **預備再次執行情況**

SQL碼

```
/* 建立表格 */
CREATE TABLE users (id INT, name VARCHAR(30));

/* 使用者註冊 */
INSERT INTO users (id, name) VALUES (1, ' 山田太郎'),
                                    (2, 鈴木花子 '),
                                    (3, '佐藤三郎');
```

SQL碼

```
/* 建立表格 */
CREATE TABLE users (id INT, name VARCHAR(30));

/* 使用者註冊 */
INSERT INTO users (id, name) VALUES (1, ' 山田太郎'),
                                    (2, ' 鈴木花子 '),
                                    (3, '佐藤三郎');
```



## Point

- 冪等性，是指反覆某項操作皆得到一樣的結果
- 基礎建設的架構、機器學習的處理等，皆要求能夠重現相同的結果

# 嘗試看看

## 閱讀你的服務隱私權政策

在網路服務註冊會員的時候，鮮少有人仔細閱讀隱私權政策。然而，若未掌握用於何種目的，自身資訊等遭到亂用也無從申訴。

有鑑於此，針對自己正在使用的服務和準備註冊會員的服務，比較兩者的隱私權政策包含了哪些內容吧。

例如，請分別填寫下表的欄位，比較隱私權政策中常見項目的內容。

| 服務名稱 | 例）SHOEISHA iD | | |
|---|---|---|---|
| 蒐集資料 | ●可識別使用者的資料（姓名、出生年月日、住址等）<br>●通訊服務上的行為履歷<br>●使用者裝置產生或者儲存的資料（裝置資訊、日誌資訊等）等 | | |
| 使用目的 | ●用以註冊相關服務<br>●用以提供、維護、改善本服務<br>●加工成無法識別當事人的統計資料等 | | |
| 提供第三方 | 未事前取得使用者同意，不可提供給第三方<br>※下載企業提供的資料、個人資料保護法等法令允許公開等，部分情況不在此限 | | |
| 諮詢窗口 | 【住址】<br>〒160-0006東京都新宿區舟町5<br>【郵件位址】<br>se_pv@shoeisha.co.jp<br>翔泳社股份有限公司　經營管理部 | | |

※根據2022年6月時的資訊示範。

# 詞彙集

・「➡」後方的數字代表本書相關章節
・「※」是指正文中未提及的相關用語

【英數字】

**※A/B 測試**
比較多個設計案，實際採用轉換率等數值較佳的方案。

**AI** （➡ 5-1）
Artificial Intelligence 的簡稱，中文譯為人工智慧。

**BI 工具** （➡ 2-12）
可加工、模擬各種資料等的資料分析工具，協助經營者做出決策。

**DBMS** （➡ 1-8）
資料庫管理系統的簡稱，協助企業有效率地管理資料，如 Oracle、SQLServer、MySQL、PostgreSQL 等。

**※DMP**
Data Management Platform 的簡稱，可管理整合自家公司的存取資料、外部資訊等，最佳化廣告投放的平台。

**※DSP**
Demand Side Platforom 的簡稱，網路投放廣告的平台，可尋找更便宜的投放對象。

**DWH** （➡ 2-13）
Data Ware House 的簡稱，可儲存用於分析的加工資料。

**ETL** （➡ 2-14）
Extract（擷取）、Transform（轉換加工）、Load（載入）的縮寫，轉換、整合多個資料源的資料。

**FinTech（金融科技）** （➡ 1-18）
結合金融和科技的便利服務。電子支付、匯款、投資、虛擬貨幣等，在廣泛的領域備受注目。

**F 檢定** （➡ 4-15）
先提出檢定統計量遵從 F 分布的虛無假設，再驗證該假設是否為真的方法。可用於推論多個母群體是否存在變異數誤差。

**※GIS**
Geographic Information System 的簡稱，在電腦上繪製地圖的系統，通常以顏色表達不同地區的數值資料。

**IoT** （➡ 1-2）
Internet of Things 的簡稱，中文譯為物聯網。讓家電、感測器等連線網路，增進使用上的便利性。

**KGI** （➡ 1-21）
Key Goal Indicator 的簡稱，中文譯為關鍵目標指標。將營業額、利益率等設為整個組織的目標。

**KPI** （➡ 1-21）
Key Performance Indicator 的簡稱，中文譯為關鍵績效指標。將網站瀏覽量、轉換率等數值設為目標。

**KSF** （➡ 1-21）
Key Success Factor 的簡稱，中文譯為關鍵成功要素。達成 KGI 的條件項目。

**k- 平均法** （➡ 5-10）
將資料分成多個群組並個別計算重心，重新劃分相鄰重心的資料群組，再反覆計算重心的叢集分析手法。

**※ML**
Machine Learning 的簡稱，中文譯為機器學習。

**※O2O**
Online to Offline 的簡稱，藉由線上發送資訊，增進線下的消費行動。

**PoC** （➡ 1-19）
Proof of Concept 的簡稱，中文譯為概念驗證。實際投入產品服務之前，先少量嘗試確認評價、反應，再決定是否付之實行。

**※POS**
Point of sales 的簡稱，在超市、便利商店等，記錄商品銷售資訊並管理庫存的系統。

**Python** （➡ 1-12）
一種擁有豐富的 AI、統計函式庫，在資料科學領域備受注目的程式語言。

**p 值** （➡ 4-13）
在虛無假說為真的前提下，觀測到比既有資料的檢定統計更為極端數值的機率。

**R** （➡ 1-12）
統計領域常用的程式語言。

**※ReLU 函數**
輸入為正數時輸出相同的數值；輸入為負數時輸出零的激活函數。特色是可減輕誤差反向傳播法中的梯度消失問題。

**※ROC 曲線**
在機器學習等評鑑對論結果時，偽陽性率和真陽性率的圖形曲線。

**※SQL**
操作資料庫的程式語言。

**※SSP**
Supply Side Platform 的簡稱，網站等媒體端提供廣告投放的平台，可尋找更高價的廣告進行投標。

**※S 型函數**
在平滑的曲線上，可在 0 到 1 的範圍表達任意 x 座標的函數。經常用於邏輯迴歸分析、類神經網路的激活函數。

**T 分數** （➡ 2-8）
將資料轉為平均數為 50、標準差為 10 的數值，可用於評鑑學校考試等的成績。

**t 檢定** (➡ 4-14)
在虛無假設下，設想檢定統計量遵循 t 分布的檢測方式。母體變異數未知時，t 檢定可用來檢定平均數。

**$X^2$ 檢定** (➡ 4-15)
在虛無假說下，設想檢定統計量遵從卡方分布的檢測方式。$X^2$ 檢定可用於由樣本估計母體變數等。

**z 檢定** (➡ 4-14)
在虛無假設下，設想檢定統計量遵循常態分布的檢測方式。母體變異數已知時，z 檢定可用來檢定平均數。

## 【二～五劃】

**二項分布** (➡ 4-6)
反覆成功或者失敗等二擇一試驗，其成功次數的分布情況。

**※ 人口普查**
國家統計調查居住日本的人口、家庭。每五年實施 1 次，並且公開調查結果。

**人工智慧** (➡ 5-1)
如人類般進行聰明動作的電腦。

**※ 卜瓦松分布（Poisson distribution）**
表示發生隨機事件的機率分布。例如，收銀台出現排隊人龍、意外發生交通事故等，可用來調查事件發生的機率。

**大數法則** (➡ 4-7)
抽取愈多的樣本，其樣本平均數愈接近母體平均數。

**大數據** (➡ 1-6)
數量龐大且具有「容量巨大」、「講求高效處理」、「種類多樣」等特色的資料。

**不偏估計值** (➡ 4-9)
由抽樣資料估計母體平均數、母體變異數等，用來推算母群體的特徵統計量，包括不偏變異數、不偏標準差等。

**中央極限定理** (➡ 4-7)
反覆抽樣的平均數分布，不受母體分布影響趨近於常態分布。

**中位數** (➡ 2-6)
將所有資料由小到大排序時，正好落於整體一半的數值，英文稱為 Median。

**元資料** (➡ 1-8)
描述資料本身的資料。資料分析的時候，需要描述該資料相關資訊的資料。

**※ 文字探勘**
藉由自然語言處理等手法，由大量文章資料分析單字等的出現頻率。

**主成分分析** (➡ 3-7)
藉由調查變異數最大的座標軸，可以較少的維度描述多維資料。

**代表值** (➡ 2-6)
平均數、中位數、眾數等可代表資料的數值。

**加權移動平均數** (➡ 3-3)
在計算移動平均數的時候，調整近期與過往資料的權重值，比較注重近期資料的方法。

**平均數** (➡ 2-6)
加總資料再除以個數的數值。

**正規化** (➡ 5-9)
藉避免損失函數的係數過大，來防止發生過度配適的情況。

**母群體** (➡ 4-2)
所有的調查對象資料。其平均數稱為母體平均數；變異數稱為母體變異數。

## 【六～十劃】

**交叉統計** (➡ 3-6)
以多個不同的座標軸統計資料。

**迴歸分析** (➡ 3-11)
在調查多個變數間的關係時，求出由某變數推論其他變數傾向的數學式。

**因果關係** (➡ 3-5)
以多個座標軸確認資料的關係性時，座標軸形成的原因和結果關係。

**多變量分析** (➡ 3-17)
分析多個變數間關聯性的手法總稱，包括主成分分析、多元迴歸分析、判別分析等。

**字元辨識** (➡ 2-17)
電腦加載印刷資料等的圖像時，將裡頭內容轉成文字檔案。

**※ 有母數統計（Parametric）**
假設母群體分布的統計推論手法。若不假設母群體分布，則稱為無母數統計。

**次數分布表** (➡ 2-2)
資料為定量變數的時候，將資料分成幾個區間，調查各個區間中資料個數的表格。

**※ 百分位數**
資料由小到大排序的時候，表示某資料落於哪個位置的單位。

**自由度** (➡ 4-10)
可自由取數值的個數。例如，在計算 n 個資料的樣本平均數且總和已知的情況下，調查 n-1 個資料後會自動決定剩餘的 1 個，故可自由取數值的有 n-1 個。

**※ 自然語言處理**
藉由 AI 分析日文、英語等人類使用的語言，解析文句意義的技術。

**※ 自編碼器**
在類神經網路建立輸出與輸入相同數值的結構，可用於縮減維度、擷取特徵。

**※ 自變數**
在迴歸分析中，用於預測某數值的變數。由身高預測體重的時候，身高相當於自變數。

**判別分析** (➡ 3-13)
將資料分成多個群組，預測新資料分類為哪個群組。

**※ 判定係數**
在迴歸分析中，表達模型與資料配適程度的數值。

**均勻分布** (➡ 4-6)
如同擲骰子時的點數，出現機率皆相同的分布。

**決策樹** (➡ 5-12)
以樹狀結構表達機器學習模型時，盡可能規劃小規模且可漂亮分割的樹狀結構，藉由分枝來學習條件的手法。英文稱為 Decision Tree。

**沃德法**（➡ 5-11）
在階層式叢集分析中，使用變異數整合叢集的方法。

**定性變數**（➡ 2-1）
定性變數包含名目尺度、順序尺度。名目尺度沒有順序上的意義，是可分配任意數值的資料，而順序尺度是需要顧慮分配數值大小的資料，又可稱為分類資料。

**定量變數**（➡ 2-1）
定量變數包括區間尺度和等比尺度。間隔尺度是指間隔具有意義的尺度，而等比尺度是指數值比具有意義的尺度。

**拒絕域**（➡ 4-12）
當檢定統計量落入某範圍時，拒絕虛無假設的區間。

**直方圖**（➡ 2-2）
根據次數分布表，以組距為橫軸、以次數為縱軸，組距由小依序排列的圖形。

**非結構化資料**（➡ 1-5）
日記內容、聲音、影片等適合人類利用，卻難由電腦僅擷取必要項目的資料。

**非監督式學習**（➡ 5-2）
在沒有正解資料（訓練資料）的狀態下，找出資料的特徵、共通點來建立規則。

**信賴區間**（➡ 4-9）
在區間估計中，預測落入某一範圍內的確信程度，如常用的 95%信賴區間、99%信賴區間。

**前處理**（➡ 3-10）
在資料分析之前，將資料轉為容易分析的形式。

**※ 威爾奇 t 檢定**
跟 t 檢定一樣用於檢測平均數，通常用於母體變異數未必相等的情況。

**建模**（➡ 1-11）
根據資料建立模型，藉此理解資料的特徵。

**相關係數**（➡ 3-4）
在繪製散布圖時，標準化離散程度的數值描述其關聯性。

**相關關係**（➡ 3-5）
以多個座標軸描述資料的時候，某座標軸的數值改變後，其他座標軸的數值也跟著改變，兩者之間看似存在某種關係。

**多元迴歸分析**（➡ 3-12）
使用多個變數推論其他數值的迴歸分析手法。其中，單迴歸分析是單一變數預測其他數值。

## 【十～十五劃】

**※ 原始資料**
調查人員依自身期望的項目所蒐集的獨家資料。假借他人蒐集的公開資料，稱為二手資料。

**假名化**（➡ 6-6）
加工成需對照其他資料才有辦法辨別個人的處理

**偽相關**（➡ 3-5）
一種看似具有關聯性，但實際上有其他原因的關係。

**匿名化**（➡ 6-6）
加工成無法識別特定當事人、無法恢復成原始資訊的處理。

**區間估計**（➡ 4-9）
在估計母體平均數等時，採用某範圍內包含母體平均數的推論手法。

**※ 區隔**
在市場行銷中，用於將對象分成不同的層別，再根據各層別的特徵來思考策略。

**※ 基本統計量**
除了平均數、中數等代表值外，還有變異數、標準差、最小值、最大值等表達資料特徵的數值。

**常態分布**（➡ 4-6）
愈接近平均數資料愈較多，愈遠離平均數資料愈少的平滑曲線分布。

**梯度下降法**（➡ 5-6）
在求函數的最小值時，由圖上的點往數值減少的方向移動。

**深度學習**（➡ 5-7）
增加類神經網路的階層來表達複雜的結構，藉此解決困難問題的手法。英文稱為 Deep Learning。

**盒形圖**（➡ 2-5）
可用多個座標軸表達資料分布的圖形，以延長線描繪最大最小值的範圍，並以長方形描繪第 1 個四分位數和第 3 個四分位數的範圍。

**眾數**（➡ 2-6）
在給定的資料中，出現最多次（最頻繁）的數值。英文又稱為 mode。

**移動平均數**（➡ 3-3）
錯開過往的資料期間計算平均數，藉此調查資料傾向的手法。

**※ 聊天機器人**
結合聊天功能和機器人的技術，對於人類輸入的語言內容，自動生成文句的應答程式。

**散布圖**（➡ 3-4）
以縱橫軸分別表達大小，在圖上畫出資料位置對應的點。

**※ 最大概度估計**
由給定的資料，點估計最有可能的數值。

**※ 無母數統計（Non-parametric）**
不假設母群體分布的統計推論手法。若有假設母群體分布，則稱為有母數統計。

**結構化資料**（➡ 1-5）
事前定義資料的項目，整合成符合該定義的資料。電腦容易處理結構化資料。

**虛無假設**（➡ 4-11）
懷疑資料有所偏頗時，提出否定該質疑的相反主張。

**※ 感知器（Perceptron）**
類神經網路的基本手法，可由多個輸入運算 1 個輸出。

**資料探勘**（➡ 1-3）
藉由分析資料發現人類未注意到的事情。

**資料清理**（➡ 3-10）
將資料中重複、毀損、輸入錯誤等，修正為正確的內容。

**資料視覺化**（➡ 2-11）
單純的羅列資料需要花費時間理解，可藉由視覺化表達幫助理解內容。

**資料準備** （➡3-10）
分析資料前的準備工作，如確認有無離群值或者遺漏值、統一單位、將定性變數轉為定量變數等。

**※ 資訊資產**
企業組織留存的數據資料、資訊設備等具有價值的資訊，被認為是應該保護的對象。

**過度配適** （➡5-4）
建立的模型太過順應給定的訓練資料，造成對其他驗證資料的準確率低落。

**※ 圖像辨識**
在電腦加載照片等圖像時，使其辨識該圖像中的事物、圖形。

**※ 試驗設計**
使用直交表、變異數分析等合理地進行試驗，減少所需的操作次數。

**對立假說** （➡4-11）
懷疑資料有所偏頗時，驗證該質疑主張的假設。

**監督式學習** （➡5-2）
直接給予正解資料（訓練資料）學習規則，以便得到接近該正解資料的結果。

**蒙地卡羅法** （➡3-15）
使用亂數模擬運算的演算法。在求機率數值的時候，可藉增加試驗次數獲得更理想的近似值。

**增強式學習** （➡5-2）
不直接給予正確、錯誤解答，而對電腦反覆嘗試的結果給予報酬，使其學習如何最大化報酬的手法。

**數學最佳化** （➡5-17）
將現實世界的問題轉為數學式，在制約條件下尋求最佳結果的變數值。

**標準化** （➡2-8）
將各項數據減去平均數、除以標準差，轉換成平均數為 0、變異數為 1。

**標準差** （➡2-7）
變異數開根號後的數值，用來表達資料的離散程度。

**※ 模擬運算**
難以試驗的時候，在桌上或者電腦上建立數學模型，藉此分析、設想實際結果。

**樣本** （➡4-2）
由調查對象抽去的部分資料。使用該資料推測調查對象的分布情況等。

**※ 遷移學習**
將已在某領域完成學習的模型運用至其他領域，大幅縮減訓練所需資料和時間。

**餘弦相似度** （➡3-9）
藉由計算兩個向量方向，求出兩個相似度來判斷其相似性。

## 【十六～二十三劃】

**樹狀圖** （➡5-11）
如樹枝延展般視覺化表達所有情況的圖形。除了描述組合外，也可用來表達階層叢集等的群組。英文稱為 Dendrogram。

**※ 激活函數**
在類神經網路中，可經由某些運算複雜轉換輸入的函數，如 S 型函數、ReLU 函數。

**隨機** （➡4-2）
指非刻意的行為，無人為意圖的偶然情況，如抽籤等不曉得最終結果。

**隨機抽樣** （➡4-2）
不偏頗地由母群體抽出樣本。藉由電腦亂數等方法抽取資料。

**※ 隨機關閉神經元（Dropout）**
為了防止類神經網路過度配適，隨機無視神經元的手法，可用來減少參數個數。

**※ 壓縮**
在電腦上不改變資料內容來縮小容量的技術，經由展開、解壓縮回復原本的大小。

**※ 應對分析**
以散布圖等平面表達交叉統計的結果，再俯瞰平面上的分布掌握關聯性。

**※ 應變數**
在迴歸分析中，被預測的變數。由身高預測體重的時候，體重相當於應變數。

**擬隨機數** （➡3-15）
電腦經特殊運算產生擬似隨機值的亂數。

**聯合分析** （➡3-6）
使用直交表評鑑多個水準因子的選取組合，當作整體的評價來計算對各個水準因子的影響程度。

**※ 聲音辨識**
讓電腦辨識人類說話的聲音，轉換成文字資料並使其理解內容。

**※ 賽伯計量學（Sabermetrics）**
在棒球等運動項目中，使用選手成績等數值進行資料分析，藉此思考團隊戰略的手法。

**點估計** （➡4-9）
由抽樣推論母群體的時候，將求得的樣本平均數視為母體平均數，使用單一數值進行估計。

**叢集分析** （➡5-10）
聚集相似的資料並分成多個群組的手法。

**雜訊** （➡3-1）
與原本資訊無關的誤差、多餘的資料，如通訊時發生的雜音、混雜影像等。

**離群值** （➡2-9）
資料中大幅偏離其他要素的數值，可能對分析結果帶來不好的影響，需要調查出現離群值的原因。

**穩健性** （➡2-6）
即使加入偏頗的數值，也幾乎不受影響。

**變異數** （➡2-7）
調查資料的離散程度時，愈偏離平均數算出的數值愈大。均差值取平方後加總，再除以資料個數來求得。

**※ 變異數分析**
相較於 t 檢定用於兩群組的均差值，變異數分析用於三群組以上的均差值。

**邏輯迴歸分析** （➡3-12）
在迴歸分析中，將推論結果轉為 0 到 1 範圍的數值機率，用以預設正反兩種結果。

**顯著水準** （➡4-12）
檢定中設定拒絕域的基準，如顯著水準 1%、5%。日文又可稱為危險率。

# 索引

**【數字、符號】**


21 世紀的資源 ……14
3V …… 24
4V …… 24
5V …… 24
95% 信賴區間 ……150
99% 信賴區間 ……150
$X^2$ 檢定 ……162
$X^2$ 分布 ……162


**【A～K】**


ABC 分析 …… 78
AI ……166, 206
AutoML …… 196
BI 工具 …… 82
CCPA ……210
CNN ……178
CRUD 表 ……88
CRUD 圖 ……88
CTF ……40
DFD ……88
DLP …… 226
dmp 檔案 …… 100
DWH ……84
DX …… 42
EAI ……86
ER 圖 ……88
ESB ……86
e-Stat ……38
ETL ……86
FinTech ……48
F 值 ……162, 170
F 檢定 ……162
GDPR ……210
IoT …… 16
Julia ……36
Jupyter Notebook ……36
Kaggle ……40
KGI ……54
k-means++ 法 ……184
KPI ……54
KSF ……54
k- 平均法 ……184
k- 匿名化 …… 212


**【L~Z】**


L1 正規化 ……182
L1- 距離 ……112
L2 正規化 ……182
LSTM ……178
Median ……70
Mode ……70
N/A ……76
NFC ……94
NULL ……76
OCR ……92
OLAP ……82
OMR ……92
OODA 循環 ……52
OR ……198
PDCA 循環 ……52
PDS …… 214
PoC ……50
Python ……36
p 值 ……158
QR 碼 ……94
R ……36
RFM 分析 ……46
RNN ……178
small start ……50
t 分布 ……152
T 分數 ……74
t 檢定 …… 160
WebAPI ……38
Word2Vec …… 114
z 檢定 …… 160


**【一～五劃】**


一般資料保護規定 ……210
二項分布 ……144
人工智慧 …… 166, 196
大數法則 ……146
大數據 …… 24
工業 4.0 …… 16
工業革命 …… 16
不純度 ……188
不偏估計值 ……150
不偏變異數 ……152, 160
不當配適 ……172, 180

中央極限定理 ……146, 150
中位數 ……70
互斥 ……140
元資料 ……28
支持度 ……192
支援向量機 ……194
文字雲 ……80
日誌 ……100
比率尺度 ……60
主成分分析 ……110, 130
主檔資料 ……28
代表值 ……70, 104
加州消費者隱私保護法 ……210
加權移動平均數 ……102, 128
卡布分布 ……162
卡布檢定 ……162
古典機率 ……138
召回率 ……170
可解釋的人工智慧 ……196
史塔基經驗公式 ……62
平均值 ……70
平均數 ……70, 102, 134, 144, 160, 184
正規化 ……90,182
母群體 ……136, 150
母體平均數 ……136, 146, 150, 160

【六～十劃】

交叉統計 ……108, 132
交叉驗證 ……170
光學字元辨識 ……221
共變異數 ……104
吉尼不純度 ……188
名目尺度 ……60, 130
迴歸分析 ……118, 120
迴歸樹 ……189
回饋循環 ……52
因果關係 ……106
多重插補 ……76
多變量分析 ……130
字元辨識 ……92
存取控制 ……224
次數 ……62
自由度 ……152, 160
作業研究 ……198
判別分析 ……122
利害關係人 ……56
均勻分布 ……144
均方差 ……180
局部解 ……176
技術人員倫理 ……204
技術數位化 ……42
折線圖 ……64, 78
杜林測試 ……166
決策樹 ……188, 190
沃德法 ……186
貝氏定理 ……142
事前機率 ……142
事後機率 ……142
使用目的 ……218, 230
使用案例 ……56
卷積類神經網路 ……178
定性變數 ……60, 120, 130
定量變數 ……60
拒絕 ……154
拒絕域 ……156
次數分布表 ……62, 70, 138
物體的網際網路 ……16
直方圖 ……62, 70
直交表 ……108
長尾效應 ……78
長條圖 ……64, 78, 96
反正規化 ……90
非結構化資料 ……22
非監督式學習 ……168
信賴度 ……192
信賴區間 ……150
前處理 ……116
建模 ……34
指數平滑法 ……128
指數型平滑 ……128
政府統計 ……38
故事述說 ……80
星狀綱目 ……84
柏拉圖 ……78
柏拉圖分析 ……78
柏拉圖法則 ……78
相關係數 ……104
相關關係 ……106, 122
重心 ……184
多元迴歸分析 ……120, 130
個人資料保護法 ……208, 218
個人資料商店 ……214
套索迴歸 ……182
弱 AI ……166
時序資料 ……64, 76, 98, 102, 128
核對位元 ……94
消長 ……170, 180
訓練資料 ……170, 172
馬哈拉諾比斯距離 ……122
高斯分布 ……144

【十一～十五劃】

假名化 ……… 212
偏差方差分解 ……… 180
側寫剖繪 ……… 202
偽相關 ……… 106
動態定價 ……… 48
匿名化 ……… 212
區間估計 ……… 150
密度函數 ……… 148
帶狀圖 ……… 66
常態分布 ……… 144
強 AI ……… 166
探勘 ……… 18
推論統計學 ……… 134
推薦功能 ……… 44
敘述統計學 ……… 134
曼哈頓距離 ……… 112
條件機率 ……… 140
條碼 ……… 94
梯度下降法 ……… 176
深度學習 ……… 178
混淆矩陣 ……… 170
盒形圖 ……… 68
眾數 ……… 70
移動平均數 ……… 102
移動平均線 ……… 102
第一類型錯誤 ……… 158
第二類型錯誤 ……… 158
累積分布函數 ……… 148
組距 ……… 62
組距大小 ……… 62
統計性檢定 ……… 154
統計造假 ……… 204
統計機率 ……… 138
聊天機器人 ……… 44
軟間距 ……… 194
備份 ……… 224
單側檢定 ……… 156, 160
提升演算法 ……… 190
散布圖 ……… 104, 118, 184
智慧財產權 ……… 220
最小平方法 ……… 118, 182
最長距離法 ……… 186
最短距離法 ……… 186
期望值 ……… 138, 148, 180
硬間距 ……… 194
程式設計競賽 ……… 40
等比尺度 ……… 60
結構化資料 ……… 22
著作權 ……… 220
虛無假設 ……… 154
費米推論 ……… 124
超平面 ……… 194
超智能社會 ……… 214
週期性 ……… 98, 102
量化 ……… 54, 70, 80, 104, 114, 130, 180, 188
開放資料 ……… 38
間隔尺度 ……… 60
階層式叢集 ……… 186
集成式學習 ……… 190
順序尺度 ……… 60
亂數 ……… 126
圓餅圖 ……… 66
感測器 ……… 16, 180
損失函數 ……… 174, 182
概度 ……… 142
準確率 ……… 170
裝袋演算法 ……… 190
資料 ……… 14
資料工程師 ……… 20
資料分析 ……… 20
資料分析平台 ……… 30
資料主導的社會 ……… 214
資料市集 ……… 84
資料字典 ……… 28
資料科學 ……… 18
資料科學家 ……… 20
資料倉儲 ……… 84
資料倫理 ……… 202
資料偏誤 ……… 206
資料基礎建設 ……… 30
資料探勘 ……… 18, 46
資料清理 ……… 116
資料湖 ……… 84
資料結構 ……… 32, 84
資料視覺化 ……… 80
資料彙整 ……… 116
資料準備 ……… 116
資料管道 ……… 30
資訊 ……… 14, 25, 80
資訊化社會 ……… 16
資訊安全政策 ……… 216
資訊社會 ……… 16, 202
資訊倫理 ……… 202
資訊倫理的四個原則 ……… 202
資訊銀行 ……… 214
資訊數位化 ……… 42
資訊獲利 ……… 188
資通訊白皮書 ……… 214
過度配適 ……… 172, 180, 182

雷達圖 68
對立假設 154, 158
演算法 32, 206
演算法偏誤 206
監督式學習 168, 170
種子 126
精確度 170
維度 110
網路爬行 222
網路搜刮 222
蒙地卡羅法 126
誤差反向傳播法 174
誤差函數 174
誤差的期望值 180
遞歸類神經網路 178
儀表板 30
增益率 192
增強式學習 168
德菲法 128
數位轉型 42
數值資料 130
數量化理論 I 類 130
數量化理論 II 類 130
數量化理論 III 類 130
數學規劃法 198
數學最佳化 198
數學模型 198
標準化 74, 104, 144, 160
標準差 72, 144, 150, 162
標準常態分布 144, 152, 161
標準誤差 152
模型 34, 170, 180, 190
樣本 136, 146, 150
樣本平均數 146, 152, 160
樣本量 136
歐幾里德距離 112
熱點圖 80
熵 188
稽核 226
線性規劃 198
線性模型 34
餘弦相似度 114


【十六～二十三劃】


冪等性 228
學習係數 176
學習率 176
整潔資料 26
機率 138
機率分布 144, 148
機率的乘法定理 140
機率密度 148
機率密度函數 148
機率規劃法 198
機器學習 168, 170, 174, 180, 196, 206
獨立 140
選擇加入 218
選擇退出 218
遺漏值 76, 116, 188
錯誤 158
隨機抽樣 136
隨機森林 190
脊迴歸 182
擬隨機數 126
檢定 154
檢定統計量 156
聯合分析 108
聯合機率 140
購物籃分析 46, 192
趨勢 98, 102
隱私標章 208
隱私權政策 216, 230
點估計 150
叢集分析 184, 186, 194
雙側檢定 156
雜訊 98, 180, 194
雜亂資料 26
離散型機率變數 144
離群值 76, 116, 186
穩健性 70
關聯分析 46
關鍵目標指標 54
關鍵成功要素 54
關鍵績效指標 54
類神經網路 174, 178, 196
變異係數 74
變異數 72, 104, 144, 152, 160
邏輯迴歸分析 120
顯著水準 156
顯著差異 158
驗證資料 170, 172, 180

### 作者簡介

## 增井敏克（ますい・としかつ）

增井技術士事務所代表

技術士（資訊工學部門）


1979 年生於奈良縣，畢業於大阪府立大學研究所。技術工程師（網路、資訊安全），同時具備多項資訊處理技術士資格，並且取得商業數學檢定一級資格，擔任公益財團法人日本數學檢定協會認證訓練師。作者透過結合「商務」、「數學」、「IT」，致力於提升「正確」且「有效率」使用電腦的技巧，同時也參與各種軟體的開發。

著有《鍛鍊你的數學腦：讓你寫出簡單快速的 70 道進階解題程式》、《鍛鍊你的數學腦進階篇：讓演算法融入大腦的 70 道進階解題程式》、《圖解資訊安全與個資保護｜網路時代人人要懂的自保術》、《圖解程式設計的技術與知識》、《演算法入門圖解：使用 Python》（以上，碁峰）、《IT 用語圖鑑》、《IT 用語圖鑑「工程人員篇」》、《圖解演算法的工作原理》（以上，翔泳社）、《程式設計語言圖鑑》、《IT 工程師的自動化魔法》、《工程師的深度學習入門書》（以上，Soshimu）、《從基礎學習程式設計》（技術評論社）、《用 Excel 重新學習數學》（C&R 研究所）、《R 和 Python 的統計學入門書》（歐姆社）等。




図解まるわかり データサイエンスのしくみ
(Zukai Maruwakari Data Science no Shikumi: 7580-5)

# 圖解資料科學的工作原理

作　　者：增井敏克
裝訂・文字設計：相京 厚史（next door design）
封面插圖：越井 隆
譯　　者：衛宮紘
企劃編輯：蔡彤孟
文字編輯：江雅鈴
設計裝幀：張寶莉
發 行 人：廖文良

發 行 所：碁峰資訊股份有限公司
地　　址：台北市南港區三重路 66 號 7 樓之 6
電　　話：(02)2788-2408
傳　　真：(02)8192-4433
網　　站：www.gotop.com.tw
書　　號：ACD023300
版　　次：2023 年 03 月初版
建議售價：NT$480



國家圖書館出版品預行編目資料

圖解資料科學的工作原理 / 增井敏克原著；衛宮紘譯. -- 初版.
-- 臺北市：碁峰資訊, 2023.03
面；　公分
ISBN 978-626-324-460-3(平裝)
1.CST：數理統計
319.5　　112003501

讀者服務

- 感謝您購買碁峰圖書，如果您對本書的內容或表達上有不清楚的地方或其他建議，請至碁峰網站：「聯絡我們」\「圖書問題」留下您所購買之書籍及問題。（請註明購買書籍之書號及書名，以及問題頁數，以便能儘快為您處理）
http://www.gotop.com.tw

- 售後服務僅限書籍本身內容，若是軟、硬體問題，請您直接與軟體廠商聯絡。

- 若於購買書籍後發現有破損、缺頁、裝訂錯誤之問題，請直接將書寄回更換，並註明您的姓名、連絡電話及地址，將有專人與您連絡補寄商品。